普通高等教育材料类专业系列教材

材料专业导论

主　编　于方丽　张海鸿　白　宇

主　审　谢　辉

西安电子科技大学出版社

内 容 简 介

本书主要概述了各种材料的基础知识、结构、性质及应用，涵盖了金属材料、无机非金属材料、高分子材料、复合材料和新材料等。全书共 9 章，每章分为基础知识、技术(成果)、杰出人物等板块，章末设有思考题。作为专业大类导论课程教材，本书集知识性、趣味性和引导性于一体，体现了学科专业知识的融通性、前沿性与应用性。

本书可作为高等院校材料类专业的导论课程教材，也可供从事材料研究、技术管理和产品开发的工程技术人员阅读参考。

图书在版编目(CIP)数据

材料专业导论 / 于方丽，张海鸿，白宇主编. —西安：西安电子科技大学出版社，2022.11
ISBN 978-7-5606-6650-1

Ⅰ. ①材…　Ⅱ. ①于…　②张…　③白…　Ⅲ. ①材料科学　Ⅳ. ①TB3

中国版本图书馆 CIP 数据核字(2022)第 161474 号

策　　划　黄薇谚　章文成
责任编辑　黄薇谚
出版发行　西安电子科技大学出版社(西安市太白南路 2 号)
电　　话　(029)88202421　88201467　　邮　　编　710071
网　　址　www.xduph.com　　电子邮箱　xdupfxb001@163.com
经　　销　新华书店
印刷单位　陕西博文印务有限责任公司
版　　次　2022 年 11 月第 1 版　2022 年 11 月第 1 次印刷
开　　本　787 毫米×1092 毫米　1/16　印 张　13.5
字　　数　285 千字
印　　数　1～2000 册
定　　价　45.00 元
ISBN 978-7-5606-6650-1 / TB
XDUP　6952001-1

前　　言

随着材料科学的发展，材料专业课程建设迫切需要创新和改革。“材料专业导论”课程是为大学新生开设的专业引导课程，它既是材料专业的入门课程，又是材料专业的学习指南。

为了让学生了解材料专业、了解材料科学，比较全面地掌握材料科学的基本专业知识，提高综合科学素质，达到培养专业基础扎实、知识面广和工程能力强的应用型本科人才培养的目标，我们编写了本书。本书不仅适用于应用型本科高等院校材料专业的课程教学，也可作为其他工科专业的选修教材，还可供相关工程技术人员参考。

本书共分为 9 章，其中第 1 章为材料概述，第 2 章为材料类专业人才培养，第 3 章为金属材料，第 4 章为无机非金属材料，第 5 章为高分子材料，第 6 章为复合材料，第 7 章为新材料，第 8 章为材料与环境，第 9 章为材料的比较与选择。本书具有以下特点：

(1) 本书结合工程教育专业认证，提出了材料类专业人才的培养目标、本科生应具备的基本能力及毕业后应达到的要求。

(2) 本书简洁易读，方便教学。知识模块由浅入深，详略得当，通俗易懂；技术模块重点突出，具有启发性；杰出人物模块内容经典，可读性强，富有趣味性。

本书由西安航空学院于方丽教授、张海鸿副教授、程娅伊副教授、罗西希副教授、唐健江副教授、孟志新副教授、曹凤香讲师、何凤利讲师及西安交通大学白宇教授共同编写。具体编写情况如下：白宇教授编写第 1 章；于方丽教授编写第 2 章，并负责全书的统稿工作；唐健江副教授编写第 3 章；张海鸿副教授编写第 4 章、第 8 章的 8.1 和 8.2 节；曹凤香讲师编写第 5 章；程娅伊副教授编写第 6 章；罗西希副教授编写第 7 章；孟志新副教授编写第 8 章的 8.3 和 8.4 节；何凤利讲师编写第 9 章。谢辉教授作为本书的主审，对教材的内容进行了认真细致的审阅，并提出了诸多宝贵的意见。

在编写本书的过程中，编写团队参考了大量的文献资料，在此特向这些文献的作者们表示衷心的感谢。

本书涉及的知识面较广，限于编者的学识水平，书中不足之处在所难免，恳请读者给予批评指正。

编　者

2022 年 8 月

目　　录

第 1 章　材料概述 1
1.1　材料和材料科学的概念 1
1.1.1　材料的概念 1
1.1.2　材料科学(材料工程)的概念 1
1.2　材料的发展历程及发展趋势 2
1.2.1　材料的发展历史 2
1.2.2　未来材料的发展趋势及发展方向 2
1.3　材料的分类及性能 3
1.3.1　材料的分类 3
1.3.2　材料的性能 5
1.4　材料的应用 7
1.4.1　金属材料的应用 7
1.4.2　无机非金属材料的应用 8
1.4.3　高分子材料的应用 9
1.4.4　复合材料的应用 10
1.5　改变世界的新材料及杰出人物 11
1.5.1　石墨烯材料及杰出人物 11
1.5.2　光导纤维材料及杰出人物 11
1.5.3　超导陶瓷材料及杰出人物 12
1.5.4　硅半导体材料及杰出人物 13
1.5.5　有机高分子材料及杰出人物 14
思考题 15
第 2 章　材料类专业人才培养 16
2.1　材料类专业的分类 16
2.2　材料类专业的人才培养 17
2.2.1　培养目标 17
2.2.2　材料专业本科生应具备的基本能力 17
2.2.3　材料类专业的本科生毕业后应达到的要求 17
2.2.4　材料类专业的学生可从事的职业 18
2.2.5　培养规格 19
2.2.6　知识体系和课程体系 19
2.3　我国相关专业发展历程及杰出人物 22
2.3.1　高分子材料与工程专业及杰出人物 22
2.3.2　金属材料工程专业及杰出人物 23
2.3.3　材料科学与工程专业及杰出人物 24
2.3.4　复合材料与工程专业及杰出人物 25
2.3.5　无机非金属材料工程专业及杰出人物 26
思考题 26
第 3 章　金属材料 27
3.1　金属材料的制备与合成 27
3.2　金属的晶体与特性 29
3.3　纯金属的结晶和铸锭 30
3.3.1　纯金属的结晶 31
3.3.2　铸锭组织 31
3.4　金属材料的成型工艺 34
3.4.1　铸造工艺 34
3.4.2　金属材料的塑性加工 36
3.4.3　焊接 38
3.5　国内外杰出人物 42
思考题 43
第 4 章　无机非金属材料 44
4.1　无机非金属材料概述 44
4.1.1　无机非金属材料的分类 44
4.1.2　无机非金属材料的特点 45
4.1.3　无机非金属材料的作用和地位 46
4.2　陶瓷材料 48
4.2.1　陶瓷的概念及分类 48
4.2.2　陶瓷的结构、组织与性能 49

4.2.3 陶瓷材料的制备工艺........................ 50
4.2.4 普通陶瓷 51
4.2.5 特种陶瓷 52
4.3 玻璃... 53
4.3.1 玻璃的概念、特点及分类............. 53
4.3.2 玻璃原料 56
4.3.3 玻璃生产的工艺流程和
生产方法 61
4.3.4 功能玻璃 62
4.4 水泥... 69
4.4.1 水泥的定义、分类、成分及
性能 69
4.4.2 硅酸盐水泥的制备工艺................. 72
4.4.3 各类水泥及应用 73
4.5 国内外杰出人物 81
思考题... 82
第5章 高分子材料 83
5.1 高分子的制备反应和分类 83
5.1.1 高分子的制备反应........................... 83
5.1.2 高分子材料的分类........................... 89
5.2 高分子材料的结构及性能 89
5.2.1 高分子材料的结构........................... 89
5.2.2 高分子材料的性能........................... 95
5.3 高分子材料的成型加工 103
5.3.1 塑料成型加工 103
5.3.2 橡胶制品的成型加工..................... 105
5.3.3 纤维的加工 106
5.4 国内外杰出人物 108
思考题... 109
第6章 复合材料 110
6.1 复合材料基础... 110
6.1.1 复合材料简介 110
6.1.2 复合材料的命名和分类................. 111
6.2 复合材料的基体材料 112
6.2.1 金属材料 112
6.2.2 非金属材料 114
6.2.3 聚合物材料 115
6.3 复合材料的增强材料 117
6.3.1 玻璃纤维及其制品......................... 117
6.3.2 碳纤维 120
6.3.3 有机纤维(芳纶纤维)..................... 122
6.3.4 晶须 122
6.4 复合材料的成型加工 123
6.4.1 纤维增强树脂复合材料及其
成型工艺 123
6.4.2 纤维增强金属复合材料及其
成型工艺 125
6.4.3 纤维增强陶瓷复合材料及其
成型工艺 127
6.4.4 颗粒增强复合材料及其
成型工艺 128
6.4.5 叠层复合材料及其成型工艺........ 129
6.5 常用复合材料... 130
6.5.1 金属基复合材料 131
6.5.2 陶瓷基复合材料 134
6.5.3 聚合物(树脂)基复合材料............ 135
6.6 国内外杰出人物..................................... 139
思考题... 140
第7章 新材料 141
7.1 新能源材料... 141
7.1.1 能源材料发展趋势 141
7.1.2 太阳能电池材料 141
7.1.3 锂离子电池材料 143
7.1.4 燃料电池材料 147
7.2 纳米材料... 151
7.2.1 纳米材料发展历程 152
7.2.2 纳米材料的特殊效应 153
7.2.3 纳米材料的制备 155
7.2.4 纳米材料的应用 156
7.3 超导材料... 158
7.3.1 超导材料的发展历程 158
7.3.2 超导材料的特征值 160
7.3.3 超导材料的类型 160
7.3.4 超导材料的应用 161
7.4 生物医用材料... 165
7.4.1 生物医用材料的发展历程............ 165
7.4.2 生物医用材料的用途、基本
特性及分类 165

7.4.3 生物医学金属材料 167
7.4.4 生物陶瓷材料 168
7.4.5 生物医用聚合物材料 171
7.5 形状记忆材料 172
7.5.1 智能材料形状记忆效应 172
7.5.2 Ni-Ti 系形状记忆合金 173
7.5.3 铜基形状记忆合金 174
7.5.4 铁基形状记忆合金 174
7.5.5 形状记忆合金的应用 175
7.6 国内外杰出人物 176
思考题 177
第 8 章 材料与环境 178
8.1 材料的环境协调性评价 178
8.1.1 LCA 方法的起源与发展 178
8.1.2 LCA 方法的概念与框架 179
8.1.3 LCA 评价过程 180
8.1.4 LCA 方法的发展现状 181
8.2 材料和产品的生态设计 182
8.2.1 生态设计的基本概念和内涵 182
8.2.2 生态设计和传统设计的关系 183
8.3 各类材料在环境治理中的应用 184
8.3.1 纳米技术及纳米材料在环境治理中的应用 184
8.3.2 多孔陶瓷材料及其在环境工程中的应用研究 186
8.4 国内外杰出人物 187
思考题 189
第 9 章 材料的比较与选择 190
9.1 从设计到材料选择 190
9.2 性能比较与选择 192
9.3 材料选择的技术因素 197
9.4 材料选用实例 199
9.4.1 航天飞机热保护系统 199
9.4.2 高尔夫球棒 200
9.4.3 外科植入物 201
9.5 材料的未来 202
9.6 国内外杰出人物 203
思考题 205
参考文献 206

第 1 章

材 料 概 述

1.1 材料和材料科学的概念

1.1.1 材料的概念

材料是可以用来制造有用的构件、器件或物品等的物质(见全国科学技术名词审定委员会编写的《材料科学技术名词》)，材料是“具有一定性能的物质，可以用来制成一些机器、器件、结构和产品(见美国科学院、美国工程院联合编写的《材料：人类的需求》)”。简单来说，材料是人类用于制造物品、器件、构件、机器或其他产品的物质。

材料是物质，但不是所有物质都称为材料。燃料、化学原料、工业化学品、食物和药物，一般都不算作材料，往往称为原料。但这个定义并不严格，如炸药、固体火箭推进剂，一般称为“含能材料”，因为它属于火炮或火箭的组成部分。材料总是和一定的使用场合相联系，可由一种或若干种物质构成。同一种物质，由于制备方法或加工方法不同，可成为用途迥异的不同类型、不同性质的材料。

材料是人类赖以生存和发展的物质基础。20 世纪 70 年代，人们把信息、材料和能源誉为当代文明的三大支柱，材料的使用和发展标志着一个国家科技和经济的发展水平。20 世纪 80 年代，以高技术群为代表的新技术革命把新材料、信息技术和生物技术并列为新技术革命的重要标志，就是因为材料与国民经济建设、国防建设和人民生活密切相关。

1.1.2 材料科学(材料工程)的概念

材料科学(Materials Science)，又名材料工程，是研究材料的组织结构、性质、生产流程和使用效能以及它们之间的相互关系的学科，是集物理学、化学、冶金学等于一体的科学，是一门与工程技术密不可分的应用科学。材料科学专业的学生需研修的主要课程有：政治理论课、外语课、工程数学、材料物理化学工程、材料工程理论基础、材料结构与性能、材料结构和性能检测技术、材料合成与制备技术、过程控制原理、计算机技术应用、近代材料的研究方法、材料科学与工程的新进展以及现代管理学基础等。材料科学工程硕士学位授权单位培养从事新型材料的研究和开发、材料的制备、材料特性分析和改性、材料的有效利用等方面的高级工程技术人才。

材料科学的核心问题是结构与性能的关系。一般来说，科学是属于研究“为什么”的范畴。材料科学的基础理论体系，不仅能为材料工程提供必要的设计依据，还能为更好地选择材料、使用材料、发挥材料的潜力、发展新材料等提供理论基础，并有节省时间、提高可靠性、提高质量、降低成本和能耗、减少对环境的污染等优点。

材料工程属于工程性质的领域，而工程解决的是“怎样做”的问题，其目的在于用经济的且能让社会所接受的方式去控制材料的结构、性能和形状。

材料科学和材料工程是紧密联系、互相促进的。材料工程为材料科学提出了丰富的研究课题，材料工程技术也为材料科学的发展提供了客观物质基础。材料科学和材料工程间的不同主要在于各自强调的核心问题不同，它们之间并没有一条明显的分界线，在解决实际问题时，很难将科学因素和工程因素相互独立出来考虑。因此，人们常常将二者放在一起，称为“材料科学与工程”。

1.2 材料的发展历程及发展趋势

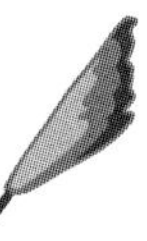

Material Science

1.2.1 材料的发展历史

一百万年以前，原始人以石头作为工具，称为旧石器时代。1 万年以前，人类对石器进行加工，使之成为器皿和精致的工具，从而进入新石器时代。新石器时代后期，出现了利用黏土烧制的陶器。人类在寻找石器过程中认识了矿石，并在烧陶生产中发展了冶铜术，开创了冶金技术。

就世界范围而言，青铜器时代约开始于公元前 4000 年，铁器时代约开始于公元前 1500～1000 年。随着技术的进步，人类又开创了钢的制造技术。18 世纪，钢铁工业的发展成为产业革命的重要内容和物质基础。19 世纪中叶，现代平炉和转炉炼钢技术的出现，使人类真正进入了钢铁时代。

20 世纪初，人们开始对半导体材料进行研究。20 世纪 50 年代，人们制备出锗单晶，后又制备出硅单晶和化合物半导体等。半导体材料的研究使电子技术领域由电子管发展到晶体管、集成电路、大规模和超大规模集成电路。半导体材料的应用和发展，使人类社会进入了信息时代。从 20 世纪 90 年代初起，纳米科技得到迅速发展，纳米材料目前已在电子光学、医药、生物、半导体、信息通信等领域得到了广泛应用。

1.2.2 未来材料的发展趋势及发展方向

进入 20 世纪，随着科学技术的发展，人们在传统材料的基础上，根据现代科技的研究成果，不断开发出各种新材料。新材料是知识密集、技术密集、资金密集的一类新兴产业，是多学科相互交叉和渗透的科技成果，体现了固体物理、有机化学、量子化学、固体力学、陶瓷科学、冶金科学、生物学、微电子学、光电子学等多学科的最新成就。

新材料的发展与其他新技术的发展是密切相关的。目前，由于对新材料的需求日益增长，人们希望在材料的研制中尽可能地增加理论预见性，减少盲目性。客观上由于现代物理化学等基础科学的深入发展，提供了许多新的原理与概念，更重要的是计算机信息处理技术的发展，及各种材料制备与表征评价技术的进展，使材料的研制及设计出现一些新的特点，具体包括：

(1) 材料的微观结构设计方面，从显微构造层次(约1 μm)向分子、原子层次(1～10 nm)及电子层次(0.1～1 nm)发展(制造微米、纳米材料)。

(2) 将有机材料、无机材料和金属材料三大类材料在原子、分子水平上混合构成所谓“杂交”(Hybrid)材料，探索合成材料的新途径。

(3) 在新材料的研制中，基于数据库和知识库，利用计算机对新材料的性能进行预报，利用计算机模拟揭示新材料微观结构与性能的关系。

(4) 深入研究各种条件下材料的生产过程，运用新思维，采用新技术，开发新材料，对半导体超晶格材料进行设计，即“能带工程”或“原子工程”。例如，通过调控材料中的电子结构，获取由不同的半导体超薄层交替生长形成的多层异质周期结构材料，从而极大地推动了半导体激光器的研制。

(5) 选定重点目标，组织多学科力量联合设计某种新材料，如按航天防热材料的要求提出功能梯度材料(FGM)的设想和实践。

在人类历史发展过程中，材料一直是社会进步的物质基础和先导。21世纪，材料科学必将在当代科学技术迅猛发展的基础上，朝着高功能化、超高性能化、复杂化(复合化和杂化)和智能化方向发展，为人类的物质文明建设作出更大的贡献。

1.3 材料的分类及性能

Material Science

1.3.1 材料的分类

材料可以按照其化学组成(或基本组成)、性能、服役的领域、结晶状态和尺寸等进行分类。

一、按照材料的化学组成(或基本组成)分类

1. 金属材料

金属材料是由化学元素周期表中的金属元素组成的材料，可分为由一种金属元素构成的单质(纯金属)；由两种或两种以上的金属元素或金属与非金属元素构成的合金。

在103种元素中，除He、Ne、Ar等6种惰性元素和C、Si、N等16种非金属元素外，其余81种都为金属元素。除Hg之外，单质金属在常温下呈现固体形态，外观不透明，具

有特殊的金属光泽及良好的导电性和导热性。在力学性质方面，单质金属具有较高的强度、刚度、延展性及耐冲击性。

合金是由两种或两种以上的金属元素，或金属元素与非金属元素熔合在一起形成的具有金属特性的新物质。合金的性质与组成合金的各个相的性质有关，同时也与这些相在合金中的数量、形状及分布有关。

2. 无机非金属材料

无机非金属材料是由硅酸盐、铝酸盐、硼酸盐、磷酸盐、锗酸盐等原料和氧化物、氮化物、碳化物、硼化物、硫化物、硅化物、卤化物等原料经一定的工艺制备而成的材料，是除金属材料、高分子材料以外所有材料的总称，它与广义的陶瓷材料有同等的含义。无机非金属材料种类繁多，用途各异，目前还没有统一完善的分类方法，一般将其分为传统的(普通的)和新型的(先进的)无机非金属材料两大类。

传统的无机非金属材料主要是指由 SiO_2 及其硅酸盐化合物为主要成分制成的材料，包括陶瓷、玻璃、水泥和耐火材料等。此外，搪瓷、磨料、铸石(辉绿岩、玄武岩等)、碳素材料、非金属矿(石棉、云母、大理石等)也属于传统的无机非金属材料。

先进(或新型)无机非金属材料是用氧化物、氮化物、碳化物、硼化物、硫化物、硅化物以及各种无机非金属化合物经特殊的先进工艺制成的材料，主要包括先进陶瓷、非晶态材料、人工晶体、无机涂层、无机纤维等。

3. 高分子材料

高分子材料又叫作高分子化合物或者高分子聚合物，简称为高聚合物材料或高聚物，是以高分子化合物为基体，再配有其他添加剂(助剂)所构成的材料。

高分子材料按来源分为天然高分子材料和合成高分子材料。天然高分子是存在于动物、植物及生物体内的高分子物质，天然高分子材料可分为天然纤维、天然树脂、天然橡胶、动物胶等。合成高分子材料主要是指塑料、合成橡胶和合成纤维三大合成材料，此外还包括胶黏剂、涂料以及各种功能性高分子材料。合成高分子材料具有天然高分子材料所没有的或较为优越的性能，即较小的密度、较高的力学性能以及较好的耐磨性、耐腐蚀性、电绝缘性等。

按材料的性能和用途可将高聚物分为橡胶、纤维、塑料和胶黏剂等。橡胶是指具有可逆形变的高弹性聚合物材料，它在室温下富有弹性，在很小的外力作用下能产生较大形变，除去外力后能恢复原状。纤维分为天然纤维和化学纤维，其中，天然纤维指蚕丝、棉、麻、毛等；化学纤维以天然高分子或合成高分子为原料，经过纺丝后处理制得。塑料以合成树脂或化学改性的天然高分子为主要成分，再加入填料、增塑剂和其他添加剂制得。按合成树脂的特性通常将塑料分为热固性塑料和热塑性塑料，按用途又分为通用塑料和工程塑料。

4. 复合材料

复合材料是由两种或两种以上化学性质或组织结构不同的材料组合而成的。复合材料是多相材料，主要包括集体相和增强相。集体相是一种连续相材料，它把改善性能的增强相材料固结成一体并起到传递应力的作用，增强相起承受应力(结构复合材料)和显示功能(功能复合材料)的作用。复合材料既能保持原组成材料的重要特色，又能通过复合效应使各组分的性能互相补充，以获得原组分不具备的许多优良性能。

二、按照增强材料的形状分类

按照增强材料的形状进行分类，材料可以分为纤维增强复合材料(包含连续纤维增强复合材料和不连续纤维增强复合材料)和颗粒强化复合材料。其中，颗粒增强复合材料分为弥散强化复合材料(颗粒直径 0.01～0.1 μm)和颗粒强化复合材料(颗粒直径 1～50 μm)。按基体材料分类可以将材料分为无机非金属基复合材料(陶瓷、水泥和玻璃等)、金属基复合材料(钛合金、镁合金、镍合金等)和聚合物基复合材料(热固性树脂和热塑性树脂)。

三、按照性能分类

按照性能进行分类，材料可分为结构材料和功能材料。结构材料是指具有抵抗外场作用而保持自己的形状、结构不变的优良力学性能(强度和韧性等)，用于结构目的的材料。这种材料通常用来制造工具、机械、车辆和修建房屋、桥梁、铁路等。结构材料还包括人们熟悉的机械制造材料、建筑材料，例如结构钢、工具钢、铸铁、普通陶瓷、耐火材料、工程塑料等传统的结构材料(一般结构材料)以及高温合金、结构陶瓷等高级结构材料。功能材料是具有优良的电学、磁学、光学、热学、声学、力学、化学和生物学性能及其相互转化的功能，被用于非结构目的的高技术材料。

四、按服役的领域分类

按照材料服役的领域进行分类，材料可分为信息材料、航空航天材料、能源材料、生物医用材料等。信息材料是指用于信息的探测、传输、显示、运算和处理的光电信息材料。信息材料主要包括信息的监测和传感(获取)材料、信息的传输材料、信息的存储材料、信息的运算和处理材料。航空航天材料主要包括新型金属材料(如先进铝合金、超高强度钢、高温合金、高熔点合金、铍及其合金)、烧蚀防热材料和新型复合材料等。能源材料是指能源工业和能源技术所使用的材料，按使用的目的不同分为新能源材料、节能材料和储氢材料等。新能源材料包括增殖堆用核材料、聚变堆材料、太阳能电池(单晶硅、多晶硅、非晶硅等)。节能材料包括非晶体金属磁性材料(用作变压器铁芯的 Fe-Mn-B-Si 合金)和超导材料(Nb-Ti、Nb-Sn 巨型磁体用材料)、储氢材料以及高比能电池(如钠硫电池)等。生物医用材料是一类合成物质或天然物质或这些物质的复合，它能作用于一个系统的整体或部分，在一定时期内治疗、增强或替换机体的组织、器官或功能。

1.3.2 材料的性能

材料的性能是指材料在使用和加工过程中表现出来的特性，可以分为使用性能和工艺性能。

一、材料的使用性能

1. 材料的力学性能

材料的力学性能主要是指材料的宏观性能，如弹性性能、塑性性能、硬度、抗冲击性能等。它们是设计各种工程结构时选用材料的主要依据。各种工程材料的力学性能是按照有关标准规定的方法和程序，用相应的试验设备和仪器测出的。表征材料力学性能的各种参量与材料的化学组成、晶体点阵、晶粒大小、外力特性（静力、动力、冲击力等)、温度、加工方式等一系列内、外因素有关。

2. 材料的物理性质

材料的物理性能包括：电学性质、磁学性质、光学性质、力学性质及热学性质。

电学性质包括导电率、电阻率、压电性、铁电性、介电常数。

磁学性质包括抗磁性、顺磁性、铁磁性、反铁磁性、亚铁磁性、磁导率。

光学性质包括折射指数、双折射指数、颜色、吸收光谱、发射光谱、磁光转换、电光转换。

力学性质包括质量、体积、长度、横截面积、密度、硬度、强度模量、变形率。

热学性质包括温度、熔点、凝固点、热值、热导率、比热容、热膨胀系数。

3. 材料的化学性质

化学性质是物质在化学变化中表现出来的性质，如所属物质类别的化学通性：酸性、碱性、氧化性、还原性、热稳定性及一些其他特性。化学性质与化学变化是任何物质所固有的特性，如氧气具有的助燃性为其化学性质；氧气能与氢气发生化学反应产生水，为其化学变化。任一物质就是通过其千差万别的化学性质与化学变化，才区别于其他物质。化学性质是物质的相对静止性，化学变化是物质的相对运动性。

二、材料的工艺性能

材料的工艺性能包括铸造性能(流动性、收缩性等)、锻压性能(塑性、变形抗力等)、焊接性能、切削性能和热处理工艺性能等。

1. 铸造性能

铸造性能常用流动性、收缩性等来进行综合评定。不同材料的铸造性能是不同的，例如，铸造铝合金、铜合金的铸造性能优于铸铁和铸钢，铸铁又优于铸钢。铸铁中，灰铸铁的铸造性能最好。

2. 锻压性能

锻压性能常用塑性和变形抗力来进行综合评定。塑性好，则易成形，加工面质量好，不易产生裂纹；变形抗力小，则变形功小，金属易于充满模膛，不易产生缺陷。一般来说，碳钢比合金钢锻压性能好，低碳钢的锻压性能优于高碳钢。

3. 焊接性能

焊接性能常用碳当量CE来评定。CE小于0.4%的材料，不易产生裂纹、气孔等缺陷，且焊接工艺简便，焊缝质量好。低碳钢和低合金高强度结构的钢焊接性能良好，碳与合金元素含量越高，其焊接性能越差。

4. 切削性能

切削性能常用允许的最高切削速度、切削力大小、加工面*Ra*值大小、断屑难易程度和刀具磨损情况来综合评定。一般来说，当材料的硬度值在170～230HBS范围内时，其切削加工性好。

5. 热处理工艺性能

热处理工艺性能常用淬透性、淬硬性、变形开裂倾向、耐回火性和氧化脱碳倾向来评定。一般碳钢的淬透性差，强度较低，加热时易过热，淬火时候易变形开裂，而合金钢的淬透性优于碳钢。

1.4 材料的应用

1.4.1 金属材料的应用

一、金属材料在生活中的应用

金属材料在生活中的应用较为广泛，仅就炊具而言，从烤制烤鸭的烤炉，到烤面包的烤箱，再到就餐用的刀叉，无一不是金属制成的。还有各种各样的炒锅、炉灶、抽油烟机等，也都是金属制成的。

金属也是常见的包装材料，如：① 易拉罐。大部分易拉罐为铝制或钢制，金属作为啤酒和碳酸饮料的包装形式极其方便。② 铝箔真空包装。铝箔袋包装通常指的是铝塑复合真空包装袋，此类产品具有良好的隔水、隔氧功能。

二、金属材料在工业中的应用

1. 航空航天方面

(1) 铝合金。铝合金具有比模量(材料的模量与密度之比)与比强度高、耐腐蚀性能好、加工性能好、成本低廉等优点，被认为是航空航天工业中用量最大的金属结构材料。其主要用于航空航天结构中承载结构的制造。

(2) 钛合金。钛合金具有比强度、抗腐蚀性能良好、抗疲劳性能良好、热导率和线膨胀系数小等优点，它可以在350～450℃以下长期使用，低温可使用到−196℃。其用于航空发动机的压气机叶片、机匣以及机体主承力构件的制造。

(3) 高温合金。高温合金目前常作为镍基、铁基、钴基高温合金的统称。在航天领域的高温合金中，镍基高温合金的应用最为广泛，其常用作航天发动机涡轮盘和叶片材料的制造。

(4) 超高强度钢。超高强度钢具有很高的抗拉强度和足够的韧性，并且有良好的焊接性和成形性。其用于飞机起落架、火箭发动机壳体、发动机喷管和各级助推器的制造。

2. 汽车方面

(1) 铝合金。铝合金可代替钢铁起到降低汽车自重的作用，轻量化结构的全铝轿车的重量比传统钢制车轻 40%以上。

(2) 镁合金材料。镁合金材料用于车上的座椅骨架、仪表盘、转向盘和转向柱、轮圈、发动机气缸盖、变速器壳、离合器壳等零件，其中转向盘、转向柱和轮圈是应用镁合金较多的零件。

(3) 铜合金材料。铜合金材料应用于大规模集成电路和超大规模集成电路各类引线框架，涉及的合金体系有 Cu-Fe-P 系、Cu-Ni-Si 系、Cu-Cr-Zr 系等，前两种合金体系已形成产业化生产规模。军事工业及电子、电工及汽车业涉及的合金体系有 $Cu-A1_2O_3$、$Cu-TiB_2$ 等。

(4) 钛合金材料。钛合金材料具有轻质、高强度等性能。目前的赛车几乎都使用了钛材。汽车用钛合金的部件主要包括：阀(可以减轻重量，延长使用寿命，而且可靠性高，还可节省燃油)、连杆(对减轻发动机重量最有效，能大大提高性能)等。

3. 医学方面

(1) 钛合金。钛合金目前应用在骨科的接骨板、螺丝、人工心脏瓣膜、牙齿固定等方面，它在整形外科中也有较多应用，是医学领域应用最多的金属材料。

(2) 记忆合金与贵金属。目前记忆合金主要是以镍钛合金为主，应用方面最广为人知的是用于制造心血管的支架。

1.4.2 无机非金属材料的应用

一、传统无机非金属材料的应用

传统无机非金属材料品种繁多，主要是指大宗无机建筑材料，包括水泥、玻璃、陶瓷与建筑(墙体)材料等，其产量占无机非金属材料的绝大多数。建筑材料与人们的生活质量息息相关，如水泥是一种重要的建筑材料。耐火材料与高温技术与钢铁工业的发展关系密切。各种规格的平板玻璃、仪器玻璃和普通的光学玻璃以及日用陶瓷、卫生陶瓷、建筑陶瓷、化工陶瓷和电瓷等传统无机非金属材料，它们产量大，用途广。搪瓷、磨料(碳化硅、氧化铝)、铸石(辉绿岩、玄武岩等)、碳素材料、非金属矿(石棉、云母、大理石等)等其他产品也都属于传统的无机非金属材料。

二、新型无机金属材料的应用

新型无机非金属材料是具有高强、轻质、耐磨、抗腐、耐高温、抗氧化以及特殊的电、光、声、磁等一系列优异综合性能的新型材料，是其他材料难以替代的功能材料和结构材料。无机非金属新材料具有独特的性能，是高技术产业不可缺少的关键材料。例如，稀土掺杂石英玻璃广泛应用于导弹、卫星及坦克火控武器等激光测距系统；耐辐照石英玻璃应用于各种卫星及宇宙飞船的姿控系统；光学纤维面板和微通道板作为像增强器和微光夜视元件在全天候兵器中得到应用；航空玻璃为各类军用飞机提供了关键部件；人工晶体材料中的激光晶体、非线性光学晶体和红外晶体等，用于弹道制导、电子对抗、潜艇通讯、激光武器等领域；在特种陶瓷中，耐高温、高韧性的陶瓷可用于航空、航天发动机、卫星遥感的制造，还可制作特殊性能的防弹装甲陶瓷等。目前已开发了近四千种高性能、多功能无机非金属新材料新品种，这些高性能材料在发展现代武器装备中起到十分重要的作用。

1.4.3 高分子材料的应用

高分子材料应用广泛，具体表现在以下几方面。

一、纤维的应用

纤维分为天然纤维和人造纤维，天然纤维指的是自然界中天然存在或生长的纤维，包括动植物纤维、矿物纤维等；人造纤维是指对天然纤维进行化学及机械加工得到的可以进行纺织的纤维，包括人造丝、人造棉等。日常生活中，纤维的应用广泛，它不仅可以让建筑材料保持稳定，还可以用于降低导弹的温度，也可以用于修复人体受损的身体组织。

二、橡胶的应用

橡胶的分子量比较大，是一种无定型聚合物，这种特性使得它在受力变形时可以迅速复原，使其具有良好的稳定性。橡胶可以作为原材料制造胶带、轮胎、电缆、胶管等一系列橡胶制品，在生产生活中有很大的作用。

三、塑料的应用

塑料指的是广泛意义具有塑性能力的材料。塑料可以加工成塑料袋、一次性杯子、收纳盒等各种塑料制品。因其具有产量大，价格便宜且易加工的特点，所以塑料的应用较为广泛。

四、各种添加剂

高分子材料可以制作成阻燃剂、增塑剂、防老剂、填充剂等各种添加剂，其被广泛应用于各个领域。

高分子材料应用范围广，从人体内部到衣食住行都能发现它的身影。随着科技的不断发展，未来高分子材料将会有新的突破，并将进一步改变人们的生活方式，为人类社会的发展提供推力。

1.4.4 复合材料的应用

一、航天航空

复合材料具有比强度高、比刚度高、稳定性强的特点，它在航天航空领域中具有举足轻重的地位。复合材料可用于制造卫星天线及其相关结构、飞机机翼、发动机壳体、大型火箭的外壳、航天飞机结构部件等。航天航空领域中应用复合材料，可以提升航天航空部件的性能，增加质量优势。一般情况下，航天航空的结构制造对性能要求比较高，通过应用复合材料，可以达到相应的目标。如果应用单一的材料，其质量与性能则不是很好。在我国航天航空事业不断发展的背景下，复合材料的应用范围及空间会更加广阔。

二、汽车行业

复合材料具有振动阻尼特性，能起到良好的抗震与减轻噪声的效果，还具有很强的抗疲劳性能，将其应用在汽车车身、受力部件、发动机架及其他结构中，可以充分发挥复合材料的基本优势。在当下，复合材料在汽车行业领域中占有越来越突出的地位，特别是现代社会对低碳环保理念的倡导，复合材料的应用范围与前景显得更加突出。

三、化工、纺织、机械制造

在我国的化工、纺织及其机械制造领域中，复合材料也具有非常广泛的应用范围。由良好耐蚀性的碳纤维与树脂基体复合而成的材料，可用于制造化工设备、纺织机、造纸机、复印机、高速机床、精密仪器等机械，极大地提升了人们的生活水平与质量，促进社会生产的高速发展。

四、医学领域

碳纤维复合材料具有优异的力学性能和不吸收 X 射线的特性，可以用于制造医学 X 光机与矫形支架等。碳纤维复合材料还具有生物组织相容性和血液相容性，其在生物环境下稳定性好，可以作为生物医学材料使用。

除了上述一些常见功能，在当下的社会生活中，复合材料还可以应用在体育器材与土木建筑工程领域中，能极大地推动当前很多工艺的进步与革新。

1.5　改变世界的新材料及杰出人物

1.5.1　石墨烯材料及杰出人物

2004 年，在曼彻斯特大学任教期间安德烈・海姆和康斯坦丁・诺沃肖洛夫发现了二维晶体的碳原子结构，也就是著名的“石墨烯”。一片碳，看似普通，厚度为单个原子，却使这两位科学家赢得了诺贝尔物理学奖。“石墨烯”不仅是最薄、最强的材料，作为电导体，它还有着和铜一样出色的导电性；作为热导体，它比目前任何其他材料的导热效果都好。利用石墨烯，科学家能够研发一系列具有特殊性质的新材料。例如，石墨烯晶体管的传输速度远远超过目前的硅晶体管，因此有希望将其应用于全新超级计算机的研发；石墨烯还可以用于制造触摸屏、发光板，甚至太阳能电池，如果将它和其他材料混合，石墨烯还可以制造更耐热、更结实的电导体，从而使新材料更薄、更轻、更富有弹性。从柔性电子到智能服装，从超轻型飞机材料到防弹衣，甚至设想中未来的太空电梯都可以以石墨烯为原料，因此其应用前景十分广阔。

➢ 安德烈・海姆

安德烈・海姆(AndreGeim)，英国曼彻斯特大学科学家。1958 年 10 月出生于俄罗斯西南部城市索契，拥有荷兰国籍。1987 年在俄罗斯科学院固体物理学研究院获得博士学位，毕业后在俄罗斯科学院微电子技术研究院工作三年，之后在英国诺丁汉大学、巴斯大学和丹麦哥本哈根大学继续他的研究工作。1994 年，安德烈・海姆在荷兰奈梅亨大学担任副教授，并与康斯坦丁・诺沃肖洛夫首度合作。他同时也是代尔夫特理工大学的名誉教授，并于 2001 年加入曼彻斯特大学任物理教授，发表了超过 150 篇的顶尖文章，其中很多都发表在自然和科学杂志上。2010 年安德烈・海姆获得皇家学会 350 周年纪念荣誉研究教授。

➢ 康斯坦丁・诺沃肖洛夫

康斯坦丁・诺沃肖洛夫(又译为克斯特亚・诺沃塞洛夫，康斯坦丁・诺沃舍洛夫，Konstantin Novoselov 或 Kostya Novoselov)，俄罗斯物理学家，英国曼彻斯特大学教授。1974 年出生于俄罗斯的下塔吉尔，具有英国和俄罗斯双重国籍。2004 年诺沃肖洛夫在荷兰奈梅亨大学获得博士学位。在读博士期间，他就与安德烈・海姆开始了合作研究。因发现石墨烯而与安德烈・海姆一同获得 2010 年诺贝尔物理学奖。

1.5.2　光导纤维材料及杰出人物

1960 年初，激光已经被发明，华人物理学家高锟大胆假设：激光必将在光通信中大有作为，并认定玻璃是最可用的透光材料。高锟认为，如果能大幅降低石英原料中铁、铜、锰等杂质，制造出“纯净玻璃”(SiO_2)，信号传送的损耗就会减至最低。1966 年，高锟提出玻璃纤维(光导纤维，简称光纤)可以用作通信媒介，并发表论文《光频率的介质纤维表面波导》。高锟论文发表之日，即被后世视为光纤通信诞生之时。高锟因在光通信领域或光在纤维中的传输方面的突破性成就，获得了 2009 年诺贝尔物理学奖。

➢ 高锟

高锟(1933 年 11 月 4 日—2018 年 9 月 23 日)，生于江苏省金山县(今上海市金山区)，华裔物理学家、教育家，光纤通信、电机工程专家，中国香港中文大学前校长。他被誉为“光纤通信之父”(Father of Fiber Optic Communications)。

高锟 1954 年赴英国攻读电机工程，并于 1957 年至 1965 年间获伦敦大学学士和博士学位；1970 年加入香港中文大学，筹办电子学系，并担任系主任；1987—1996 年任香港中文大学第三任校长；1990 年获选为美国国家工程院院士；1996 年获选为中国科学院外籍院士；1997 年获选为英国皇家学会院士；2009 年获得诺贝尔物理学奖；2010 年获颁大紫荆勋章；2018 年 9 月 23 日在香港逝世，享年 84 岁。高锟长期从事光导纤维在通信领域运用的研究，他从理论上分析证明了用光纤作为传输媒体以实现光通信的可能性，并预言了制造通信用的超低耗光纤的可能性。

1.5.3 超导陶瓷材料及杰出人物

超导陶瓷是一类在临界温度时电阻为零的陶瓷，它对今后信息革命、能源利用以及交通起着重要作用。1986 年，IBM 公司报道发现了钇-钡-铜-氧钙钛矿结构的复合氧化物具有高温超导性后，超导材料的研究就成为材料和化学界研究的重点之一，打破了“氧化物陶瓷是绝缘体”的传统理念并且发现、制备出一系列的高温超导陶瓷材料。1987 年，诺贝尔物理奖颁发给 IBM(设在瑞士苏黎世的美国公司)的德国物理学家柏诺兹和瑞士物理学家缪勒，以表彰他们在发现陶瓷材料的超导性方面的突破。1987 年 2 月，美国华裔科学家朱经武和中国科学家赵忠贤相继在钇-钡-铜-氧系材料上把临界超导温度提高到 90 K 以上，液氮的禁区(77 K)也奇迹般地被突破了。1987 年底，钇-钡-钙-铜-氧系材料的临界超导温度记录被提高到了 125 K。从 1986 年至 1987 年的短短一年多的时间里，临界超导温度提高了 100 K 以上。

➢ 赵忠贤

赵忠贤，1941 年 1 月 30 日出生，辽宁新民人，物理学家，中国高温超导研究奠基人之一。1964 年毕业于中国科学技术大学技术物理系，1973 年 12 月加入中国共产党，1987 年当选为世界科学院院士，同年成为陈嘉庚科学奖获得者，1991 年当选为中国科学院学部委员(院士)，2017 年 1 月 9 日获 2016 年度国家最高科学技术奖。赵忠贤院士长期从事低温与超导研究，探索高温超导电性研究，研究氧化物超导体 BPB 系统及重费米子超导性。赵忠贤院士在钇-钡-铜-氧系统研究中，注意到杂质的影响，并参与发现了液氮温区超导体。赵忠贤院士及其合作者都取得了重要成果，即独立发现液氮温区高温超导体和发现系列50K以上铁基高温超导体并创造55K纪录。

➢ 朱经武

朱经武，1941年12月2日出生于中国湖南长沙，超导体物理学家，中国科学院院士、中国香港科学院创院院士、美国国家科学院院士、美国艺术与科学学院院士、俄罗斯工程院院士、世界科学院院士，美国休斯敦大学教授。1965年获得福坦莫大学硕士学位；1968年从加州大学圣地亚哥分校博士毕业。朱经武主要从事高温超导基础及应用相关领域的研究。1987年1月，他领导的研究小组成功发现93 K(−180℃)新超导材料，该温度第一次超过液氮温度，开创了高温超导研究和应用的新纪元。在随后的实验中不断发现新材料并刷新超导转变温度的记录，于1993年将超导转变温度提高到164 K(−109℃)。

1.5.4 硅半导体材料及杰出人物

1945年，美国贝尔实验室的研究员威廉·肖克利研究用硅制造一种小型放大器，以替代真空电子管。肖克利首先想到的是硅半导体。他研究两年硅放大器没有成功后，便将项目转交给巴丁和布拉顿继续研究。巴丁和布拉顿认为高纯的硅才适合做放大器，但当时的技术还难以制得高纯度的硅。于是，他俩决定研究锗放大器。1947年12月，巴丁和布拉顿用锗制造出世界上第一个固态(区别于真空电子管)放大器，他们称之为晶体管。1956年，因为对半导体的研究和发现晶体管效应，肖克利、布拉顿、巴丁三人共同获得了诺贝尔物理学奖。

1958年9月12日，美国工程师杰克·基尔比实现了把电子器件集成在一块锗半导体材料上的构想。这一天，被视为集成电路的诞生日。过了40多年，杰克·基尔比因为发明集成电路获得了2000年诺贝尔物理学奖。杰克·基尔比荣获诺贝尔奖时，硅早已取代锗成为芯片的载体材料。2009年，美国科学家威拉德·博伊尔和乔治·史密斯因发明半导体图像传感器——电荷耦合器件获得了诺贝尔物理学奖。半导体的发明成果是诺贝尔奖大户。在提纯技术被攻克后，硅就取代了锗。1954年，美国的贝尔实验室发现，在硅中掺入一定量的杂质可使材料对光更加敏感，第一个硅太阳能电池应运而生。如今，太阳能电池已经成为颇具规模的新兴产业。

➢ 林兰英

林兰英(1918年2月7日—2003年3月4日)，福建莆田人，半导体材料学家，中国科学院院士，中国科学院半导体研究所研究员。

林兰英1940年从福建协和大学毕业后留校任教；1948年赴美留学，进入宾夕法尼亚州的迪金森学院数学系学习；1949年获得迪金森学院数学学士学位，同年进入宾夕法尼亚大学研究生院，进行固体物理的研究，先后获得硕士、博士学位。1955年博士毕业后，进入纽约长岛的索菲尼亚公司任高级工程师进行半导体研究；1957 年 1 月回到中国，并进入中国科学院物理研究所工作；1960 年中国科学院半导体研究所成立后，林兰英担任该所研究员；1980 年当选为中国科学院学部委员；2003 年 3 月 4 日在北京逝世，享年 85 岁。林兰英院士主要从事半导体材料制备及物理的研究。她在锗单晶、硅单晶、砷化镓单晶和高纯锑化铟单晶的制备及性质等研究方面获得成果，其中砷化镓气相和液相外延单晶的纯度及电子迁移率均曾达到国际先进水平。

➢ 约翰·巴丁

约翰·巴丁(John Bardeen，1908 年 5 月 23 日－1991 年 1 月 30 日)，美国物理学家，因晶体管效应和超导的 BCS 理论两次获得诺贝尔物理学奖(1956 年、1972 年)。

约翰·巴丁 1908 年出生于美国威斯康星州的麦迪逊市，1923 年进入威斯康星大学麦迪逊分校电机工程系学习，1928 年取得学士学位，1929 年取得硕士学位。他在 1935 年到 1938 年期间任哈佛大学研究员，并于 1936 年获得普林斯顿大学博士学位。1938 年到 1941 年间，巴丁担任明尼苏达大学助理教授；1941 年到 1945 年在华盛顿海军军械实验室工作；1945 年到 1951 年在贝尔电话公司实验研究所研究半导体及金属的导电机制、半导体表面性能等问题。1947 年他和同事布拉顿发明了半导体三极管，一个月后，肖克利发明了 PN 结晶体管，三人因发现晶体管效应共同获得 1956 年诺贝尔物理学奖。巴丁是第一位在同一学术领域(物理学)中获得两次诺贝尔奖金的科学家。就这一事实本身，人们不难看出巴丁在科学的道路上是何等的勇于进取和善于发挥集体的力量。

1.5.5 有机高分子材料及杰出人物

1872 年，德国化学家拜耳(A.Baeyer)首先发现苯酚与甲醛在酸的存在下可以缩聚得到无定形棕红色产物——酚醛树脂。1909 年，美国科学家贝克兰德(Baekeland)实现了酚醛树脂的产业化。酚醛树脂也称“电木”，是第一种合成高分子塑料。1920 年，德国化学家施陶丁格提出高分子及聚合反应的概念，并确立了聚苯乙烯、聚甲醛、天然橡胶的长链结构式。1953 年，施陶丁格因在高分子化学领域的研究发现获得了诺贝尔化学奖。1963 年，德国化学家卡尔·齐格勒和居里奥·纳塔因在高聚物的化学性质和技术领域中的研究发现获得诺贝尔化学奖。他俩曾各自独立地合成出聚乙烯和聚丙烯。1974 年，美国化学家保罗·弗洛里因高分子物理化学的理论与实验两个方面的基础研究获得了诺贝尔奖化学奖。他提出了聚酯动力学和连锁聚合反应的机理。2000 年，美国化学家艾伦·黑格、麦克德尔米德和日本化学家白川英树因发现和发展了导电聚合物(聚乙炔导体)，共同获得诺贝尔化学奖。

➢ 白川英树

白川英树(Hideki Shirakawa，1936 年 8 月 20 日—)，日本著名化学家，因成功开发了导电性高分子材料而成为 2000 年诺贝尔化学奖三名得主之一。

白川英树 1936 年 8 月 20 日生于日本东京，1966 年博士毕业于东京工业大学。1976 年，他应艾伦·黑格教授之邀赴美，在宾夕法尼亚大学担任博士研究员。1979 年，他回到筑波大学任物质工程学系副教授，从 1982 年 10 月起一直担任筑波大学教授，现为筑波大学的名誉教授。他的研究方向包括共轭聚合体(聚乙炔、燕麦灵等)的合成及特征描述、电动聚合物、液晶传导聚合体。

➢ 麦克德尔米德

麦克德尔米德(1927 年至 2007 年 2 月 7 日)，出生于新西兰的马斯特顿，1943 年至 1947 年，在维多利亚大学学院学习，获得学士学位；1952 年和 1953 年在威斯康星大学麦迪逊分校先后取得硕士和博士学位；1955 年取得剑桥大学博士学位。从剑桥大学毕业后，麦克德尔米德到苏格兰圣安德鲁斯大学短暂任教。1956 年转投宾夕法尼亚大学担任副教授。1964 年升任正教授。1988 年被聘为“布兰查德化学教授”(Blanchard Professor of Chemistry)。1999 年被聘为吉林大学名誉教授。2004 年起被聘为吉林大学教授。麦克德尔米德最著名的研究成果是发现与研究导电聚合物，即导电塑料，也正是凭借在这一领域的开创性贡献，他与艾伦·黑格、白川英树一起获得 2000 年诺贝尔化学奖。麦克德尔米德后来的研究兴趣集中于最具有工业价值的导电高分子——聚苯胺及其低聚物，尤其是它的同分异构体，这些同分异构体有助于最大程度地提高其导电能力以及机械加工性能。

1. 什么是材料？什么是材料科学？
2. 简述一种材料的分类、性能及应用。

第2章

材料类专业人才培养

材料类专业的主干学科是材料科学与工程。材料类本科专业包括材料科学与工程、材料物理、材料化学、冶金工程、金属材料工程、无机非金属材料工程、高分子材料与工程、复合材料与工程8个基本专业，以及粉体材料科学与工程、宝石及材料工艺学、焊接技术与工程、功能材料、纳米材料与技术、新能源材料与器件6个特设专业。

2.1 材料类专业的分类

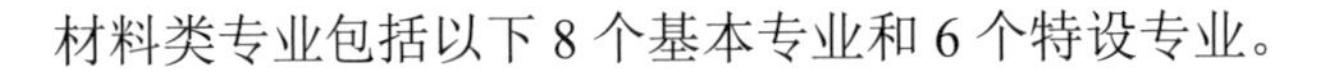

材料类专业包括以下8个基本专业和6个特设专业。

➢ 0804 材料类(基本专业)

080401 材料科学与工程
080402 材料物理(注：可授工学或理学学士学位)
080403 材料化学(注：可授工学或理学学士学位)
080404 冶金工程
080405 金属材料工程
080406 无机非金属材料工程
080407 高分子材料与工程
080408 复合材料与工程

➢ 0804 材料类(特设专业)

080409T 粉体材料科学与工程
080410T 宝石及材料工艺学
080411T 焊接技术与工程
080412T 功能材料
080413T 纳米材料与技术
080414T 新能源材料与器件

2.2　材料类专业的人才培养

Material Science

2.2.1　培养目标

材料类专业培养具有坚实的自然科学基础、材料科学与工程专业基础和人文社会科学基础，具有较强的工程意识、工程素质、实践能力、自我获取知识的能力、创新素质、创业精神、国际视野、沟通和组织管理能力的高素质专门人才。

2.2.2　材料专业本科生应具备的基本能力

材料专业本科生应具备以下基本能力：

(1) 掌握金属材料、无机非金属材料、高分子材料以及其他高新技术材料科学的基础理论和材料合成与制备、材料复合、材料设计等专业基础知识；

(2) 掌握材料性能检测和产品质量控制的基本知识，具有研究和开发新材料、新工艺的初步能力；

(3) 掌握材料加工的基本知识，具有正确选择设备进行材料研究、材料设计、材料研制的初步能力；

(4) 具有本专业必需的机械设计、电工与电子技术、计算机应用的基本知识和技能；

(5) 熟悉技术经济管理知识；

(6) 掌握文献检索、资料查询的基本方法，具有初步的科学研究和实际工作能力。

2.2.3　材料类专业的本科生毕业后应达到的要求

材料类专业本科生毕业后应达到以下要求：

(1) 有一定的工程知识储备，能够将数学、自然科学、工程基础和专业知识用于解决复杂的工程问题。

(2) 具备问题分析的能力，能够应用数学、自然科学和工程科学的基本原理，识别、表达并通过文献研究分析复杂工程问题，以获得有效结论。

(3) 能够设计针对复杂工程问题的解决方案，设计满足特定需求的系统、单元(部件)或工艺流程，并能够在设计环节中体现创新意识，考虑社会、健康、安全、法律、文化以及环境等因素。

(4) 能够基于科学原理并采用科学方法对复杂工程问题进行研究，包括设计实验、分析与解释数据，并通过信息综合得到合理有效的结论。

(5) 能够针对复杂工程问题，开发、选择与使用恰当的技术、资源、现代工程工具和信息技术工具，包括对复杂工程问题的预测与模拟，并能够理解其局限性。

(6) 能够基于工程相关背景知识进行合理分析，评价专业工程实践和复杂工程问题解决方案对社会、健康、安全、法律以及文化的影响，并理解应承担的责任。

(7) 能够理解和评价针对复杂工程问题的专业工程实践对环境、社会可持续发展的影响。

(8) 具有人文社会科学素养、社会责任感，能够在工程实践中理解并遵守工程职业道德和规范，履行责任。

(9) 能够在多学科背景下的团队中承担个体、团队成员以及负责人的角色。

(10) 能够就复杂的工程问题与业界同行及社会公众进行有效沟通和交流，包括撰写报告和设计文稿、陈述发言、清晰表达或回应指令，并具备一定的国际视野，能够在跨文化背景下进行沟通和交流。

(11) 理解并掌握工程管理原理与经济决策方法，并能在多学科环境中应用。

(12) 具有自主学习和终身学习的意识，有不断学习和适应发展的能力。

2.2.4 材料类专业的学生可从事的职业

材料类专业的毕业生，既可以从事材料科学与工程基础理论研究，新材料、新工艺和新技术研发，生产技术开发和过程控制，材料应用等材料科学与工程领域的科技工作，也可承担相关专业领域的教学、科技管理和经营工作。材料类专业学生具体去向包括：

(1) 金属材料工程专业毕业后可在冶金、材料结构研究与分析、金属材料及复合材料制备、金属材料成型等领域从事科学研究、技术开发、工艺和设备设计、生产及经营管理等方面的工作。

(2) 冶金工程专业毕业后可从事冶金技术及其理论、冶炼过程及控制、冶炼工艺及装备设计、生产技术改进、冶炼成品性能改进和检测及冶金企业管理等工作。

(3) 焊接技术与工程专业毕业后可面向机械制造、船舶制造等行业，大、中型企业，从事自动焊接、半自动焊接技术操作与施工，工艺规程制定，产品质量检验，现场生产管理与技术管理等工作。

(4) 高分子材料与工程专业毕业后可在各种材料的制备、加工成型、材料结构与性能领域从事科学研究与教学、技术开发、工艺和设备设计、技术改造及经营管理等方面工作。

(5) 材料科学与工程专业毕业后可在各种材料的制备、加工成型、材料结构与性能等领域从事科学研究与教学、技术开发、工艺和设备设计、技术改造及经营管理等方面工作。

(6) 高分子材料加工工程专业毕业后可到航空航天、汽车制造、电子信息、能源、计算机制造、通信器材、生物医用设备、建材、家电企事业单位、研究院所和高校从事研发、产品设计、管理等工作。

(7) 无机非金属材料工程专业毕业后可在无机非金属材料结构研究与分析、材料的制备、材料成型与加工等领域从事科学研究、技术开发、工艺和设备设计、生产及经营管理等方面的工作。

(8) 复合材料与工程专业毕业后可在与复合材料相关的汽车、建筑、电机、电子、航空航天、国防军工、轻工、化工等有关企业和公司从事设计、研发、分析、生产、测试、营销、管理等方面的工作。

(9) 生物功能材料专业毕业后可在生物材料的制备、改性、加工成型及应用等领域从事科学研究、技术开发、工艺设计、生产及经营管理工作，也可在研究院所、设计院、大专院校和企事业单位工作。

(10) 稀土工程专业培养从事稀土材料、稀土冶金、工程设计和科技创新方面的高级专门人才，毕业后可从事稀土材料、稀土冶金、工程设计和科技创新方面的工作。

(11) 粉体材料科学与工程专业毕业后可从事粉体材料加工制备、粉末冶金、硬质合金与超硬材料、陶瓷材料、新型电工电子材料、纳米材料和复合材料等方面的科研、生产、开发、教学、管理工作。

(12) 宝石及材料工艺学专业毕业后可在商贸、经贸、商检、旅游、银行等部门从事珠宝首饰和材料工艺的商贸、鉴定、加工制作、质量监督和检验、生产管理、科技开发工作。

(13) 再生资源科学与技术专业培养在再生资源领域中从事生产和管理的高级技术工程及从事固体废弃物资源化开发研究和设计的高层次人才，毕业后可从事生产和管理的高级技术工程。

2.2.5　培养规格

(1) 学制：4 年。

(2) 授予学位：工学学士。材料物理和材料化学可授予理学学士学位。

(3) 参考学分或学时：一般为 140～190 学分[含毕业设计(论文)学分]。

2.2.6　知识体系和课程体系

一、知识体系

1. 通识类知识

材料类专业的通识类知识涵盖人文社会科学知识、工具性知识、数学和自然科学类知识、经济管理和环境保护类知识，具体分类如下：

(1) 人文社会科学类知识包括哲学、思想政治道德、政治学、法学、社会学等基本内容。

(2) 工具性知识包括外语、计算机及信息技术、文献检索、科学研究方法论等基本内容。

(3) 数学和自然科学类知识包括数学、物理学、化学、力学以及生命科学和地球科学等基本内容。

(4) 经济管理和环境保护类知识包括金融、财务、人力资源和行政管理、环境科学等方面的基本内容。

2. 学科基础知识

学科基础知识被视为专业类基础知识，包括材料科学基础、材料工程基础、材料结构表征等知识领域。

3. 专业知识

不同专业的课程须覆盖知识领域的核心内容，并培养学生将所学的知识应用于新材料、新工艺和新技术的研发，具备生产技术开发和过程控制、材料应用等方面的能力。各专业可根据学校情况对专业知识进行选取和适当补充。

二、主要实践性教学环节

材料类专业的学校应具有满足教学需要的完备实践教学体系，主要包括独立设置的课程实验、课程设计、实习、毕业设计(论文)等多种形式，积极开展科技创新、社会实践等多种形式的实践活动，组织学生到各类工程单位实习或工作，取得工程经验，了解行业状况。

1. 实验课程

材料类专业实验课程主要包括公共实验课程(物理实验、化学实验、电子电工实验等)、专业基础实验(材料科学基础实验、材料工程基础实验、材料研究与测试方法专业基础实验、综合实验)和专业实验(专业技能训练、材料制备与性能综合实验等)。

2. 课程设计

针对材料类专业课程进行课程设计，可根据实际情况进行选择。

3. 实习

实习是学生接触生产实际、接触企业的有效实践环节，各高校应建立稳定的校外实习基地，制定符合生产现场实际的实习大纲，让学生在实习中应用所学知识，培养热爱劳动的品质。

4. 毕业设计(论文)

毕业设计(论文)是科研与教学结合最为密切的一个实践环节，须在与毕业设计(论文)要求相适应的标准和检查保障机制中，对选题、内容、指导、答辩等环节提出明确要求，保证课题的工作量和难度，并给学生提供有效的指导。选题应结合本专业的工程实际问题，有明确的应用背景，培养学生的工程意识，协作精神以及综合应用所学知识解决实际问题的能力。

三、课程体系

课程体系(中国工程教育专业认证协会工程教育认证标准(2015 版))必须包括：

(1) 应设有与本专业毕业要求相适应的数学与 36 自然科学类课程(至少占总学分的 15%)。

(2) 应设有符合本专业毕业要求的工程基础类课程、专业基础类课程与专业类课程(至少占总学分的 30%)。其中，工程基础类课程和专业基础类课程能体现数学和自然科学在本专业应用能力的培养，专业类课程能体现系统设计和实现能力的培养。

(3) 材料类专业需设有工程实践与毕业设计(论文)(至少占总学分的 20%)。设置完善的实践教学体系，并与企业合作，开展实习、实训，培养学生的实践能力和创新能力。毕业设计(论文)选题要结合本专业的工程实际问题，培养学生的工程意识、协作精神以及综合应用所学知识解决实际问题的能力。对毕业设计(论文)的指导和考核应有企业或行业专家参与。

(4) 材料类专业需设置人文社会科学类通识教育课程(至少占总学分的 15%)，使学生在从事工程设计时能够考虑经济、环境、法律、伦理等各种制约因素。

四、材料类专业认证标准

材料类专业认证标准就是中国工程教育专业认证协会工程教育认证标准(2015 版)，该标准适用于材料类专业，包括材料科学与工程专业、冶金工程专业、金属材料工程专业、无机非金属材料工程专业、高分子材料与工程专业、复合材料与工程专业和材料物理专业等。

1. 课程设置

课程设置由学校根据自身定位、培养目标和办学特色自主设置。本专业补充标准要对数学与自然科学类、工程基础类、专业基础类、专业类、实践环节、人文社会科学类通识教育这六类课程的内容提出基本要求。

1) 数学与自然科学类课程

数学类科目包括线性代数、微积分、微分方程、概率和数理统计等知识领域。自然科学类的科目应包括物理、化学等知识领域。

2) 工程基础类课程

材料类专业人才需要掌握与材料科学与工程学科相关的工程技术知识，包括计算机与信息技术基础类、力学类、机械设计基础类、电工电子等相关知识领域。

3) 学科专业基础类课程

① 材料科学与工程专业应包含：材料科学基础、材料工程基础、材料性能表征、材料结构表征、材料制备技术、材料加工成形等相关知识领域。

② 高分子材料与工程专业应包含：高分子物理、高分子化学、材料科学与工程基础、聚合物表征与测试、聚合物反应原理、聚合物成型加工基础、高分子材料和高分子材料加工技术等知识领域。

③ 冶金工程专业应包含：物理化学、金属学及热处理、冶金原理(钢铁冶金原理、有色冶金原理)或冶金物理化学、冶金传输原理、反应工程学或化工原理、冶金实验研究方法、钢铁冶金学、有色冶金学等知识领域。

④ 金属材料工程专业应包含：物理化学、材料科学基础、材料工程基础、材料性能表征、金属材料及热处理、材料结构表征、材料制备技术、材料加工成形等知识领域。

⑤ 无机非金属材料工程专业应包含：材料科学基础、材料工程基础、材料研究方法与测试技术、无机材料性能、无机非金属材料工艺学、无机非金属材料生产设备等知识领域。

⑥ 复合材料与工程专业应包含：物理化学、高分子化学、高分子物理、材料研究与测试方法、复合材料聚合物基体、材料复合原理、复合材料成型工艺与设备、复合材料力学、

复合材料结构设计等知识领域。

⑦ 材料物理专业应包含：材料科学与工程导论、固体物理、材料物理性能、材料结构与性能表征、材料制备原理与技术、功能材料等知识领域。

4) 专业类课程

各校可根据自身优势和特点设置课程，办出特色。

2. 实践环节

1) 课程实验

课程实验类型包括认知性实验、验证性实验、综合性实验和设计性实验等，配合课程教学，培养学生实验设计、仪器选择、测试分析的综合实践能力。

2) 课程设计

通过机械零件设计、材料产品设计或工厂生产线布置设计等综合课程设计，培养学生对知识和技能的综合运用能力。

3) 认识实习、生产实习

建立稳定的校内外实习基地，制定出符合生产现场实际的实习大纲，让学生在实习中通过现场的参观和具体的实践活动，了解和熟悉材料生产过程，培养热爱劳动的品质和理论联系实际的能力。

4) 毕业设计或毕业论文

毕业设计(论文)选题要符合本专业的培养目标并具有明确的工程背景，应有一定的知识覆盖面，尽可能涵盖本专业主干课程的内容；应由具有丰富教学和实践经验的教师或企业工程技术人员指导。实行过程管理和目标管理相结合的管理方式。

2.3 我国相关专业发展历程及杰出人物

Material Science

2.3.1 高分子材料与工程专业及杰出人物

我国高分子类专业设置始于1953年，是从化学和化工类专业中形成和分离出来的。理科高分子化学教研室始建于北京大学化学系，工科的塑料工学教研室则建于成都工学院(今四川大学)化工系。

最早的高分子化学与物理系是在中国科技大学建立的，而最早的高分子化工系始建于成都工学院。

20世纪50年代以来，在我国高校中陆续设置的高分子类专业是：高分子化学、塑料工学(塑料工程)、合成橡胶、橡塑工程、化学纤维、高分子物理、高分子化工、高分子材料、复合材料等(三级学科专业)。

1998年教育部本科专业目录调整将高分子材料相关的工科类专业统一为“高分子材料与

工程”专业，将理科类的高分子专业并入材料化学专业或化学专业；将高分子化工专业并入化学工程专业。使高分子材料类专业的办学口径扩宽到二级学科。四川大学、清华大学、吉林大学、东华大学、复旦大学、华南理工大学等 120 余所高校开设了高分子科学与工程专业。

截至 2020 年年底，通过高分子材料与工程专业认证的高校共计 37 所，通过认证时间比较早的大学有华东理工大学、四川大学、沈阳化工大学、华南理工大学、北京化工大学、北京石油化工学院、大连理工大学、南京理工大学、常州大学、青岛科技大学等。

➢ 涂僖

徐僖(1921 年 1 月 16 日—2013 年月 2 月 16 日)，出生于江苏南京。高分子材料学家。1991 年当选为中国科学院学部委员(院士)。1951 年加入九三学社。第六、七、八届中央委员会委员。我国著名高分子材料科学家，中国科学院院士。

徐僖 1944 年毕业于浙江大学化工系，获工学学士学位，1948 年获美国里亥大学(Lehigh University)科学硕士学位，曾任四川大学(成都科技大学)教授，高分子研究所所长，上海交通大学教授、高分子材料研究所所长，《高分子材料科学与工程》《油田化学》期刊主编，《功能材料》《功能材料信息》期刊顾问。先后发表研究论文 200 余篇，出版著作、译著 4 种，申请专利 20 余项；曾获国家自然科学奖、国家发明奖等 20 余项；曾被授予全国高校先进科技工作者和全国教育系统劳动模范等称号，被称为“中国塑料之父”，是我国高分子材料科学与工程的奠基人和开拓者之一。

2.3.2　金属材料工程专业及杰出人物

新中国成立后，面对我国急需发展工业，尤其是钢铁工业的情况，国家于 1952 年正式成立金属材料专业，并由华北大学工学院、唐山交通大学、北洋大学、西北工学院、山西大学组建成北京钢铁工业学校。在该校正式成立金属材料专业，是新中国成立后在冶金和材料领域最具影响力的院校。除此之外还有东北大学、清华大学、西安交通大学、哈尔滨工业大学、西北工业大学等重点院校在金属材料专业领域也有较大的影响力。改革开放后，国家注重对高素质人才的培养，尤其对于金属材料加工行业，由于其对国民经济的发展十分重要，国家十分重视该专业的发展，并积极对该专业进行支持。金属材料专业也得以更加完善，所涉及的范围也越来越宽。在教育部颁发的最新专业目录中，金属材料工程专业覆盖了冶金、有色金属、复合材料、粉末冶金、材料热处理、材料腐蚀与防护及表面等方向。

1998 年，《普通高等学校本科专业目录新旧专业对照表》中金属材料工程(080202)由金属材料与热处理(部分)(080204)、金属压力加工(080205)、粉末冶金(080209)、复合材料(部分)(080210)、腐蚀与防护(080211)、铸造(部分)(080303)、塑性成形工艺及设备(部分)(080304)和焊接工艺及设备(部分)(080305)八个专业合并而来。

2012 年，《普通高等学校本科专业目录新旧专业对照表》中金属材料工程专业代码由 080202 调整为 080405。

2020年2月，在教育部发布的《普通高等学校本科专业目录(2020年版)》中，金属材料工程专业隶属于工学、材料类(0804)，专业代码为080405。

截至2020年底，通过金属材料工程专业认证的高校共计16所，通过认证时间比较早的大学有合肥工业大学、大连理工大学、内蒙古科技大学、哈尔滨理工大学、江苏大学、兰州理工大学等。

➢ 周廉

周廉院士，1940年3月生于中国吉林，著名的材料科学家，1963年毕业于东北工学院，1979年11月至1981年12月，由教育部派往法国国家科研中心低温研究实验室进修。1994年遴选为中国工程院首批院士。2005年被法国约瑟夫·傅里叶大学授予名誉博士学位。周廉院士现任西北有色金属研究院名誉院长、学术委员会主任，南京工业大学新材料研究院院长。致力于超导和稀有金属材料的研究发展工作，近年来研究方向还涉及钛及钛合金、材料加工和制备技术、生物工程以及新材料等多个领域，为中国超导材料及稀有金属材料的基础研究、工艺技术和实用化的研究和发展做出了突出的贡献。荣获包括国家发明奖、国家科技进步奖、有色金属奖等奖励22项、国家发明专利16项。曾荣获“全国先进工作者”“国家有突出贡献的出国留学人员”“国家有突出贡献的中青年专家”等荣誉称号。

2.3.3 材料科学与工程专业及杰出人物

1950年之后，中国材料科学在国内开始起步，国内各重点理工科大学在不同学科门类中都设有材料相关的系部。例如，上海交通大学材料学科始于1952年成立的金属热处理专业和1955年成立的焊接专业；天津大学材料学科始于1952年成立的硅酸盐工学专业、1952年成立的金属热处理设备及车间专业和1958年成立的塑料工学专业。

20世纪50年代，中国高等教育的办学模式是仿照前苏联，专业划分细致，学生知识面较狭窄，培养的毕业生服从国家统一分配，可立即赴相应岗位任职。改革开放后，材料科学与工程学科迎来了新的发展时期，随着国家对人才培养理念和思路的转变，各大高校纷纷将分散在不同系部的材料学科资源加以抽提和整合建立了材料科学与工程系，并在材料科学与工程大学科趋势下，打破传统按照材料类别进行培养的模式施行大材料教育。

1998年，材料科学与工程专业最先出现在《普通高等学校本科专业目录(1998年颁布)》的“工科本科引导性专业目录”中，专业代码为080205Y。

2012年，中华人民共和国教育部对1998年印发的普通高等学校本科专业目录和1999年印发的专业设置规定进行了修订，材料科学与工程专业正式出现在《普通高等学校本科专业目录(2012年)》之中。

截至2020年底，通过材料科学与工程专业认证的高校共计49所，通过认证时间比较早的大学有北京理工大学、昆明理工大学、西北工业大学、上海交通大学、北京工业大学、北京航空航天大学、北京科技大学、中南大学、西安建筑科技大学等。

李恒德(1921年6月30日—2019年5月28日)，核材料、材料科学专家，中国核材料和金属离子束材料改性科学技术的先驱。

➢ 李恒德

李恒德1942年毕业于国立西北工学院，获学士学位；1947年毕业于美国卡尼基理工学院，获硕士学位；1953年毕业于美国宾夕凡尼亚大学，获博士学位；1955年任清华大学教授；1994年当选为中国工程院首批院士。李恒德是我国核材料和金属离子束材料改性科学技术的先驱者之一。作为老一代科学家的杰出代表，李恒德的拳拳爱国之心、殷殷报国之志令人感动。20世纪40年代，李恒德曾到美国留学，学成之后被美国政府禁止回国，他不畏险阻，积极抗争，终于在1954年底回到祖国，并于1956年在清华大学创立了我国第一个核材料专业，为国家核事业培养了一大批关键的人才，为新中国的建设做出了卓越贡献。“我们的希望在于自身。”李恒德生前曾多次提到，中国的希望在于自己培养人才，不能依靠美国、英国。

2.3.4 复合材料与工程专业及杰出人物

复合材料与工程专业在2012年前未正式纳入《普通高等学校本科专业目录》，在此之前高校以目录外专业招生办学。例如：天津工业大学于1997年开始培养复合材料专业方向的本科生，哈尔滨工业大学于2002年经国家教育部批准正式创办复合材料与工程本科专业，东华大学于2006年正式申请并设立复合材料与工程本科专业等。

2012年，《普通高等学校本科专业目录新旧专业对照表》中复合材料与工程专业代码由目录外080206W调整为080408。

2020年2月，在教育部发布的《普通高等学校本科专业目录(2020年版)》中，复合材料与工程专业隶属于工学、材料类(0804)，专业代码为080408。

截至2020年底，通过复合材料与工程专业认证的高校共计4所，通过认证时间比较早的大学有华东理工大学、武汉理工大学、南京工业大学、江苏大学。

杜善义(1938年08月20—)，辽宁省大连人，中国工程院院士，力学和复合材料专家。现为哈尔滨工业大学教授，任中国航天科技集团高级技术顾问，中国科学技术大学工程科学院院长，国防科工局科技委委员，中国商用飞机有限责任公司专家咨询组成员，获“中国复合材料学会终身成就奖”。其主要研究方向为力学、复合材料、航天工程，长期从事飞行器结构力学和复合材料的教学及科研工作。

杜善义院士对热防护材料与力学进行了较系统研究，与合作者一起针对超高温等特种服役环境下材料的模拟表征与优化设计进行研究，建立了细观热防护理论，给出了特种材料超高温力学性能与物理性能以及失效的科学表征方法，为工程设计提供了重要依据；对压电、铁电与功能梯度材料等功能材料或结构/功能一体化材料的力学性能进行了研究，率先研制了基于智能材料与结构技术的结构健康监测、振动主动监控、主动变形控制系统以及复合材料工艺过程的监控系统。撰写《复合材料细观力学》《智能材料系统及结构》等著作10部。

2.3.5 无机非金属材料工程专业及杰出人物

1986年，在《高等学校工科本科专业名称对照表》中，无机非金属材料由调整前的无机非金属材料、无机材料、无机材料科学与工程、无机非金属材料科学与工程、新型无机材料、胶凝材料、水工建筑材料、硅酸盐材料、无机材料工程、技术陶瓷、高压电瓷、电瓷材料和胶凝材料及制品合并而来 。

1993 年，《普通高等学校本科专业目录新旧专业对照表》中无机非金属材料(080206)由原无机非金属材料(工科0404)和建筑材料与制品(工科1112)合并而来。

1998年，《普通高等学校本科专业目录新旧专业对照表》中无机非金属材料工程(080203)由无机非金属材料(080206)、硅酸盐工程(080207)和复合材料(部分)(080210)合并而来。

2020年2月，在教育部发布的《普通高等学校本科专业目录(2020年版)》中，无机非金属材料工程专业隶属于工学、材料类(0804)，专业代码为080406。

截至2020年底，通过无机非金属材料工程专业认证的高校共计17所，通过认证时间比较早的大学有南京工业大学、武汉理工大学、陕西科技大学、安徽建筑大学、山东大学等。

➢ 乔守经

乔守经同志是我国老一辈有名的硅酸盐材料科学家。解放前在陶瓷界就有“南有王秀峰，北有乔守经”之说。乔守经同志生于1905年，吉林省双城县人。1927年赴日本留学，1936年于日本东京工业大学窑业学科毕业，获学士学位。1936年回国，在哈尔滨、沈阳、抚顺等地，主要从事水泥、陶瓷等方面生产技术工作，并担任过大学教授等职。解放后任东北企业管理局陶瓷公司工程师，1949年他参加和组织了沈阳玻璃厂修复工作。1951年根据东北人民政府重工业部建筑材料工业管理局指示组织建立技术研究室，任副主任。1954年该技术研究室与重工业部华北窑业公司北京研究所合并成立重工业部建筑材料管理局建材综合研究所，任副所长。1976年在参加编制国家12年科技发展规划时他和国内硅酸盐界知名人士共同倡议成立中国矽酸盐学会，被推选为常务委员，并任北京分会副主任委员和“矽酸盐”学术刊物编辑委员。1959年秋，乔守经同志在紧张工作之后，午饭时突然心脏病发作，不幸逝世。

1. 简答材料类专业的分类。
2. 简述材料类专业的本科生应具备的基本能力及毕业要求。
3. 列举一个材料专业所要学习的课程体系。

第3章

金属材料

3.1 金属材料的制备与合成

冶金是基于矿产资源的开发利用和金属材料生产加工过程的工程技术。绝大多数金属元素(除 Au、Ag、Pt 外)都以氧化物、碳化物等化合物的形式存在于地壳之中。因此，要获得各种金属及其合金材料，必须先通过各种方法将金属元素从矿物中提取出来，接着对粗炼金属产品进行精炼提纯和合金化处理，然后浇注成锭，加工成形，最后才能得到成分、组织和规格达到要求的金属材料。

金属的冶金工艺可以分为火法冶金、湿法冶金、电冶金等。

一、火法冶金

火法冶金是指利用高温从矿石中提取金属或其化合物的方法，又称为干法冶金。其工艺流程为：矿石准备→冶炼→精练。

1. 矿石的准备

(1) 选矿：去除矿石中大量无用的脉石或有害矿物，以获得含有较多金属元素的精矿。

(2) 干燥：去除矿石中的水分，干燥温度一般在 400～600℃。

(3) 焙烧：在一定的气氛下，将矿石加热到一定的温度(低于熔点)，使之发生物理变化与化学变化，以适应下一步冶金过程的要求。

(4) 烧结和球团：选矿得到的细精矿不宜直接使用，需先加入溶剂再经过高温烧结成块，或添加黏结剂压制成型，或滚成小球再烧结成球团。

2. 冶炼

冶炼是将处理好的矿石在高温下通过氧化还原生成粗金属和炉渣的过程。

冶炼可分为以下几种类型：

(1) 还原冶炼：使金属氧化物在高温熔炼炉还原性气氛下还原成熔体金属的冶炼方法。还原冶炼需加入的炉料有：富矿、烧结矿、球团矿、造渣用的石灰石、石英石的溶剂，还加入焦炭、煤。这些物质既可作为发热剂，产生高温，也可作为还原剂，使金属氧化物还原。

(2) 造锍冶炼：属于氧化冶炼，主要用于处理硫化铜矿或硫化镍矿。造锍冶炼的原理利用铜、镍、钴对硫的亲和力大于铁，对氧的亲和力远小于铁的特性，在熔炼过程中使铁的硫化物不断氧化成氧化物后，将铁的硫化物与脉石造渣一同被除去。

(3) 氧化吹炼：在氧化性气氛下进行冶炼，吹入氧气使生铁液中的硅、锰、碳、磷、硫等杂质被氧化并炼成合格的钢水。

3. 精炼

精炼是对冶炼的金属进行去除杂质提高纯度的过程。精炼可分为物理精炼法和化学精炼法。

1) 物理精炼法

(1) 熔析精炼：利用某些杂质金属或其化合物在主金属中的溶解度随温度的降低而显著减少的性质，改变粗金属的温度，使原来成分均匀的粗金属形成多相体系，而将杂质与主金属分开，以达到提纯金属的目的。该方法多用于提纯熔点较低的金属(如 Sn、Pb、Zn、Sb 等)。

(2) 精馏精炼：利用物质的沸点不同，通过进行多次蒸发和冷凝的方式去除杂质。该方法适用于相互溶解或部分溶解的金属熔体。

(3) 区域精炼：又称为区域熔炼或区域提纯，根据金属液体混合物在冷凝结晶过程中偏析(即杂质在固液相中分配比例不同，将杂质富集到液相或固相中从而与主金属分离)的原理，通过多次熔融和凝固，达到精炼的目的。

2) 化学精炼法

(1) 氧化精炼：利用氧化剂将粗金属中的杂质氧化造渣或氧化挥发除去的精炼方法。

(2) 硫化精炼：加入硫或硫化物除去粗金属中杂质的精炼方法。

(3) 氯化精炼：加入氯气或氯化物使杂质形成氯化物而与主金属分离的精炼方法。

(4) 碱法精炼：向粗金属中加入碱，使杂质氧化并与碱结合成渣而被除去的精炼方法。

二、湿法冶金

湿法冶金是指在常温或低于 100℃以下的条件下，用溶剂处理矿石或精矿，使要提取的金属溶解于溶液中，而其他杂质不溶解，然后再从溶液中将金属分离和提取出来的方法。大部分溶剂为水溶液，也称为水法冶金。

湿法冶金的主要工艺流程为：浸出→(固液)分离→(溶液净化)富集→(金属或化合物)提取。

1. 浸出

浸出也称为浸取，是对矿石进行选择性溶解的过程，即借助浸出剂从矿石、精矿等固体物料中提取所需金属的可溶性成分，从而与其他不溶物质分离的过程。

(1) 根据浸取剂不同，浸出可分为：酸浸出、碱浸出、盐浸出。

(2) 根据化学过程不同，浸出可分为：氧化浸出、还原浸出。

(3) 根据浸出过程压力的不同，浸出可分为：常压浸出、加压浸出。

(4) 根据浸出方式不同，浸出可分为：就地浸出、渗滤浸出、搅拌浸出、热球磨浸出、流态化浸出。

2. 固—液分离

固—液分离是将浸出液与残渣分离成液相和固相，同时将残渣中的冶金溶剂和金属离子洗涤回收的过程。固—液分离的方法主要有沉降分离法和过滤分离法。

(1) 沉降分离法是指借助于重力的作用使固相沉积，将液相与固相分离的方法。

(2) 过滤分离法是指在压力的作用下，利用多孔介质拦截浸出液相中的固体离子，使液相与固相分离的方法。

3. 富集

富集是指对分离的溶液进行净化。在浸出溶液中，除欲提取的金属外，还有其他金属和非金属杂质，必须将杂质分离出来才能提取所需的金属。常用的净化方法主要有结晶、蒸馏、沉淀置换、溶液萃取、离子交换、膜分离等。主要提取方式为通过电解、置换、还原等方法从净化的溶液中获得金属或化合物。

三、电冶金

电冶金是利用电能从矿石或其他原料中提取、回收、精炼金属的冶金过程。其按工艺可分为电热冶金、电化学冶金、溶液电解和熔盐电解。

(1) 电热冶金：直接用电加热生产金属的冶金方法，包括电弧熔炼、电阻熔炼、等离子熔炼、感应熔炼、电子束熔炼等。

(2) 电化学冶金：利用电化学反应，使金属从含金属盐类的水溶液或熔体中析出的冶炼方法，包括溶液电解和熔盐电解。

(3) 溶液电解：以金属浸出液作为电解液对原料进行电解还原，使溶液中的金属离子还原为金属(电解提取、不溶阳极电解)，使粗金属阳极经溶液精炼后沉积于阴极(电解精炼、可溶阳极电解)的冶金方法。该方法适用于电极电位较正的金属，如 Cu、Ni、Co，Au、Ag 等。

(4) 熔盐电解：以导电率高、熔点低的熔盐作为电解质，将原料在熔池中进行电解的冶金方法，适用于电极电位较负的金属，如 Al、Mg、Ti、Be、Li、Ta、Nb 等。

3.2 金属的晶体与特性

Material Science

金属在固态下通常都是晶体。金属的种种性能与金属原子的结构、原子间的结合以及金属的晶体结构密切相关。

一、晶体与非晶体

自然界中的物质按其内部粒子(原子、离子、分子、原子集团)的排列情况可分为两大类：晶体与非晶体。所谓晶体就是指其内部粒子呈规则排列的物质，如水晶、食盐、金属等。由于晶体内的粒子呈规则排列，所以晶体具有下列特点：

(1) 一般具有规则的外形，但晶体的外形不一定都是规则的，这与晶体的形成条件有关，如果形成条件不具备，其外形也就变得不规则。所以不能仅从外观来判断，而应从其内部粒子的排列情况来确定是不是晶体。

(2) 有固定的熔点。例如，铁(Fe)的熔点为 1538℃；铜(Cu)的熔点为 1084.5℃；铝(Al)的熔点为 660.37℃。

(3) 具有各向异性。所谓各向异性，就是在同一晶体的不同方向上，具有不同的性能。非晶体的内部粒子呈无规则的堆积，因此没有晶体的上述特点。因为玻璃是一种典型的非晶体，所以往往将非晶体的固态物质(简称非晶态物质)称为玻璃体。

晶体纯物质与非晶体纯物质在性质上的区别主要有两点：

(1) 晶体纯物质熔化时具有固定的熔点，而非晶体纯物质却存在一个软化温度范围，没有明显的熔点；

(2) 晶体纯物质具有各向异性，而非晶体纯物质却为各向同性。

二、金属晶体的特性

金属一般均属晶体，但人们对某些金属采用特殊的工艺措施后，也可使固态金属呈非晶态。金属的晶体结构是指构成金属晶体中的原子(离子)具体结合与排列的情况。金属原子的特点在于其最外层的电子数较少，大多一个或两个，最多不超过四个。金属原子易于丢失外层电子，以便达到与其相邻的前一周期的惰性元素相似的电子结构。

根据近代物理学和化学的观点，处于集聚状态的金属原子，全部或大部分会将它们的价电子贡献出来，以作为整个原子集体所公有。这些公有化的电子也称自由电子，由自由电子组成的电子云或电子气在点阵的周期场中按量子力学规律运动着；而贡献出电子的原子则变成了正离子，它们沉浸在电子云中，依靠运动于其间的公有化自由电子的静电作用而结合起来。这种结合叫金属键，它无饱和性和方向性的问题。

金属晶体中的原子(离子)之间是靠金属键结合的。金属晶体中原子(离子)排列的规律性可用 X 射线结构分析方法测定。金属晶体中原子排列的周期性可用其基本几何单元体“晶胞”来描述。

3.3 纯金属的结晶和铸锭

Material Science

大多数金属材料都是在液态下冶炼，然后铸造成固态金属的。由液态金属凝结为固态金属的过程，就是金属的结晶。在工业生产中，金属的结晶决定了铸锭、铸件及焊接件的组织和性能。因此，如何控制结晶就成为提高金属材料性能的手段之一。研究金属结晶的目的是要掌握金属结晶的规律，用以指导生产，提高产品质量。

3.3.1 纯金属的结晶

纯金属结晶是指金属从液态转变为晶体状态的过程。纯金属都有一定的熔点，在熔点温度时，液体和固体共存，液体中原子结晶到固体上的速度与固体上的原子溶入液体中的速度相等，称此状态为动态平衡。金属的熔点又称为理论结晶温度，或平衡结晶温度。但是，在实际条件下，液体金属的温度必须低于该金属的理论结晶温度才能结晶。通常把液体的温度冷却到低于理论结晶温度的现象称为过冷，纯金属结晶时冷却曲线示意图如图 3-1 所示。因此，液态纯金属能顺利结晶的条件是它必须过冷。理论结晶温度与实际结晶温度的差值称为过冷度。

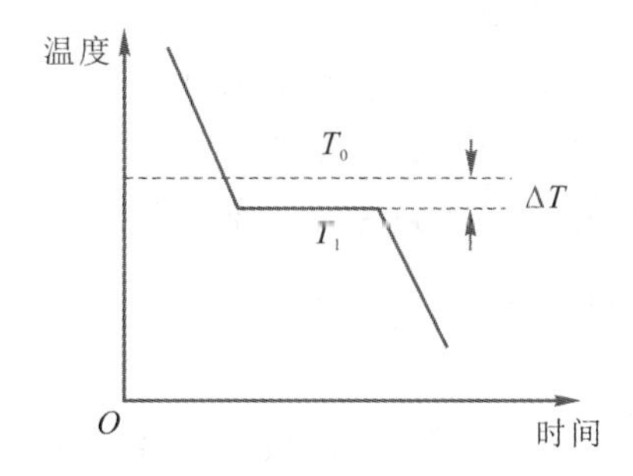

图 3-1 纯金属结晶时冷却曲线示意图

一般情况下，冷却曲线上出现的水平阶段是液体正在结晶的阶段，这时的温度就是纯金属的实际结晶温度(T_1)。过冷度的大小用式(3-1)表示：

$$\Delta T = T_0 - T_1 \tag{3-1}$$

式中：T_0——理论结晶温度；

T_1——金属实际结晶温度；

ΔT——过冷度。

过冷度与金属的本性和液态金属的冷却速度有关。金属的纯度越高，结晶时的过冷度越大；同一金属冷却速度越快，则金属的结晶温度越低，过冷度也越大。总之，金属结晶必须要在一定的过冷度下进行，过冷是金属结晶的必要条件。

3.3.2 铸锭组织

一、铸锭组织的形成

在铸锭凝固的过程中，由于铸锭表面和中心的冷却条件不同，因此铸锭的组织是不均匀的，铸锭剖面组织示意图如图 3-2 所示。铸锭的组织由外向内分为三个晶区：表层细晶区、柱状晶区、中心等轴晶区。

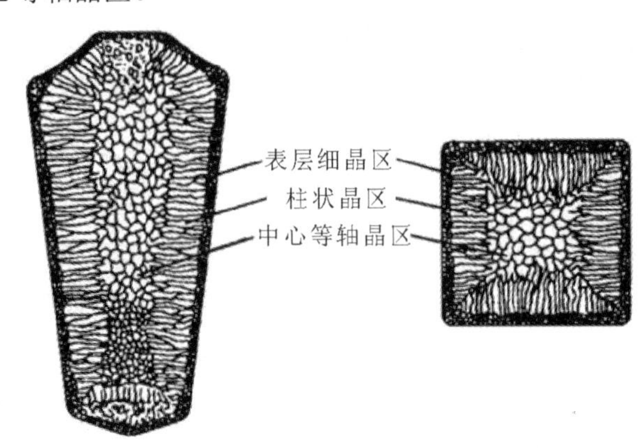

图 3-2　金属铸锭组织示意图

1. 表层细晶区

当将钢水浇注到锭模后，由于模壁的温度较低，且与模壁接触的钢液受到激冷，产生了较大的过冷度，会形成大量的晶核，同时模壁也有非自发形核核心的作用。最后，在金属的表层形成一层厚度不大、晶粒很细的细晶区。

表层细晶区的晶粒十分细小、组织致密，力学性能好。但纯金属铸锭表层细晶区的厚度一般都很薄，对整个铸锭性能的影响不是很大。而合金铸锭一般具有较厚的表层细晶区。

2. 柱状晶区

细晶区形成的同时，模壁温度升高，使剩余液体金属的冷却速度降低。同时，由于表层结晶时释放结晶潜热，使细晶区前沿的液体过冷度减小，形核速度降低，但晶核继续生长。由于模壁的垂直方向散热速度最快，那些晶轴垂直于模壁的晶核就会沿着与散热方向相反的方向迅速长大，而晶轴与模壁斜交的晶核受到限制，最终获得柱状晶粒区。

在柱状晶区，晶粒间的界面比较平直，气泡缩孔很小，组织比较致密。而柱状晶的交界面处的低熔点杂质或非金属杂质较多，会形成明显的脆弱界面，在进行锻造、轧制时易沿这些脆弱面形成裂纹或开裂。生产上，对于不希望得到柱状晶的金属，通常采用振动浇注或变质处理等方法来抑制柱状晶的扩展。柱状晶区的性能有明显的方向性，沿晶轴方向的柱状晶区强度高，对于那些主要受单向载荷的机械零件，例如汽轮机叶片，柱状晶区是比较理想的，采用提高浇注温度、加快冷却速度等措施都有利于柱状晶区的发展。

3. 中心等轴晶区

随着柱状晶区的发展，剩余液体金属的冷却速度会很快降低，温差也越来越小，散热方向变得不明显，处于均匀冷却状态。此外，由于液体金属的流动会将一些未熔杂质质点推向铸锭中心，或将柱晶上的小分枝冲断使其漂移到铸锭中心，这些都能成为剩余液体金属结晶的晶核，这些晶核由于在不同方向上的生长速度大致相同而最终长成等轴晶粒。

中心等轴晶区不存在明显的脆弱面，方向不同的晶粒彼此交错、咬合，各方向上力学性能均匀是一般钢铁铸件所要求的组织和性能。生产上采用低温浇注、冷却速度慢、各方向均匀散热、变质处理和附加振动、搅拌等措施可获得等轴晶粒。

二、铸锭的缺陷

液体金属或合金在凝固过程中经常会产生一些铸造缺陷，常见的有缩孔、疏松和气孔等，这些缺陷的存在对铸件的质量产生重要影响。

1. 缩孔

液体金属在凝固过程中发生体积收缩，凝固早的液体金属所产生的收缩孔隙由凝固晚的液体金属来补充，最后一部分没有剩余的液体金属补充就会形成空洞，即缩孔，如图3-3所示。一般缩孔部分在轧制或锻造之前都要切去，否则会对产品质量有影响。合理地设计模锭和浇注方法能减少缩孔，如上注法、慢注法、保温帽等。采用连铸工艺生产的钢坯没有缩孔缺陷。因此，连铸工艺生产的钢材的成材率高。

图3-3　缩孔形成过程示意图

2. 疏松

疏松即分散缩孔，主要是由于枝晶间分隔的液体金属在凝固收缩时得不到液体金属补充而可能留下的一些小孔隙以及金属液中的气体夹杂造成的，如图3-4所示。减少疏松的方法是快速冷却及降低气体含量。在有色金属铸件内，有时会发现沿晶界分布的疏松，其也被称为晶间疏松，但晶间疏松在黑色金属中很少见。通常，疏松细小而分散，常表现为钢材表面或内壁不光滑，可见到明显的、较粗大的树枝状结晶，严重时可产生裂纹。一般情况下，疏松区域的夹杂比较集中。

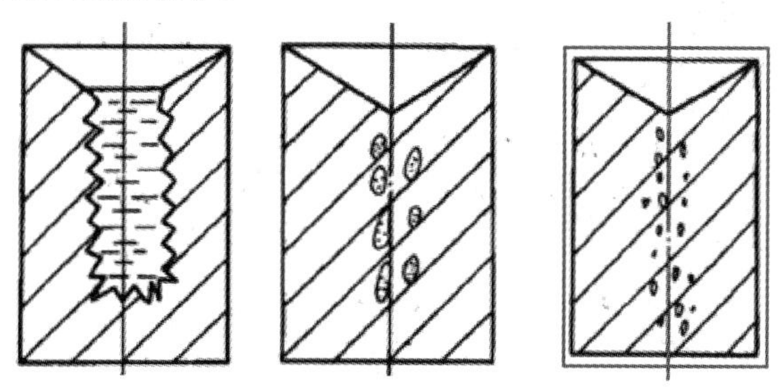

图3-4　疏松形成过程示意图

3. 气孔

气孔是指铸锭(件)中因有气体析出而形成的空洞，如图3-5所示。液体金属中的气体溶解度较大，如铸模表面的锈皮与液体相互作用会产生气体，浇注时液体流动也会卷入气体，这些气体在凝固过程中需要析出。如果凝固过程气体来不及逸出，就会保留在液体金属中形成气孔。在铸锭铸坯的轧制过程中气孔大多都可以焊合，但对皮下气孔会造成微细裂纹和表面起皱的现象，从而影响金属质量。故冶炼及浇注过程要控制产生气体的各种因素。气孔常呈大小不等的圆形、椭圆形及少数不规则形状(如喇叭形)，钢锭边缘一带的气泡常垂直于型壁。气孔内一般无氧化和夹杂，气孔的断口形貌特征为光滑、干净的内壁。但因空气卷入而引起的气泡，则常因氧化而呈现暗蓝色或褐黑色。

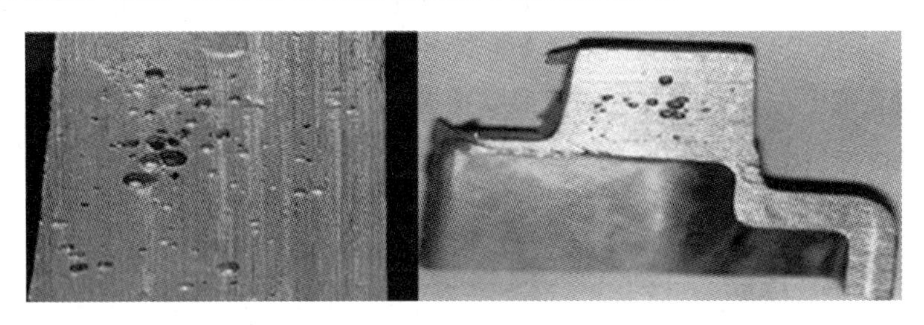

图 3-5　典型铸件气孔形貌

3.4　金属材料的成型工艺

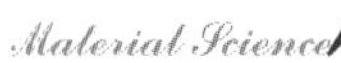

3.4.1　铸造工艺

我国的金属铸造工艺历史悠久，成就辉煌。古代劳动人民通过长期的生产实践，创造了具有我国民族特色的传统铸造工艺，其中以泥范、铁范和熔模铸造最重要，这三种工艺被称为古代三大铸造技术。在铸造业的重大进展中，灰铸铁的孕育处理和化学硬化砂造型这两项新工艺有着特殊的意义。

金属铸造是将熔融态的金属浇入铸型后，冷却凝固成为具有一定形状铸件的工艺方法，一般分为砂型铸造方法和特种铸造方法(熔模铸造、金属性铸造、压力铸造、低压铸造、离心铸造、陶瓷型铸造、连续铸造等)，如图 3-6 所示。

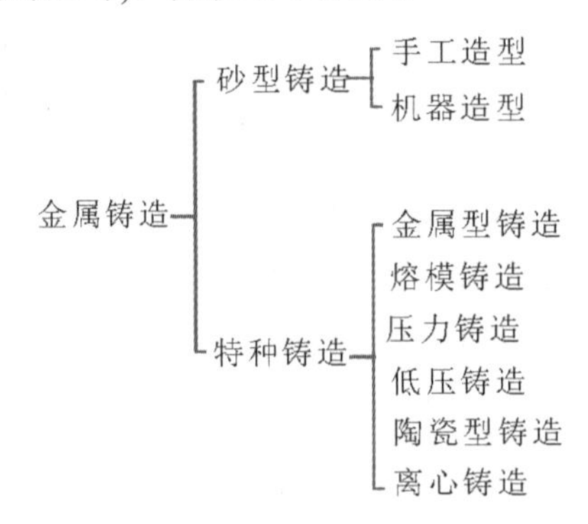

图 3-6　金属铸造的分类

一、铸造成型工艺的特点

1. 优点

(1) 适应性强。铸造成型工艺不受零件大小、形状和结构复杂程度的限制，在大件的生产中，铸造成型工艺的优越性尤为显著。

(2) 成本低廉。铸造成型工艺使用的原材料成本低，在小批量生产单件时，设备投资少。

2. 缺点

容易出现铸造缺陷(如缩孔、疏松、气孔、砂眼等)，工序繁多，废品率较高。

二、砂型铸造的注意事项

(1) 力求铸件的外形简单，轮廓平直。

(2) 内腔设计成开口结构要有拔模斜度。

(3) 砂型铸造表面粗糙，不适宜做表面精度要求较高的产品。

(4) 壁厚要均匀，最小壁厚不得小于合金的最小壁厚，内壁厚度应比外壁薄，以防止应力和裂纹。

(5) 铸件表面设计应避免采用凸线和凹沟。

三、特种铸造

特种铸造主要包括挤压铸造、离心铸造、陶瓷型铸造、低压铸造、熔模铸造、压力铸造和金属型铸造等。

1. 熔模铸造(石蜡铸造)

熔模铸造(石蜡铸造)主要应用于制造各种造型精美的、带有花纹和文字的钟鼎和器皿，其注意事项如下：

(1) 铸型没有分形面，不必考虑起模的问题。

(2) 熔模铸造只适用于质量小于25千克的小铸件。

(3) 铸件的壁厚应保持均匀，太厚处应设有孔的方法改进。

2. 金属型铸造

金属型铸造(永久型铸造) 主要应用于制造内燃机的铝壳、气缸体、缸盖、油泵壳体等，其注意事项如下：

(1) 通常使用金属铸型和型芯，无退让性，铸件的形状简单。

(2) 金属型的铸型和型芯制造困难，成本高，所以铸件的质量不宜太大。

(3) 受铸型的限制，金属型铸件合金熔点不宜太高。

3. 压力铸造

压力铸造注意事项如下：

(1) 使用金属铸型和型芯，无退让性，铸件的形状设计得尽量简单。

(2) 压力铸造的铸型和型芯，制造困难，成本高，铸件不可能太大，同时还受压铸机的吨位限制。

(3) 可以铸造表面清晰的花纹、图案及文字，可获得满意的外观质量，也可以直接铸出螺纹、小孔、齿形等，但是一般不能铸内螺纹。

4. 离心铸造

离心铸造主要应用于制造铸铁管、缸套及滑动轴承，也可以采用熔模壳离心浇注刀具、齿轮等，其注意事项如下：

(1) 离心铸件的内表面质量差，孔的尺寸不易控制。

(2) 对于内孔待加工的机械零件，采用加大内孔的加工余量的方法。

3.4.2 金属材料的塑性加工

在外力作用下，使金属坯料产生预期的塑性变形，从而获得一定形状、尺寸和机械性能的毛坯或零件的加工方法称为金属材料的塑性加工。利用金属塑性成型过程不仅能得到强度高、性能好的产品，且多数成型过程中生产效率高，材料消耗少。

金属塑性加工可分为轧制、挤压、拉拔、自由锻、模型锻造、板料冲压几种类型。通常轧制、挤压、拉拔主要生产的是各类型材、板材、管材和线材等二次加工的原料。

一、轧制

轧制是靠摩擦力的作用，将金属连续通过轧机上的两个相对回转轧辊之间的空隙，使金属进行压延变形且成为型材(如圆钢、方钢、工字钢等)的加工方法，如图 3-7 所示。

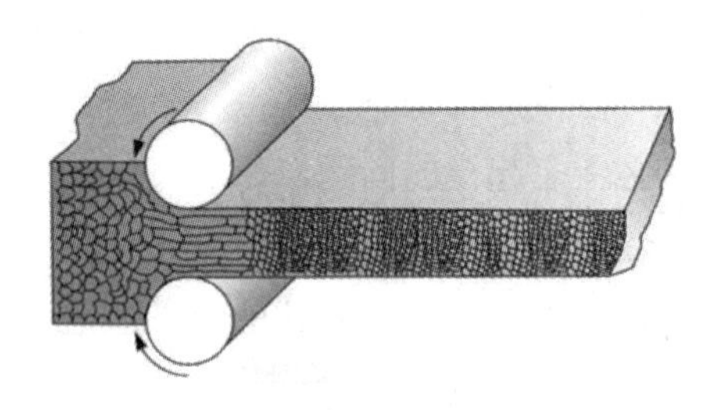

图 3-7　轧制工艺示意图

二、挤压

挤压是将金属坯料置于一封闭的挤压模内，用强大的挤压力将金属从模孔中挤出成型，从而获得符合模孔截面的坯料或零件的加工方法。挤压可分为正挤压和反挤压，如图 3-8 所示。

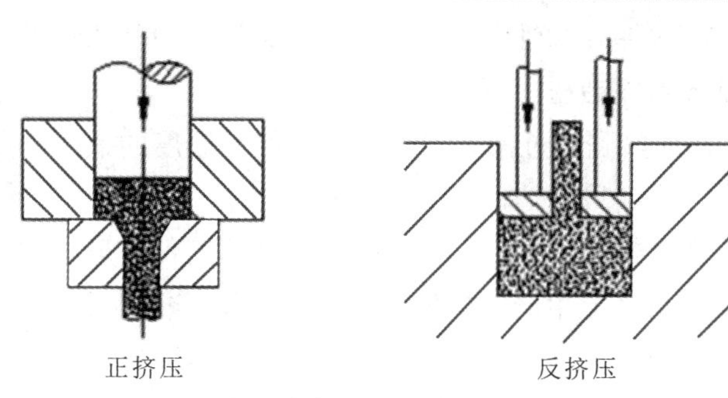

图 3-8 挤压工艺示意图

三、拉拔

拉拔是使用夹钳将金属坯料从一定形状和尺寸的模孔中拉出，从而获得各种断面的型材、线材和管材，如图 3-9 所示。

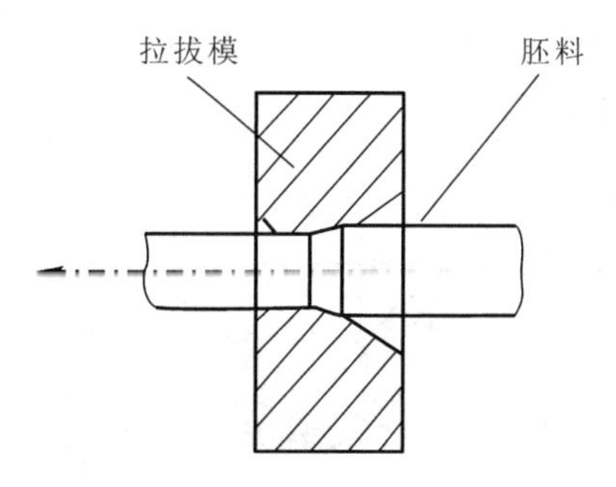

图 3-9 拉拔工艺示意图

四、锻造

锻造可分为自由锻造和模型锻造。自由锻造一般是在锤锻或水压机上，利用简单的工具将金属锭或者块料锤成所需要的形状和尺寸的加工方法。自由锻造不需要专用模具，因而锻件的尺寸精度低，生产效率不高。模型锻造是在模锻锤或者热模锻压力机上利用模具来成型的。金属的成型受到模具的控制，因而其锻件的外形和尺寸精度高，适用于大批量生产。模型锻造又可分为开式模锻和闭式模锻。锻造示意图如图 3-10 所示。

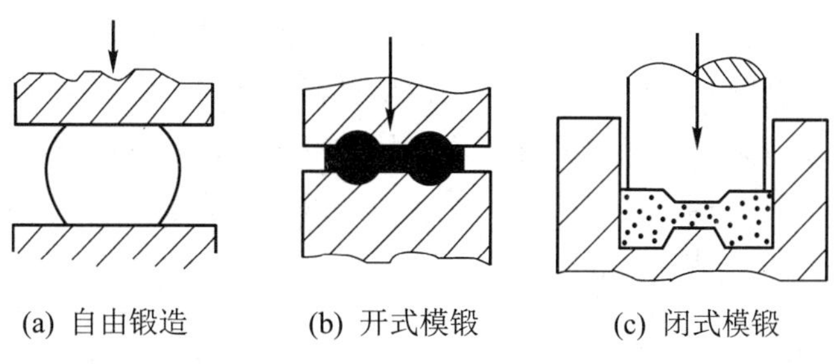

(a) 自由锻造 (b) 开式模锻 (c) 闭式模锻

图 3-10 锻造工艺示意图

此外，按变形温度锻造还可以分为热锻压、温锻压、冷锻压、等温锻压等。

(1) 热锻压：工件加热到再结晶温度以上的锻压。提高温度能改善金属的塑性，使之不易开裂。但当金属有足够的塑性和变形量不大，或变形总量大而所用的锻压工艺有利于金属塑性变形时，常改用冷锻压。

(2) 温锻压：工件加热到超过常温但又低于再结晶温度的锻压。温锻压成型的工件，形状和尺寸精度较高，表面较光洁，变形抗力不大。

(3) 冷锻压：工件在常温下的锻压。冷锻压成型的工件，形状和尺寸精度高，表面光洁，加工工序少，便于自动化生产。当加工工件大而厚，材料强度高、塑性低时，都采用热锻压。

(4) 等温锻压：工件在整个成型过程中温度保持不变。等温锻压是为了充分利用某些金属在某一温度下所具有的高塑性，或是为了获得特定的组织和性能。等温锻压所需费用较高，仅用于特殊的锻压工艺，如超塑成形。

五、冲压

冲压是金属板料在冲压模之间受压产生分离或产生塑性变形的加工方法，如图 3-11 所示。冲压可以分为拉深、弯曲、剪切等。

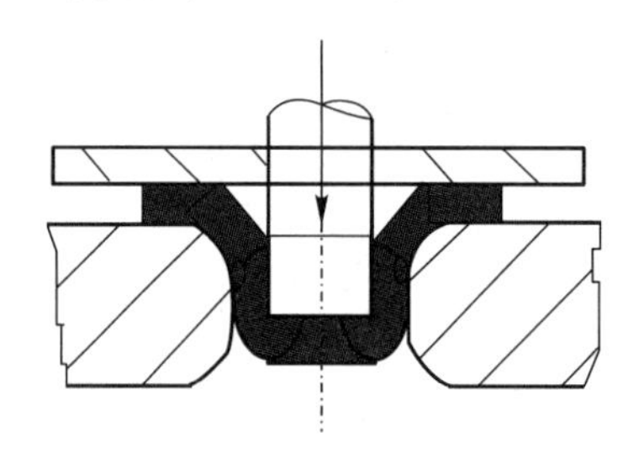

图 3-11　冲压工艺示意图

(1) 拉深成型工序是在曲柄压力机上或者油压机上用凸模把板料拉进凹模中成型，用以生产各种薄壁空心零件。

(2) 弯曲是坯料在弯矩的作用下成型，如板料在模具中的弯曲成型、板带材的折弯成型、钢材的矫直等。

(3) 剪切是指坯料在剪切力作用下进行剪切变形，如板料在模具中的冲孔、落料、切边以及板材和钢材的剪切等。

在轧制、拉拔和挤压的成型过程中，由于其变形区保持不变，所以它们属于稳定的塑性流动过程，适用于连续的大量生产，起到提供型材、板材、管材和线材等金属原材料的作用，属于冶金工业领域。而锻造和冲压成型的变形区是随着变形过程而变化的，属于非稳定的塑性流动过程，适用于间歇生产，主要用于提供机器零件或者坯料，属于机械制造工业领域。

3.4.3　焊接

焊接是通过加热、加压，借助于金属原子的结合与扩散作用，使分离的工件产生原子间结合的加工工艺和连接方式。焊接应用广泛，既可用于金属，也可用于非金属。焊接是一种永久性连接金属材料的工艺方法。

焊接不仅可以用于各种钢材的连接，还可以用于铝、铜等有色金属及钛、锆等特种金属材料的连接，因而已被广泛应用于机械制造、海洋开发、汽车制造、石油化工、航天技术、原子能、电力电子技术及建筑等领域。

根据热源的性质、接头的状态及是否采用加压来划分，常用的焊接方法可分为熔化焊、压力焊和钎焊。

一、熔化焊

熔化焊是最基本的焊接方法，根据焊接能源的种类、传递介质和方式的不同，熔化焊可分为电弧焊、气焊、电渣焊、电子束焊、激光焊和等离子焊等。

熔化焊的基本原理是将填充材料(如焊丝)和工件的连接区基体材料共同加热至熔化状态，在连接处形成熔池，待熔池中的液态金属冷却凝固形成牢固的焊接接头后，即可将分离的工件连接成一个整体。

在高温热源的作用下，填充金属(如焊条)和基体金属发生局部熔化。熔池前部熔化金属被电弧吹力吹到熔池后部，并迅速冷却结晶。随着热源的不断移动，从而形成连续的致密层状组织焊缝。

不同热影响区下，焊接接头的组织和性能不同：

(1) 焊缝区：结晶从熔池壁向中心推进，形成柱状的铸态组织。

(2) 过热区：受高温影响，晶粒粗大，塑性和韧性下降，显著影响焊件接头性能。

(3) 正火区：最高加热温度比 Ac_3 稍高，晶粒重结晶细化，获得正火组织，机械性能改善。

(4) 部分相变区：最高加热温度比 Ac_1、Ac_3 稍高，珠光体和部分铁素体重结晶细化。晶粒大小不均，机械性能稍差。

一般来说，低碳钢焊件的热影响区较窄，危害性较小，焊后可直接使用；对于碳素钢和低合金钢焊件，焊后可进行正火处理，细化晶粒，改善机械性能；对于无法进行热处理的焊件，则需正确选择焊接方法和工艺条件，以减小热影响区的范围。

二、压力焊

压力焊俗称固态焊，其原理是在压力(或同时加热)的作用下，在被焊的分离金属结合面产生塑性变形以使金属连接成为整体的焊接工艺。这类焊接有两种形式，可加热后施压，也可直接冷压焊接。

1. 加热施压

加热施压是将被焊金属的接触部分加热至塑性状态或局部熔化状态，然后施加一定的压力，以使金属原子间相互结合形成牢固的焊接接头。如锻焊、接触焊、摩擦焊、气压焊、电阻焊、超声波焊等就属于压力焊。

1) 摩擦焊

摩擦焊接是一种固态焊接方法，即通过机械摩擦运动及施加载荷，然后利用摩擦热使金属或非金属之间互相连接。在正常条件下接合面没有熔化。这种焊接方法不需要填充金属、焊剂和保护气体。

(1) 摩擦焊具有以下优点。

① 焊接质量好且稳定；

② 焊接生产率高；

③ 生产费用低，由于焊机功率小，焊接时间短，故可节省电能；

④ 能焊接异种钢和异种金属；

⑤ 摩擦焊机容易实现机械化和自动化，其操作简单，容易掌握和维护且工作场地卫生，没有火花弧光及有害气体。

(2) 摩擦焊具有以下缺点与局限性。

① 摩擦焊主要是一种工件旋转的对焊方法，对于非圆形横断面工件的焊接是很困难的，由于盘状工件和薄壁管件不容易夹固所以很难焊接。

② 由于受到摩擦焊机的主轴电动机功率和压力不足的限制，目前最大的焊接断面为 200 cm^2。

③ 摩擦焊机的一次性投资较大，因此只有当大批量集中生产时，才能降低焊接生产成本。

2) 电阻焊

电阻焊是将被焊工件紧压于两电极之间，并接通电流，利用电流流经工件接触面及邻近区域产生的电阻热将其加热到熔化或塑性状态，使之形成金属结合的一种方法。

电阻焊主要有四种方法，即点焊、缝焊、凸焊和对焊。

(1) 点焊是一种高效经济的连接方法。

(2) 缝焊主要适用于油桶、罐头盒、暖气片、飞机和汽车油箱的薄板焊接。

(3) 凸焊主要用于焊接低碳钢和低合金钢的冲压件。

(4) 对焊是将两个工件的断面相接触，经过加热和加压后沿整个接触面焊接起来。

3) 超声波焊

超声波焊接的原理是使塑料的焊接面在超声波能量的作用下产生高频机械振动而发热熔化，同时施加焊接压力，把塑料焊接在一起。根据焊具与工件相互位置的不同，超声波焊接分为近程和远程。近程又称为直接式超声波焊接，或接触式超声波焊接，远程称为间接超声波焊接。

超声波焊接的焊缝质量受以下几个因素的影响：母材的焊接性能；被焊工件的几何形状和公差范围；焊缝的几何形状和公差范围；焊具(超声波振头)的几何形状和公差范围；焊接压力、焊接功率(振幅)、焊接时间、冷却时间以及焊具的压入深度等的调整和稳定控制。

2. 冷压

冷压是指不进行加热，仅在被焊金属接触面上施加足够大的压力，以使原子间相互接近而获得牢固的压挤接头的焊接方法，这种压力焊的方法有冷压焊、爆炸焊等。

1) 冷压焊

冷压焊是在常温下，借助压力使待焊金属生产塑性变形而实现固态焊接的方法。即通过塑性变形挤出连接部位界面上的氧化膜等杂质，使纯洁金属紧密接触，达到晶间结合。

搭接时，应先将工件搭放好后，用钢制压头加压，当压头压入到必要的深度后，完成焊接。用柱状压头形成焊点，称为冷压点焊；用滚轮式压头形成长缝，称为冷压滚焊。搭接主要用于箔材、板材的连接。

冷压焊有以下几个特点：

(1) 冷压焊不需加热、不需填料，且设备简单；

(2) 冷压焊的主要工艺参数已确定，故易于操作和自动化，且焊接质量稳定，生产率高，成本低；

(3) 不用焊剂，接头不会被腐蚀；

(4) 焊接时接头温度不升高，材料结晶状态不变，特别适于异种金属和一些热焊法无法实现的金属材料的焊接。

冷压焊已成为电气行业、铝制品业和太空焊接领域中最重要的焊接方法之一。

2) 爆炸焊

爆炸焊是以炸药为能源进行金属间焊接的方法。这种焊接是利用炸药的爆轰，使被焊金属面发生高速倾斜碰撞，并在接触面上造成一层薄金属的塑性变形，在这十分短暂的冶金过程中形成冶金结合。

爆炸焊有以下几个特点：

(1) 能将任意相同的特别是不同的金属材料迅速牢固地焊接起来。

(2) 工艺十分简单，容易掌握。

(3) 不需要厂房、不需要大型设备和大量投资。

(4) 不仅可以进行点焊和线焊，还可以进行面焊，从而获得大面积的复合板、复合管和复合管棒等。

(5) 能源为低焊速的混合炸药，它们价廉、易得、安全和使用方便。

爆炸焊是以化学反应热为能源的一种固相焊接方法。但它是利用炸药爆炸所产生的能量来实现金属连接的。在爆炸波的作用下，两件金属在不到一秒的时间内即可被加速撞击形成金属的结合。

在各种焊接方法中，爆炸焊可以焊接的异种金属的范围最广。可以用爆炸焊将冶金上不相容的两种金属焊成各种过渡接头。爆炸焊多用于表面积大的平板包覆，是制造复合板的高效方法。

三、钎焊

钎焊是利用熔点比焊接金属熔点低的金属作钎料，将钎料与工件一起加热到钎料熔化状态，借助毛细作用将其吸入到固态间隙内，使钎料与固态工作表面发生原子的相互扩散、溶解和化合现象而连成整体的焊接方法。较之熔焊，钎焊时母材不熔化，仅钎料熔化；较之压焊，钎焊时不对焊件施加压力。钎焊形成的焊缝称为钎缝，钎焊所用的填充金属称为钎料。

钎焊接头的形成包括两个过程，一是钎料熔化和流入、填充接头间隙，充满焊缝的过程；另一个是液态钎料与钎焊金属相互作用的过程。

钎焊分为软钎焊和硬钎焊。

软钎焊是指使用的钎料熔点低于 450℃，通常用烙铁加热。软钎焊主要应用于焊接受力不大、常温工作的仪表、导电元件等。软钎焊的接头强度不高(< 70 MPa)，含少量锑的锡铁合金钎料的应用最广泛。

硬钎焊是指使用的钎料熔点高于 450℃。其主要加热方式有火焰加热、电阻加热、感应加热、炉内加热、盐浴加热等。硬钎焊主要应用于焊接受力大、工作温度较高的工件。软钎焊的接头强度不高(> 500 MPa)，所用的钎剂主要有硼砂、硼酸和氟化物等。

钎焊有以下几个特点：

(1) 钎焊加热温度较低，接头光滑平整，组织和机械性能变化小，变形小，工件尺寸精确；

(2) 可焊异种金属，也可焊异种材料，且对工件厚度差无严格限制；

(3) 有些钎焊方法可同时焊多个焊件、多个接头，生产率很高；

(4) 钎焊设备简单，生产投资费用少；

(5) 接头强度低，耐热性差，且焊前清整要求严格，钎料价格较贵。

3.5 国内外杰出人物

Material Science

众多的科研人员和科学家为金属材料领域的发展做出了重要贡献，本节介绍了金属材料领域的国内外杰出人物，如徐祖耀、周惠久、Nevill Francis Mott 等。

➤ 涂祖耀

徐祖耀(1921—2017 年)，材料科学家、教育家、中国科学院院士。徐院士率先在我国开展纳米材料相变的研究，是我国研究开发形状记忆材料的先驱者，也是材料热力学研究和教材建设的倡导人和执行者。他在马氏体相变、贝氏体相变、形状记忆材料及材料热力学诸领域研究获丰硕成果。出版著作 10 部，其中《金属学原理》培育了新中国成立后第一代材料工作者；《马氏体相变与马氏体》《材料热力学》《材料科学导论》和《相变原理》等著作培养了我国几代材料科学家。

➢周惠久

周惠久(1909—1999 年)，我国著名的材料科学家、教育家、中国科学院资深院士。作为我国金属材料强度学科的奠基人和学术带头人，周惠久院士在材料强度、塑性和韧性合理配合理论、小能量多次冲击理论以及低碳马氏体强化理论和科学研究中做出了突出贡献。他主持筹建了我国第一个金属学及热处理专业和第一个铸造专业，组建了我国第一个金属材料及强度研究所。由他主编了我国第一本《金属机械性能》教材，该教材在国内教育界和工程界产生重大影响。

➢ Nevill Francis Mott

Nevill Francis Mott(1905—1996 年)，英国著名物理学家，英国皇家学会会员。1977 年，Mott 与美国物理学家 Philip W. Anderson 和 John Van Vleck 一起，因对磁性和无序系统电子结构所做的基础理论研究分享了诺贝尔物理学奖。Mott(莫脱)和 Nabarro 在研究应力作用下晶体中位错运动的动力学方面做出过重要的贡献，他们曾经于 1941 年发表过关于固溶或共格沉淀硬化晶体中应力问题的重要文章。第二次世界大战后，他从事低温氧化(与 Cabrera 一起)和金属－绝缘体转变(提出了后来被称为“莫脱转变”基本概念)方面的研究。《走进材料科学》一书中曾多次提到过莫脱，称“他在现代材料科学发展进程中的作用实在是巨大。”

1. 金属材料为什么需要进行冶金？常用的冶金工艺有哪几类？
2. 名词解释：晶体、非晶体、晶格、晶胞。
3. 试比较点缺陷、线缺陷、面缺陷和体缺陷的差别特点。
4. 何谓过冷度？为什么金属结晶一定要有过冷度？
5. 金属的结晶条件和结晶的一般规律是什么？
6. 铸锭组织由外向内明显分为哪几个区？它们的特点分别是什么？
7. 铸造工艺的特点有哪些？
8. 常见的金属材料塑性加工类型有哪些？

第4章

无机非金属材料

4.1　无机非金属材料概述

4.1.1　无机非金属材料的分类

无机非金属材料(inorganic nonmetallic materials)是以某些元素的氧化物、碳化物、氮化物、卤素化合物、硼化物以及硅酸盐、铝酸盐、磷酸盐、硼酸盐、硫酸盐、碳酸盐等物质组成的材料，是除有机高分子材料和金属材料以外的所有材料的统称。无机非金属材料是20世纪40年代以后，随着现代科学技术的发展从传统的硅酸盐材料演变而来的，是与有机高分子材料和金属材料并列的三大类型材料之一。

在晶体结构上，无机非金属材料的元素结合力主要为离子键、共价键或离子—共价混合键。这些化学键所特有的高键能、高键强赋予这一大类材料以高熔点、高硬度、耐腐蚀、耐磨损、高强度和良好的抗氧化性等基本属性，以及宽广的导电性、隔热性、透光性及良好的铁电性、铁磁性和压电性。

无机非金属材料品种和名目繁多，用途各异，因此，分类方法较多，可以按无机非金属材料所含的化学成分和矿物组成分类、按材料性能(功能)分类、按材料用途分类、按材料内部结构和生产工艺特点分类等。一般来说，通常把无机非金属材料分为普通的(传统的)和先进的(新型的)无机非金属材料两大类。

传统的无机非金属材料是工业和基本建设所必需的基础材料。例如，水泥是一种重要的建筑材料；耐火材料、高温技术和冶金钢铁工业的发展关系密切；各种规格的平板玻璃、仪器玻璃、普通的光学玻璃和日用陶瓷、卫生陶瓷、建筑陶瓷、化工陶瓷、电瓷等材料的产量大，用途广，与我们的生活密切相关。而其他产品，如搪瓷、磨料(碳化硅、氧化铝)、铸石(辉绿岩、玄武岩等)、碳素材料等也都属于传统的无机非金属材料。传统无机非金属材料的分类如表4-1所示。

新型无机非金属材料是指20世纪中期以后发展起来的、具有特殊性能和用途的无机非金属材料。它们是现代新技术、新产业、传统工业技术改造、现代国防和生物医学不可缺少的物质基础。新型无机非金属材料主要有先进陶瓷(advanced ceramics)、非晶态材料(noncrystal material)、人工晶体(artificial crystal)、无机涂层(inorganic coating)、无机纤维

(inorganic fibre)和功能矿物材料(non-metallic materials)等。这里的新型无机非金属材料包含两个层面的含义：一是对传统材料的再开发，使其在性能上获得重大突破的材料；二是采用新工艺和新技术，开发出具有各种新的特殊功能的材料。新型无机非金属材料具有轻质、高强、耐磨、抗腐、耐高温、抗氧化以及带有特殊的电、光、声、磁等一系列优异性能，在高新技术领域有着重要的用途，是其他材料难以替代的和比拟的。

表 4-1　传统无机非金属材料的分类

材　料		品 种 示 例
无机非金属材料	水泥和其他胶凝材料	硅酸盐水泥、铝硅酸盐水泥、石灰、石膏等
	陶瓷	黏土质、长石质、滑石质和硅灰质陶瓷等
	耐火材料	硅质、硅酸铝质、高铝质、镁质、铬镁质等
	玻璃	硅酸盐、硼酸盐、氧化物、硫化物和卤素化合物玻璃等
	搪瓷	钢片、铸铁、铝和铜胎等
	铸石	辉绿岩、玄武岩、铸石等
	研磨材料	氧化硅、氧化铝、碳化硅等
	多孔材料	硅藻土、蛭石、沸石、多孔硅酸盐和硅酸铝等
	碳素材料	石墨、焦炭和各种碳素制品等
	非金属矿	黏土、石棉、石膏、云母、大理石、水晶和金刚石等

4.1.2　无机非金属材料的特点

无机非金属材料在化学组成上与金属材料和有机高分子材料有明显不同，其化学组分主要是氮化物和硅酸盐，其次是碳酸盐、硫酸盐和非氧化物。随着新型无机非金属材料的不断发展，其化学组成也在不断扩展。与金属材料和有机高分子材料相比，无机非金属材料具有下列特点：

(1) 比金属的晶体结构复杂；

(2) 没有自由电子(金属的自由电子密度高)；

(3) 具有比金属键和纯共价键稳定的离子键和混合键；

(4) 结晶化合物的熔点比许多金属和有机高分子高；

(5) 硬度高，抗化学腐蚀能力强；

(6) 绝大多数是绝缘体，高温导电能力比金属低；

(7) 光学性能优良，制成薄膜时大多是透明的；

(8) 一般比金属的导热性低；

(9) 在大多数情况下观察不到变形。

总体来说，无机非金属材料具有许多优良的性能，如耐高温、硬度高、抗腐蚀，以及有介电、压电、光学、电磁性能及其功能转换特性等。但无机非金属材料尚存在某些缺点，如大多抗拉强度低、韧性差等，有待于进一步改善。将无机非金属材料与金属材料、有机高分子材料合成无机非金属基复合材料是一个重要的改性途径。

4.1.3 无机非金属材料的作用和地位

一、无机非金属材料的发展

无机非金属材料的制造和使用有着悠久的历史。早在旧石器时代，人们就开始使用经过简单加工的石器作为工具；新石器时期已经出现粗陶器；我国商代开始出现原始瓷和上釉的彩陶；东汉时期的青瓷，经过唐、宋、元、明、清不断发展，已达到相当高的技术和艺术水平。在青铜器时代的金属冶炼中已经开始使用黏土质和硅质材料作为耐火材料。从青铜器时代、铁器时代到近代钢铁工业，耐火材料都起着关键的作用。在距今五六千年前的古埃及文物中就发现有绿色玻璃珠饰品，我国的白色玻璃珠亦有近三千年的历史；17 世纪以来，自从人们用工业纯碱代替天然草木灰与硅石、石灰石等矿物原料生产出了钠钙硅酸盐玻璃，从此各种日用玻璃和技术玻璃迅速进入普通家庭、建筑物和工业领域；在距今五六千年的古代建筑中已被发现有大量地使用石灰和石膏等气硬性胶凝材料的证据；到公元初期，水便性的石灰和火山灰胶凝材料也开始被应用到建筑工业中，但是用人工方法合成硅酸盐水泥制品还只有 100 多年的历史。19 世纪初，英国人阿斯普丁发明了用硅酸盐矿物和石灰原料经高温煅烧制成波特兰水泥(又称硅酸盐水泥)，波特兰水泥的发明开始了高强度水硬性胶凝材料的新纪元。

20 世纪 40 年代以后，无机非金属材料的发展进入了一个新的阶段。在原料纯化、工艺进步、理论的发展、显微分析技术的提高、性能研究的深入、无损评估技术的成就以及相邻学科的推动等因素的作用下，传统无机材料的成分、结构、性能和应用得到了空前的延伸。人们发展了包括结构陶瓷、功能陶瓷、复合材料、半导体材料、新型玻璃、非晶态材料、人工晶体、碳素材料、无机涂层及高性能水泥和混凝土等一系列高性能先进无机非金属材料，特别是具有电、磁、声、光、热、力等信息存储、转换功能的新型无机功能材料，正在被广泛地应用在微电子、航天、能源、计算机、激光、通信、光电子、传感、生物医学和环境保护等现代高技术领域。高性能先进无机非金属材料已成为现代高新技术、新兴产业和传统工业的主要物质基础。例如，半导体材料的出现，对电子工业的发展具有巨大的推动作用；计算机小型化和功能的提高，与硅、锗等半导体材料密切相关；涂覆 SiC 热解碳—碳结合等复合材料在空间技术的发展中产生了巨大作用；人工晶体、无机涂层、无机纤维等先进材料已逐渐成为近代尖端科学技术的重要组成部分；各种矿物材料也因其具有电、光、磁、热、摩擦、密封、填充、增强等效应以及胶体性(即化学活性与惰性、吸附性、载体与催化性等)，在工业、农业、国防及民用等领域起着不可替代的作用。

20 世纪 90 年代以来，人类对无机非金属材料的需求量越来越大，对其性能的要求也越来越高。无机非金属材料的研究与应用进入了一个更新的发展阶段。纳米材料与纳米技术的发展，引起了无机非金属材料从原料合成、制备工艺、材料科学、性能表征以及材料应用的革命性进步。复合技术、材料设计等相关理论与技术的进步，大大扩充了新型无机非金属材料发展与创造的空间。基于材料、物理、化学、电子、冶金等基础学科的新型无机非金属材料呈现空前活跃的发展前景，在近代高新技术领域发挥着日益重要的作用。

二、无机非金属材料的作用

玻璃瓶罐、器皿、保温瓶、工艺美术品等是常见的无机非金属材料制品，它们已成为人们生活用品的一部分。窗玻璃、平板玻璃、空心玻璃砖、饰面板和隔声、隔热的泡沫玻璃在现代建筑中得到了普遍的应用；钢化玻璃、磨光玻璃、夹层玻璃、高质量的平板玻璃，被装配在各种运输工具的风挡和门窗上；各种颜色的信号玻璃在交通中起着“指挥员”的作用；电真空玻璃和照明玻璃具有玻璃的气密、透明、绝缘、易于密封和容易抽真空等特性，是制造电子管、电视机、电灯等器具不可取代的材料；光学玻璃是用于制造光学仪器的核心部件，被广泛应用于科研、国防、工业生产、测量等方面；显微镜、望远镜、照相机、光谱仪等各种复杂的光学仪器，大大地改变了科学研究的条件和方法；玻璃化学仪器和温度计是化学、生物学、医学、物理学工作者必备的实验用具；大型玻璃设备及管道是化学工业上耐蚀、耐温的优良器材；光导纤维的出现，改变了整个通信体系，使“信息高速公路”的设想成为现实；玻璃纤维、玻璃棉及其纺织品是电器绝缘、化工过滤和隔声、隔热、耐蚀的优良材料，它们与各种树脂制成的玻璃钢都具有重量轻、强度高、耐腐蚀、耐热的特点，可用来制造绝缘器件和各种壳体。

新型结构陶瓷、功能陶瓷在高温下具有高强度、高硬度、抗氧化、耐磨损、耐烧蚀等特性，为先进的耐热、耐磨部件的应用开辟了良好的前景。超导陶瓷的出现成为现代物理学和材料科学的重大突破。生物陶瓷由于其优良的相容性和生物活性等特殊性能，已被广泛应用于生物医学工程中。人工晶体、无机涂层、无机纤维、纳米陶瓷等先进材料已逐渐成为近代尖端科学技术的重要组成部分。

三、无机非金属材料的地位

无机非金属材料工业在国民经济中占有重要的先行地位，具有超前特性，其发展速度通常高于国民经济总体的发展速度。以水泥为例，20 世纪 50 年代到 60 年代，各国的水泥增长的先行弹性系数(水泥产值递增率/国民生产总值递增率)是：美国为 1.60；前苏联为 1.48～1.74；日本为 1.38～2.02；联邦德国为 1.18～1.38；法国为 1.17～1.27。在“一五”期间，我国以水泥、玻璃、陶瓷为主的传统无机非金属材料工业先行弹性系数为 1.91。从 1980 年到 1995 年，我国国民经济生产总值基本上翻了两番，其中水泥的总产量从 1980 年的 7986 万吨增加到了 1995 年的 44 560 万吨，增加了 5.58 倍。可以说无机非金属材料工业是整个国民经济兴衰的“晴雨表”，与人类的文明生活和国民经济的发展息息相关。

4.2 陶瓷材料

4.2.1 陶瓷的概念及分类

一、陶瓷的概念

陶瓷是人类生活和生产中不可缺少的一种材料。传统陶瓷是指所有以黏土为主要原料，以其他天然矿物原料及少量的化工原料为辅料，再经过配料、粉碎、混炼、成型、煅烧等过程而制成的各种制品，它包括日用陶瓷、艺术陈设陶瓷、建筑卫生陶瓷、皂瓷、电瓷及化工瓷等。由于使用的原料取之于自然界的硅酸盐矿物(如黏土、长石、石英等)，所以人们把传统陶瓷制品与玻璃、水泥、搪瓷等都归属于硅酸盐材料。

随着近代科学技术的发展，出现了许多新的陶瓷品种，如氧化物陶瓷、碳化物陶瓷、氮化物陶瓷等。它们的生产过程虽采用的是原料处理→成型→锻烧这种传统的陶瓷工艺方法，但却不再使用或很少使用黏土、长石、石英等传统陶瓷原料，而是使用其他特殊的原料，原料种类甚至扩大到非硅酸盐、非氧化物的范围，此外也出现了许多新的生产工艺。由于这些制品在使用原料、化学组成、生产工艺、材料性能、结构形态和产品应用等方面较传统陶瓷发生了很大的变化，因此，被称为先进陶瓷或特种陶瓷。

广义陶瓷是对用陶瓷品生产方法制造的无机非金属固体材料和制品的统称。从结构上看，一般陶瓷制品是指由结晶物质、玻璃态物质所构成的复杂系统，这些物质在种类、数量上的变化，赋予不同的陶瓷有不同的性质。陶瓷制品的品种繁多，它们之间的化学成分、矿物组成、物理性质以及生产工艺常常互相接近、交错，无明显的界限，但在应用上却有很大的区别。

二、陶瓷的分类

由于各国的历史和习惯不同，国际上通用的“陶瓷”一词在各国并没有统一界限，因此陶瓷的分类还无统一的方法。根据陶瓷的化学组成、性能特点、用途等不同，可将陶瓷制品分为两大类，即普通陶瓷和先进陶瓷(特种陶瓷)。

1. 普通陶瓷

普通陶瓷即为陶瓷概念中的传统陶瓷，这一类陶瓷制品是人们生活和生产中最常见的一类陶瓷制品。根据所用原料及坯体致密度的不同，可将普通陶瓷分为陶器、瓷器及炻器；根据其使用领域的不同，又可将普通陶瓷分为日用陶瓷、艺术陈设陶瓷、建筑卫生陶瓷、化学化工陶瓷、电瓷等。这些陶瓷制品所用的原料基本相同，生产工艺技术也接近，都是采用传统陶瓷的生产工艺。

2. 先进陶瓷

在陶瓷的广义概念中，除普通陶瓷的陶瓷材料和制品即为先进陶瓷。先进陶瓷是由高纯度的人工化合物，如硅化物、氧化物、硼化物、氮化物及碳化物等为原料制成的，主要应用于机械、电子、能源、冶金及一些新技术领域。先进陶瓷根据化学组成分为氧化物陶瓷和非氧化物陶瓷。氧化物陶瓷由于具有烧结性能好等优点，主要用于集成电路基板和封装等电子领域，如氧化铝、氧化锆、氧化铍、氧化钍、氧化铀等；非氧化物陶瓷，具有耐高温、强度高、抗氧化、抗热腐蚀等优点，主要用作高温结构材料，如碳化硅、氮化硅、碳化锆、硼化物。先进陶瓷根据材料功能分为结构陶瓷和功能陶瓷。结构陶瓷主要是用作耐磨损、高强度、耐热、耐热冲击、高硬度、高刚性、低热膨胀性和隔热等结构材料，如各种氧化物陶瓷、氮化物陶瓷、碳化物陶瓷等；功能陶瓷是具有各种电、磁、光、声、热等功能及生物、化学功能的陶瓷材料，如电容器陶瓷、压电陶瓷、磁性材料、半导体陶瓷等。

4.2.2　陶瓷的结构、组织与性能

一、陶瓷的结构

陶瓷材料的性质主要由陶瓷本身的物质结构和内部的显微组织决定。陶瓷材料的结合键主要是离子键和共价键，例如氧化铝、氧化镁为离子键，金刚石、碳化硅为共价键。但结合键通常不是单一键的结合类型，而是由两种键混合在一起。例如岛状硅酸盐中的阳离子和硅氧四面体是以离子键相连的，四面体中氧化硫是共价键与离子键的混合键。由于陶瓷材料具有较高的结合键能，因此陶瓷材料通常有熔点高、硬度高、耐腐性、塑性极差等特性。

二、陶瓷的组织

陶瓷材料的组织主要由三种相组成，即晶体相、玻璃相和气相。晶体相是陶瓷的主要组成相，对性能的影响最大。晶体相的结构、数量、形态和分布决定陶瓷的主要特点和应用。当陶瓷中有多种晶体时，数量最多、作用最大的为主晶相，当然次晶相等的影响也是不可忽略的。陶瓷中的晶体相主要有硅酸盐、氧化物和非氧化物三种。

玻璃相(Glass Phase)又称过冷液相(Super Cooling Liquid phase)。陶瓷坯体中的一部分组成在高温下会形成熔体(液态)，而在冷却过程中其原子、离子或分子会被冻结成非晶态同体，即玻璃相。陶瓷玻璃相的作用是将分散的晶相黏合在一起，以填充晶体之间的空隙，从而达到提高材料的致密度，降低烧成温度，加快烧结过程，阻止晶体转变，抑制晶体长大，获得一定程度的玻璃特性等目的。但玻璃相的强度比晶相低，热稳定性差，在较低温度下会软化，这些对陶瓷的介电性能、耐热、耐火性等性能的形成是不利的，所以玻璃相不能成为陶瓷的主导组成，一般含量为总质量的 20%～40%。

气相是指陶瓷组织中的气孔。气孔可以是封闭的，也可以是开放的；可以分布在晶粒内，也可以分布在晶界上，甚至玻璃相中也会分布气孔。气孔在陶瓷组织中约占5%或更高。气孔会造成应力集中，使陶瓷容易开裂，降低材料的强度；还会降低陶瓷的抗电击穿能力，同时对光线还有散射作用，故会降低陶瓷的透明度。当要求陶瓷密度小、重量轻或者要求绝热性高时，则要保留少量的气相。

三、陶瓷的性能

陶瓷的性能主要包括机械性能、物理性能和化学性能。

陶瓷的机械性能包括刚度、硬度、强度、塑性及韧性或脆性等。由于陶瓷由强的化学键组成，因此陶瓷具有很高的刚度、硬度及强度，在室温下几乎没有塑性。陶瓷受载时不会发生塑性变形，所以其在较低应力下就会断裂，因此陶瓷的韧性极低或脆性极高。脆性是与强度密切相关但又不同的性质，它是强度与塑性的综合反映。提高强度并不会明显改善脆性，但降低脆性(即韧性)对提高强度有利。

陶瓷的物理性能和化学性能通常包括热膨胀性、导热性、热稳定性、化学稳定性及导电性等。热膨胀系数的大小与晶体结构、结合键的强度密切相关，键强度高的材料热膨胀系数低，因此陶瓷的膨胀系数较低。陶瓷的导热性小，多为较好的绝热材料。由于热稳定性与材料的热膨胀系数和导热性有关，因此陶瓷的热稳定性较低，这是陶瓷的另一大主要缺点。陶瓷的结构非常稳定，具有较高的化学稳定性，对酸、碱、盐等腐蚀性很强的介质均有较强的抗蚀能力，与许多金属的熔体也不发生作用，是很好的耐火材料及坩埚材料。由于缺乏电子导电基质，因此大多数陶瓷是良好的绝缘体，但不少陶瓷既是离子导体又有一定的电子导电性，所以陶瓷也是重要的半导体材料。综上可知，陶瓷的性能和特点可以概括为具有不可燃烧性、高耐热性、高化学稳定性、不老化性、高硬度和良好的抗压能力，但其脆性很高，温度急变抗力很低、抗拉、抗弯性能差。

4.2.3 陶瓷材料的制备工艺

大多数陶瓷产品的生产都是将粉末或颗粒压实成一定的形状，然后加热到足够高的温度使这些颗粒黏合在一起，基本步骤有材料制备、成型、热处理及陶瓷的加工。

一、材料制备

材料制备是指通过物理或化学的方法制备粉料。制备时要控制粉料的粒度、形状、纯度、脱水脱气程度，以及配料比例和混料的均匀程度。粉料和其他配料(如黏结剂和润滑剂)混合时可采用湿混合或干混合的方法。

二、材料成型

材料成型是指将粉料用一定工具或模具制成一定形状、尺寸、密度和强度的制品坯型

(又称生坯)，在不同条件下可采用不同的成型方法，常用的成型方法有模压、挤压、流延、注浆、轧制成型等。选择的成型方法不仅要考虑制品的大小、形状，也要考虑其工艺成本和产出效率。

三、材料热处理

热处理技术是陶瓷生产过程中的重要工序，这里简要介绍烘干、焙烧和烧结。

烘干的目的是除去陶瓷压坯中的水分，而水是为了便于成型操作而加入的。烘干时，随着水分的去除，压坯中的颗粒间距会减小，并产生一些收缩，这样就容易产生诸如翘曲、变形和开裂等缺陷，因此应当通过控制烘干时的温度、湿度和空气流速等因素来减少缺陷的发生。烘干时的温度通常控制在 100℃左右。

压坯烘干后，通常要在 900～1400℃的温度下进行焙烧，具体温度取决于压坯的成分和所需的性能。焙烧后，陶瓷的密度会进一步增加，孔隙率则会减小，力学性也能提高。黏土基压坯在焙烧时会发生相当复杂的反应，其中就有玻璃化。焙烧温度决定了玻璃化的程度，玻璃化的程度又决定了陶瓷制品的室温性能，因此要控制合适的焙烧温度。

烧结是指在高温条件下，坯体表面积减小、孔隙率降低、机械性能提高的致密化过程。烧结过程中，颗粒间相互接触的表面发生原子扩散，通过化学键合连接在一起，随着烧结过程的进行，新形成时的大颗粒会取代较小的颗粒。烧结可分为固相烧结、液相烧结及气相烧结。而烧结方法包括反应烧结、常压烧结、热压烧结、微波烧结等。

四、陶瓷的加工

陶瓷的加工是指对陶瓷坯料进行加工，使其达到陶瓷件的使用要求。陶瓷都有尺寸和表面精度的要求，但由于烧结收缩率大，无法保证烧结后瓷体尺寸的精确度，因此烧结后需要再加工。同时陶瓷材料有高硬度、高强度、脆性大的特性，属于难加工材料。对于陶瓷材料，由于其特殊的物理机械性能，最初只能采用磨削方法进行加工，随着机械加工技术的发展，目前已可采用类似金属加工时的多种工艺来加工陶瓷材料，如磨料加工、塑性加工、化学加工、电加工及光学加工等。

4.2.4　普通陶瓷

普通陶瓷是指黏土类陶瓷，它是以黏土、长石、石英为原料配制、烧结而成的。其显微结构中的主晶相为莫来石晶体，占 25%～30%，次晶相为 SiO_2，玻璃相约占 35%～60%，气相一般占 1%～3%。这类陶瓷质地坚硬，不会氧化生锈，不导电，能耐 1200℃高温，加工成型性好，成本低廉。其缺点是因含有较多的玻璃相，强度较低，而且在较高温度下玻璃相易软化，故耐高温及绝缘性不及其他陶瓷。

这类陶瓷历史悠久，应用广泛，陶瓷在工业上主要用于绝缘的电瓷绝缘子和耐酸、碱的容器、反应塔管道等，还可用于受力不大，工作温度在 200℃以下的结构零件，如纺织机械中的导纱零件。

4.2.5 特种陶瓷

一、氧化铝陶瓷

氧化铝陶瓷是以 Al_2O_3 为主要成分，含有少量 SiO_2 的陶瓷。氧化铝为主晶相，根据氧化铝的含量不同，氧化铝陶瓷可分为 75 瓷(Al_2O_3 含量为 75%，又称刚玉—莫来石瓷)、95 瓷和 99 瓷，后两者称刚玉瓷。陶瓷中氧化铝的含量愈高，玻璃相就愈少，气孔也愈少，其性能愈好，但工艺愈复杂，成本愈高。

氧化铝陶瓷的强度比普通陶瓷高 2 至 3 倍，甚至 5 至 6 倍，抗拉强度可达 250 MPa，它的硬度很高，仅次于金刚石、碳化硼、立方氮化硼和碳化硅，有很好的耐磨性和耐高温性。刚玉陶瓷可在 1600℃的高温下长期工作，有较高的蠕变抗力，在空气中最高使用温度为 1980℃，且其耐腐蚀性和绝缘性好，缺点是脆性大，抗热震性差，不能承受环境温度的突然变化。

氧化铝陶瓷主要用于制作内燃机的火花塞，火箭、导弹的导流罩，石油化工泵的密封环、耐磨零件，轴承、纺织机上的导纱器，合成纤维用的喷嘴，冶炼金属用的坩埚等器具。由于氧化铝陶瓷具有较高的热硬性，所以还可用于制造各种切削刀具和拉丝模具等。

二、氮化硅陶瓷

氮化硅陶瓷是以 Si_3N_4 为主要成分的陶瓷，共价键化合物 Si_3N_4 为主晶相。按其生产工艺不同，可分为热压烧结氮化硅陶瓷和反应烧结氮化硅陶瓷。热压烧结是以 Si_3N_4 粉为原料，装入石墨模具中，在 1600～1700℃高温和 20 265～30 398 kPa 的高压下成型烧结，得到组织致密、气孔率接近零的氮化硅陶瓷。但由于受石墨模具的限制，只能加工形状简单的制品。反应烧结是用硅粉或硅粉与 Si_3N_4 粉的混合料，压制成型后，放入渗氮炉中进行处理，直到所有的硅都形成氮化硅，得到尺寸相当的氮化硅陶瓷制品。但这种制法会有 20%～30%的气孔，其成品的强度不及热压烧结的氮化硅陶瓷，而与 95 瓷相近。

氮化硅陶瓷的硬度高，摩擦因数小(0.1～0.2)，并有自润滑性，是极优的耐磨材料。此外，其热抗力高，热膨胀系数小，抗热震性能在陶瓷中是最好的；其化学稳定性好，除氢氟酸外，能耐几种酸、王水和碱溶液的腐蚀，也能抗熔融金属的侵蚀。由于氮化硅是共价键晶体，既无自由电子也无离子，因此，具有优异的电绝缘性能。

反应烧结氮化硅陶瓷易于加工，性能优异，主要用于耐磨、耐高温、耐腐蚀、形状复杂且尺寸精度要求高的制品，如石油化工泵的密封环、高温轴承、热电偶套管、燃气轮机转子叶片等。热压烧结氮化硅陶瓷用于制造形状简单的、耐磨耐高温的零件和工具，如切削刀具、转子发动机刮片、高温轴承等。近年来，在 Si_3N_4 中添加一定数量的 Al_2O_3 制成的新型陶瓷材料，称为赛纶陶瓷。赛纶陶瓷可用常压烧结法达到接近热压烧结氮化硅的性能，是目前强度最高，具有优异化学稳定性、耐磨性和热稳定性的陶瓷，可发展为重要的工程结构陶瓷。

三、碳化硅陶瓷

碳化硅陶瓷中主晶相是SiC，SiC也是共价晶体。与氮化硅陶瓷一样，碳化硅陶瓷可分为反应烧结碳化硅陶瓷和热压烧结碳化硅陶瓷两种。碳化硅陶瓷的最大优点是在高温条件下强度高，即在温度为1400℃时，其抗弯强度仍保持500～600 MPa，工作温度可达到1600～1700℃，导热性好。此外，其热稳定性、抗蠕变能力、耐磨性、耐蚀性也很好，且耐放射元素的辐射。

碳化硅是良好的高温结构材料，主要用于制作火箭尾喷管的喷嘴，浇注金属的浇道口、热电偶套管、炉管，燃气轮机叶片，高温轴承，热交换器及核燃料包封材料等。

四、氮化硼陶瓷

氮化硼陶瓷的主晶相是BN，也是共价晶体，其晶体结构与石墨相似，为六方结构，有白石墨之称。氮化硼陶瓷具有良好的耐热性和导热性，其热导率与不锈钢相当，膨胀系数比金属和其他陶瓷低得多，故其抗热震性、热稳定性与高温绝缘性好。在温度为2000℃时，氮化硼陶瓷仍是绝缘体，是理想的高温绝缘材料和散热材料。此外，其化学稳定性高，能抗铁、铝、镍等熔融金属的侵蚀，其硬度较其他陶瓷低，可进行切削加工，有自润滑性，耐磨性好。

氮化硼陶瓷常用于制作热电偶套管、熔炼半导体、金属的坩埚、冶金用的高温容器和管道、高温轴承、玻璃制品成型模、高温绝缘材料。此外，由于BN中硼元素占43%，吸收中子截面大，可作核反应堆中吸收热中子的控制棒。

此外，还有氧化镁陶瓷、氧化锆陶瓷、氧化铍陶瓷等都属于特种陶瓷。不同种类的特种陶瓷具有不同的优异性能，在工程结构中的应用也日益增多。但作为主体结构材料，陶瓷的最大弱点是塑性、韧性差，强度也低，需要做进一步研究，以扬长避短，增强增韧，为其在工业中的应用开辟更广阔的前景。

4.3　玻　　璃

4.3.1　玻璃的概念、特点及分类

一、玻璃的定义及通性

玻璃是非晶态固体的一个分支，按照《辞海》的定义，玻璃由熔体过冷所得，且黏度逐渐增大而具有固体机械性质的无定形物体，习惯上常称为“过冷的液体”。按照《硅酸盐词典》的定义，玻璃是由熔融物而得的非晶态固体。因此，玻璃的定义也可理解为：玻

璃是熔融、冷却、固化的非结晶(在特定条件下也可能成为晶态)的无机物，是过冷的液体。

随着科学技术的进步以及人们认识水平的提高，人们对玻璃(态)物质的结构、性质的认识有了更进一步的理解。由于形成玻璃(态)物质的范围扩大，所以玻璃的定义也进行了扩充，分为广义玻璃和狭义玻璃。广义玻璃包括单质玻璃、有机玻璃和无机玻璃。狭义玻璃仅指无机玻璃。广义玻璃的定义为：结构上完全表现为长程无序的、性能上具有玻璃转变现象的非晶态固体。也可理解为无论是有机、无机、金属，还是何种制备技术，只要具备上述特性的均可称为玻璃，凡玻璃态物质均具有共同的特性。

1. 典型的玻璃态特性

(1) 各向同性。玻璃具有统计性均匀结构，在不同方向上具有相同性质，如折射率、硬度、弹性模数、介电常数，在无内应力下不具有双折射现象。

(2) 加热时逐渐软化由脆态进入可塑态、高塑态，最后成为熔体，黏度是连续变化的。

(3) 熔融和固化是可逆的，可反复加热到熔融态，又按同一制度加热和固化，如不产生分相和结晶，会恢复到原来的性质。

(4) 玻璃态的内能比其晶态时大，在合适的温度条件下，玻璃有结晶的倾向，在液相线以下的温度，玻璃结晶是自发的，无需外界做功。

玻璃性质在一定范围内随成分发生连续变化，由此可以用改变成分来改变玻璃的性质，如普通硅酸盐玻璃是绝缘体，但硫族玻璃为半导体，在温度为 270℃下 As、Tc 的电导率高达 10^{-2} S/m。

2. 普通硅酸盐玻璃的特性

(1) 透明性。韦氏大词典、苏联百科全书第 40 卷中均将透明列为玻璃的特性，普通硅酸盐、硼酸盐和磷酸盐玻璃中的键能相当大，由电子激发而引起的本征吸收都处于紫外区，在可见光区和近红外区一般没有光吸收，所以玻璃就没有颜色。同时玻璃宏观上是均匀的，不存在能引起光散射的微粒；同时玻璃的表面是光滑的，也不会导致光的散射，因此玻璃是透明的。如果玻璃分相、析晶或加入了乳浊剂，那么玻璃会变为不透明。硫族玻璃、金属玻璃等特种玻璃由于电子激发引起可见光的吸收带，所以这类玻璃也是不透明的。

(2) 脆性。普通玻璃的表面存在微裂纹等缺陷，其抗张强度和抗冲击强度比抗压强度低得多，仅为后者的十几分之一，破裂前无塑性流动，单一的裂纹必导致辐射状的裂纹，断面呈现贝壳状。

(3) 低的导热性和高的电绝缘性。普通玻璃的导热性比较低，如将石英晶体和石英玻璃相比，石英晶体平行于 c 轴的热导率为 0.14 W/(cm・K)，垂直于 c 轴的热导率为 0.072 W/(cm・K)，而石英玻璃的热导率为 0.014 W/(cm・K)，所以用手触摸，石英玻璃有温感，石英晶体有凉感。

(4) 较高的化学稳定性和耐候性。普通硅酸盐玻璃可耐水和酸的侵蚀，但耐碱性则较差，且不耐氢氟酸盐和磷酸盐的侵蚀，故可用作食品、药品的包装容器。普通硅酸盐玻璃可耐大气水分、二氧化碳的腐蚀和风化作用，可用作窗玻璃和建筑材料。但玻璃还是能与水分及其他物质发生缓慢反应，在受到一定程度的侵蚀时，会有少量的有害物质析出。在炎热、潮湿不通风的条件下，玻璃会受到水分和大气的作用而风化，表面形成虹彩、白斑等风化产物，因此要通过调整工艺来进一步提高玻璃的化学稳定性及抗风化能力。一些磷酸盐玻璃、卤化物玻璃的化学稳定性很差。

(5) 气体阻隔性和光化稳定性。钠钙玻璃中 1000 K 时氧的扩散系数为 10^{-10} cm^2/s 以下。在室温时，氧的扩散可忽略不计，因此玻璃可制成玻璃瓶罐装啤酒，其对 O_2、CO_2 进行有效阻隔，CO_2 不致逸出，而空气中的 O_2 也不会渗入。玻璃受光线照射后不会老化，含少量 FeO 杂质的玻璃可吸收 300 μm 的紫外线，可防止啤酒、药品等物因紫外线的照射发生光化反应所引起的变质。

二、玻璃的分类

广义时玻璃分为无机玻璃、有机玻璃和金属玻璃。狭义的玻璃为无机玻璃，也包括传统氧化物玻璃和新型的非氧化物玻璃，还有某些非晶半导体。

氧化物玻璃按组成可以分为氧化物玻璃、硅酸盐玻璃、硼酸盐玻璃、硼硅酸盐玻璃、铝硅酸盐玻璃、铝硼硅酸盐玻璃、磷酸盐玻璃、硼磷酸盐玻璃、铝磷酸盐玻璃、钛酸盐玻璃、钛硅酸盐玻璃、碲酸盐玻璃、锗酸盐玻璃、钒酸盐玻璃、锑酸盐玻璃、砷酸盐玻璃、镓酸盐玻璃等。其中硅酸盐玻璃是品种最多、产量最大、应用最广的玻璃，而钠钙硅酸盐玻璃则是制造平板玻璃、瓶罐玻璃、器皿玻璃和建筑玻璃的常用成分。

三、硅酸盐玻璃的组成

玻璃的品种有很多，每一种玻璃都有与之对应的组成，这里只介绍平板玻璃和空心玻璃两类玻璃的组成。

1. 平板玻璃的成分

平板玻璃的化学成分主要是 SiO_2、Al_2O_3、CaO、MgO、Na_2O、K_2O。其质量分数随成型方法的不同而略有差异，见表 4-2。

表 4-2　按不同生产方法生产的平板玻璃的成分(质量分数)含量(单位为%)

生产方法	SiO_2	Al_2O_3	CaO	MgO	Na_2O	K_2O	Fe_2O_3	SO_3
浮法玻璃	72.6	1.0	8.4	3.9	13.0	0.6	< 0.1	0.24
平拉玻璃	72.2	1.1	9.0	4.0	13.2		0.2	0.3
压延玻璃	72.4	1.05	8.0	4.2	13.6	0.6	0.07	

2. 瓶罐玻璃的成分

1) 钠钙瓶罐玻璃的成分

钠钙瓶罐玻璃成分是在 SiO_2-CaO-Na_2O 三元系统的基础上添加 Al_2O_3 和 MgO，与平板玻璃的不同之处在于瓶罐玻璃中 Al_2O_3 和 CaO 含量比较高，而 MgO 含量较低。

无论何种类型的成型设备，还是形状用途各异的玻璃瓶均可用此成分，工厂只需根据实际情况做一些微调即可。其成分(质量分数)及范围为：SiO_2 为 70%～73%，Al_2O_3 为 2%～5%，CaO 为 7.5%～9.5%，MgO 为 1.5%～3%，R_2O 为 13.5%～14.5%。此类型成分的特点是含铝量适中，可利用含 Al_2O_3 的硅砂，或引入碱金属氧化物，以节约成本。当 CaO 和 MgO 的量比较高时，玻璃的硬化速度较快，能适应较高的机速；用一部分 MgO 代替 CaO，能防止玻璃在流液洞、料道和供料机处析晶。适量的 Al_2O_3 可提高玻璃的机械强度与化学稳定性。

2) 高钙瓶罐玻璃的成分

高钙成分是在传统的瓶罐玻璃成分的基础上增加钙的含量，以适应高速成型的需要，目前高钙玻璃成分是瓶罐玻璃的主要成分系统，其成分(质量分数)及范围为：SiO_2 为 70%～73%，CaO 为 9.5%～11.5%，R_2O 为 3.5%～15%。

高钙玻璃的主要特点有：

① 原料品种少，简化原料处理和配料工序。

② 引入较高的 CaO，并以粒轻 1.5 mm 左右的颗粒石灰石为原料，加热后炸裂为细粒，在较低温度下即与硅砂发生反应，有利于熔化；高温时 CaO 可降低黏度，有利于澄清。

③ 玻璃的硬化速度提高，有利于增加机速。

④ 不用 MgO，可防止玻璃脱片。

但高钙玻璃存在易析晶问题，例如，SiO_2 为 72.0%，Al_2O_3 为 1.5%，Fe_2O_3 为 0.1%，CaO 为 12%，Na_2O 为 14%，SO_2 为 0.3%的高钙玻璃的析晶为 1050℃，主要晶相为硅灰石。当料道、供料器的温度有所波动时，很容易因温度接近析晶温度而析晶，严重时阻塞料碗，所以要严格控制温度。国内有些工厂曾采用过高钙成分，后来由于不好控制温度，又改到钠钙铝镁成分。

3) 高铝瓶罐玻璃成分

高铝成分也是瓶罐玻璃的一种传统的成分，高铝玻璃很难制定出一个明确的成分范围，一般认为含 6%以上的 Al_2O_3，也有人认为应含 9%以上的 Al_2O_3。用 6%的 Al_2O_3 含量来区分高铝玻璃可能合理些。

一般高铝原料会给玻璃成分带来较多的 Fe_2O_3、TiO_2 等杂质，只能用于半白料和绿料。高铝玻璃的熔化温度、成型温度、软化温度、退火温度均较高，硬化速度较快，玻璃表面容易产生波筋和条纹，瓶壁的均匀性不易控制，环切均匀性变差。高铝玻璃容易析晶，特别是 CaO 含量高、R_2O 含量低的高铝玻璃，这类玻璃的化学稳定性(如耐水性、耐碱性)比其他高铝玻璃的化学稳定性略有降低，抗压强度稍有提高。

4.3.2 玻璃原料

用于制备玻璃配合料的各种物质统称为玻璃原料。玻璃原料通常分为主要原料和辅助原料两类。主要原料是指向玻璃中引入各种氧化物的原料，如石英、长石、石灰石、纯碱、硼砂、硼酸、铅化合物、钡化合物等。辅助原料是指使玻璃获得某些必要性质和加速熔制过程的原料。辅助原料的用量很少，但它们的作用却很重要。根据作用的不同，辅助原料可分为澄清剂、着色剂、乳浊剂、氧化剂、助熔剂(加速剂)等。根据引入氧化物在玻璃结构中的作用，可分为玻璃形成体氧化物原料、玻璃中间体氧化物原料、玻璃网络外体氧化物原料。

一、玻璃的主要原料

1. 引入二氧化硅的原料

SiO_2 是重要的玻璃形成氧化物，以硅氧四面体的结构组元形成不规则的连续网络，成为玻璃的骨架。在钠—钙—硅玻璃中，SiO_2 能降低玻璃的热膨胀系数，提高玻璃的热稳定性、化学稳定性、软化温度、耐热性、硬度、机械强度、黏度和透紫外线性性能。但当 SiO_2 含量较高时，需要较高的熔融温度，而且可能会导致析晶。

引入 SiO_2 的原料主要是石英砂和砂岩，它们在一般日用玻璃中的用量较多，约占配合料总量的 60%～70%以上。

1) *石英砂*

石英砂也称硅砂，是石英岩、长石及其他岩石受水和碳酸酐以及温度变化等作用，逐渐分解风化而成的。石英砂的主要成分是 SiO_2，常含有 Al_2O_3、TiO_2、CaO、MgO、Fe_2O_3、Na_2O、K_2O 等杂质，其中 Al_2O_3、CaO、MgO、Na_2O、K_2O 等是无害杂质，Fe_2O_3、TiO_2 是有害杂质，它们能使玻璃着色，降低玻璃的透明度。

石英砂的颗粒度与颗粒组成是重要的质量指标。优质的石英砂应具备以下特点：

(1) 颗粒度适中。当石英砂的颗粒大时会使熔化变得困难，并常常产生结石、条纹等缺陷。但过细的硅砂容易飞扬、结块，使配合料不易混合均匀。此外，在熔制时，虽然细砂可以让玻璃的形成阶段变快，但在澄清阶段却会浪费很多时间。而且当向熔炉投料时，细砂容易被燃烧气体带进蓄热室，堵塞格子体，同时也会使玻璃的成分发生变化。

(2) 要求粒度组成合理。要达到粒度组成合理，仅控制粒级的上限是远远不够的，还要控制细级别(120 目)含量。细级别含量变高，其表面就能增大，表面吸附和凝聚效应也随之增大，当原料混合时，会发生成团现象。另外，细级别含量高的话，石英砂在储存、运输过程中易受振动和成锥作用的影响，与粗级别间产生强烈的离析。这种离析会使得进入熔窑的原料化学成分处于极不稳定状态。通过生产实践得出，池窑熔制的石英砂最适宜的颗粒尺寸一般为 0.15～0.8 mm，而 0.25～0.5 mm 的颗粒不应少于 90%，0.1 mm 以下的颗粒不超过 5%。

优质的石英砂不需要经过破碎、粉碎处理，成本较低，是理想的玻璃原料。含有害杂质较多的石英砂不经过富选除铁的情况下，不宜采用。

2) *砂岩*

砂岩是石英砂在高压作用下，由胶结物胶结而成的矿岩。根据胶结物的不同，有二氧化硅(硅胶)胶结的砂岩、黏土胶结的砂岩、石膏胶结的砂岩等。砂岩的化学成分不仅取决于石英颗粒，而且与胶结物的性质和含量有关。例如，二氧化硅胶结的砂岩的纯度较高；而黏土胶结的砂岩则 Al_2O_3 含量较高。一般来说，砂岩所含的杂质较少，而且稳定性较高。其质量要求是含 SiO_2 达 98%以上，含 Fe_2O_3 不大于 0.2%。

二、引入氧化铝的原料

Al_2O_3 属于中间体氧化物，当玻璃中 Na_2O 与 Al_2O_3 的分子比大于 1 时，形成铝氧四面体，并与硅氧四面体构成连续结构网络；当 Na_2O 与 Al_2O_3 的分子比小于 1 时，则形成铝氧八面体，为处于硅氧结构网络空隙中的网络外体。Al_2O_3 能降低玻璃的析晶倾向，提高玻璃的化学稳定性、热稳定性、机械强度、硬度和折射率，减轻玻璃对耐火材料的侵蚀，并有助于氟化物的乳浊。Al_2O_3 能提高玻璃的黏度。绝大多数玻璃都引入了 1%～3.5%的 Al_2O_3，一般不超过 8%～10%。

引入氧化铝的原料主要是长石和瓷土，也可以采用某些含 Al_2O_3 的矿渣和含长石的尾矿。

1) 长石

长石是引入 Al_2O_3 的主要原料之一。常用的是钾长石和钠长石，它们的化学组成波动较大，含有 Fe_2O_3。因此，质量要求较高的玻璃不采用长石。

长石除引入 Al_2O_3 以外，还可引入 Na_2O、K_2O、SiO_2 等。由于长石能引入碱金属氧化物，减少了纯碱的用量，在一般玻璃中应用甚广。长石的颜色多以白色、淡黄色或肉红色为佳。

对长石的质量要求为：$Al_2O_3 > 96\%$，$Fe_2O_3 < 0.3\%$，$R_2O(Na_2O + K_2O) > 12\%$。

2) 瓷土

瓷土的主要矿物组成为高岭石，一般含 Fe_2O_3 杂质较多，常呈白色，有时因含有机物而呈黑色、灰色。它是重要的陶瓷原料，在玻璃工业多用于制造高铝玻璃或乳浊玻璃。

对瓷土的质量要求为：$Al_2O_3 > 16\%$ ，$Fe_2O_3 < 0.4\%$。

三、引入氧化钠的原料

Na_2O 为网络外体氧化物，Na_2O 能提供游离氧使玻璃结构中 O 与 Si 的比值增加，发生断键，因而可以降低玻璃的黏度，使玻璃易于熔融，是良好的助熔剂。Na_2O 能增加玻璃的热膨胀系数，降低玻璃的热稳定性、化学稳定性和机械强度、所以引入量不能过多，一般不超过 18%。

引入 Na_2O 的原料主要为纯碱和芒硝。

1) 纯碱

纯碱是向玻璃中引入 Na_2O 的主要原料，纯碱分为结晶纯碱($Na_2CO_3 \cdot 10H_2O$)与煅烧纯碱(Na_2CO_3)两类。锻烧纯碱可分为轻质和重质两种类型，轻质的容积密度为 0.61 g/cm^3，为细粒的白色粉末，易于飞扬、分层，不易与其他原料均匀混合；重质的容积密度为 0.94 g/cm^3 左右，也有重质碱的容积密度高达 1.5 g/cm^3，为白色颗粒，不易飞扬，分层倾向也较小，有助于配合料的均匀混合。我国玻璃工业中常采用锻烧纯碱，而国外玻璃生产中则多采用重质碱，国内也已接受这一理念。

煅烧纯碱为白色粉末，易溶于水，极易因吸收空气中的水分而潮解，发生结块现象，因此必须储存在干燥的仓库内。纯碱中常含有硫酸钠、氧化铁等杂质。含氯化钠和硫酸钠杂质较多的纯碱，在熔制玻璃时会形成硝水。

对纯碱的质量要求为：$Na_2CO_3 > 98\%$，$NaCl < 1\%$，$Na_2SO_4 < 1\%$，$Fe_2O_3 < 1\%$。

2) 芒硝

芒硝分为天然的、无水的和含水的多种类型。无水芒硝为白色或浅绿色结晶，其主要成分为硫酸钠(Na_2SO_4)。为降低芒硝的分解温度，常加入还原剂，还原剂一般使用煤粉，也可以使用焦炭粉、锯末等。为了促使 Na_2SO_4 充分分解，应将芒硝与还原剂预先混合均匀，然后再加入到配合料中。还原剂的用量为 4%～6%，有时甚至在 6.5%以上。

芒硝与纯碱相比，有耗热量大，易形成硝水，对耐火材料的侵蚀大等缺点，且要在还原气氛下进行熔制。

对芒硝的质量要求为：$Na_2SO_4 > 85\%$，$NaCl < 2\%$，$CaSO_4 < 4\%$，$Fe_2O_3 < 0.3\%$，$H_2O < 5\%$。

四、引入氧化钾的原料

K_2O 为网络外体氧化物，它在玻璃中的作用与 Na_2O 相似。钾离子(K^+)的半径比钠离子(Na^+)大，钾玻璃的黏度比玻璃大，所以 K_2O 能降低玻璃的析晶倾向，增加玻璃的透明度和光泽等。K_2O 常引入高级器皿玻璃、晶质玻璃、光学玻璃和技术玻璃中。由于钾玻璃具有较低的表面张力，硬化速度较慢，操作范围较宽，在压制有花纹的玻璃制品中，也常引入 K_2O。

引入 K_2O 的原料主要是钾碱(碳酸钾)和硝酸钾。

1) 钾碱(K_2CO_3)

玻璃工业中采用的锻烧碳酸钾为白色结晶粉末，在湿空气中极易潮解而溶于水，故必须保存于密闭的容器中。K_2CO_3 在玻璃熔制时，K_2O 挥发损失可达自身质量的 12%。

对碳酸钾的质量要求为：$K_2CO_3 > 96\%$，$K_2O < 2\%$，$(KCl + K_2SO_4) < 3.5\%$，水不溶物 $< 0.3\%$，水分 $< 3\%$。

2) 硝酸钾(KNO_3)

硝酸钾又称钾硝石、火硝，是一种透明的结晶体，易溶于水，在湿空气中不潮解。硝酸钾除向玻璃中引入 K_2O 以外，也是氧化剂、澄清剂和脱色剂。

对硝酸钾的质量要求为：$KNO_3 > 98\%$，$KCl < 1\%$，$Fe_2O_3 < 0.01\%$。

五、引入氧化钙的原料

CaO 为网络外体氧化物，在玻璃中起稳定剂的作用，即增加玻璃的化学稳定性和机械强度，但当其含量较高时，会使玻璃的析晶倾向增大，且易使玻璃发脆。在一般玻璃中，CaO 的含量不超过 12.5%。

引入 CaO 的原料主要是方解石和石灰石。

方解石是自然界中分布极广的一种沉积岩，外观为白色、灰色、浅红色或淡黄色，主要化学成分为碳酸钙。用作玻璃原料的一般是不透明的方解石，粗粒方解石的石灰岩称为石灰石。

对方解石和石灰石的含量要求是：$CaCO_3 > 50\%$，$Fe_2O_3 < 0.15\%$。

六、引入氧化镁的原料

MgO 为网络外体氧化物。玻璃中以含量 3.5%以下的 MgO 代替部分 CaO，这样可使玻璃的硬化速度变慢，改善玻璃的成型性能。MgO 还能降低结晶倾向和结晶速度，增加玻璃的高温黏度，提高玻璃的化学稳定性和机械强度。

引入氧化镁的原料有白云石、菱镁矿等。

1) *白云石*

白云石又称苦灰石，是碳酸钙和碳酸镁的复盐，一般为白色或浅灰色。白云石中常见的杂质是石英、方解石和黄铁矿。

对白云石的含量要求是：$MgO > 20\%$，$CaO < 32\%$，$Fe_2O_3 < 0.15\%$。

2) *菱镁矿*

菱镁矿又称菱苦石，呈灰白色、淡红色或肉红色，其主要成分是碳酸镁。菱镁矿含 Fe_2O_3 较高，在用白云石引入 MgO 的量不足时，才使用菱镁矿。

七、引入氧化硼的原料

B_2O_3 也是玻璃形成氧化物，它以硼氧三角体和硼氧四面体为结构组元在硼硅酸盐玻璃中与硅氧四面体共同组成结构网络。B_2O_3 能降低玻璃的热膨胀系数，提高玻璃的热稳定性、化学稳定性，增加玻璃的折射率，改善玻璃的光泽，提高玻璃的力学性能。B_2O_3 还起到助熔剂的作用，加速玻璃的澄清和降低玻璃的结晶能力。当 B_2O_3 引入量过高时，由于硼氧三角体增多，玻璃的热膨胀系数等反而增大，发生反常现象。

B_2O_3 是耐热玻璃、化学仪器玻璃、温度计玻璃、部分光学玻璃、电真空玻璃以及其他特种玻璃的重要组分。

引入 B_2O_3 的原料主要是硼酸、硼砂。

1) *硼酸*

硼酸为白色鳞片状三斜结晶，易溶于水。在熔制玻璃时，B_2O_3 的挥发量一般为 5%～15%。对硼酸的要求是：$H_3BO_3 > 99\%$，$Fe_2O_3 < 0.01\%$，$SO_4^{2-} < 0.02\%$。

2) *硼砂*

硼砂分为十水硼砂、五水硼砂和无水硼砂。含水硼砂是坚硬的白色菱形结晶，易溶于水。无水硼砂或锻烧硼砂为无色玻璃状小块。

对十水硼砂的质量要求是：$B_2O_3 > 35\%$，$Fe_2O_3 < 0.01\%$，$SO_4^{2-} < 0.02\%$。

八、引入氧化钡的原料

BaO 也是二价网络外体氧化物。它能增加玻璃的折射率、密度、光泽和化学稳定性，少量的 BaO(0.5%)能加速玻璃的熔化，但含量过多时会使澄清变得困难。含 BaO 的玻璃吸收辐射的能力较强，但对耐火材料的侵蚀较严重。BaO 常用于高级器皿玻璃、化学仪器、防辐射玻璃等。瓶罐玻璃中也常加入 0.5%～1%的 $BaSO_4$ 作为助熔剂和澄清剂。

引入 BaO 的原料是硫酸钡和碳酸钡。

1) 硫酸钡

硫酸钡($BaSO_4$)为白色结晶，天然的硫酸钡矿物称为重晶石，含有石英、黏土和铁的氧化物等。

对硫酸钡的质量要求是：$BaSO_4 > 95\%$，$SiO_2 < 1.5\%$，$Fe_2O_3 < 0.5\%$ 。

2) 碳酸钡

碳酸钡($BaCO_3$)为无色的细微六角形结晶，天然的碳酸钡称为毒重石。

对碳酸钡的质量要求是：$BaCO_3 > 97\%$，$Fe_2O_3 < 0.1\%$，酸不溶物 < 3%。

九、引入其他氧化物的原料

引入 ZnO 的原料为锌氧粉和菱锌矿；引入氧化铅的主要原料是铅丹(Pb_3O_4)和密陀僧(PbO)。

除以上主要原料外，制备玻璃另外还需澄清剂、着色剂、脱色剂、乳浊剂等辅助原料。

4.3.3　玻璃生产的工艺流程和生产方法

玻璃制品的生产分为四个阶段，即配合料制备、玻璃的熔制、玻璃的成型及玻璃的退火。在玻璃选用前，将各种原料的粉料按一定比例称量、混合均匀的混合物的过程称为配合料制备。将配合料在玻璃熔窑内经过高温加热至熔融，得到化学成分均匀、无可见气泡并符合成型要求时玻璃液的过程，称为玻璃的熔制。把熔融的玻璃液在成型设备内转变为具有固定几何形状时玻璃制品的过程，称为玻璃的成型。成型后的玻璃制品在冷却的过程中，经受剧烈的、不均匀的温度变化，内部会产生热应力，导致制品在手放、加工和使用的过程中中自行破裂，消除玻璃制品中热应力的过程，称为玻璃的退火。

玻璃在温度较高时属于热塑性材料，因此它一般采用热塑成型。常见的成型方法有：吹制法，适合瓶罐等空心玻璃的成型；压制法，适合烟缸、盘子等器皿玻璃的成型；压延法，适合压花玻璃等的成型；拉制法，适合玻璃纤维、玻璃管等的成型；浇铸法，适合光学玻璃等的成型；离心法，适合显像管玻壳、玻璃棉等的成型；喷吹法，适合玻璃珠、玻璃棉等时成型；飘浮法，适合平板玻璃的成型；烧结法，适合泡沫玻璃的成型；焊接法，适合艺术玻璃、仪器玻璃的成型。其中空心玻璃和平板玻璃是玻璃生产的两大主要类别。下面就以最常使用的漂浮法制备平板玻璃(浮法玻璃熔制全过程)为例，来展示整个熔制工艺流程，如图4-1所示。

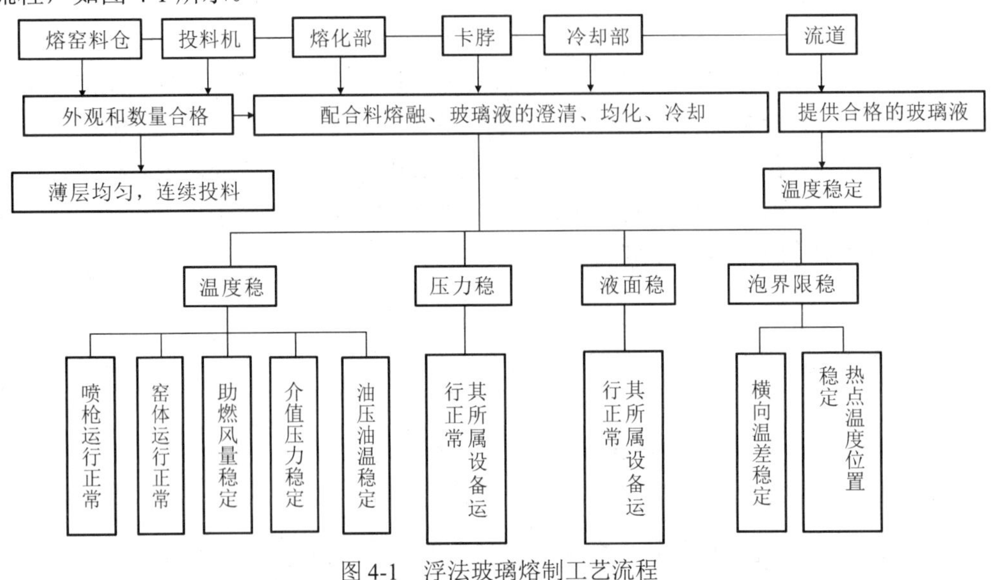

图4-1　浮法玻璃熔制工艺流程

4.3.4　功能玻璃

功能玻璃是指以平板玻璃(浮法玻璃、引上平板玻璃、平拉玻璃、压延玻璃等)原片或玻璃粉等为基材，采用物理方法、化学方法及两种方法组合等现代科学技术手段对基材进行再加工，从而制成具有新结构、功能或形态的玻璃产品。深加工过程可以赋予普通玻璃各种新的功能，提高玻璃产品的技术含量和附加值，从而扩大玻璃材料的应用领域。

目前，国际上的功能玻璃种类繁多，其生产工艺也不只是利用单一的技术和方法进行生产，而是综合多种技术进行生产，这类产品的应用也趋向复合性。按生产工艺及特点，功能玻璃的品种可大致归纳为钢化玻璃、彩色装饰玻璃、热变形热加工产品、表面腐蚀玻璃、空腔玻璃、夹层玻璃、镀膜玻璃、贴膜玻璃、着色玻璃、特殊技术加工玻璃等。

一、钢化玻璃

钢化玻璃是平板玻璃的二次加工产品，钢化玻璃的加工方法可分为物理钢化法和化学钢化法。

1. 物理钢化玻璃

物理钢化玻璃又称为淬火钢化玻璃，是运用物理钢化法生产的。物理钢化法是目前国内外广泛应用的一种方法，其中按淬冷介质的不同，又可分为风冷钢化、液冷钢化和冷却板钢化；按钢化程度又分为全钢化玻璃、半钢化玻璃、区域钢化玻璃、弯钢化玻璃等多种类型。

1) 全钢化玻璃

全钢化玻璃是将玻璃加热到接近玻璃的软化温度(600～650℃)再进行迅速冷却处理所得的玻璃制品，它具有良好的机械性能和耐热震性能。原片玻璃经过钢化炉热处理后，改善了结构性能，使其强度提高了3～5倍，能在承受一定能量的外来撞击或温差变化后而不破碎。即便破碎，也是整块玻璃碎成类似蜂窝状的钝角小颗粒，不易伤人，从而具有一定的安全性。钢化玻璃不能切割，需要在钢化前切好尺寸，且有自爆特性。全钢化玻璃还耐酸、耐碱，具有较好的性能，在汽车工业、建筑工程以及军工领域等行业得到了广泛的应用，常被用作汽车的挡风玻璃、高层建筑的幕墙和门窗、商店的橱窗玻璃以及军舰与轮船的舷窗等。

2) 半钢化玻璃

半钢化玻璃是介于普通平板玻璃和全钢化玻璃之间的一个品种，它兼有全钢化玻璃的部分优点，如强度高于普通玻璃，同时又回避了钢化玻璃平整度差、易自爆、一旦破坏即整体粉碎等弱点。半钢化玻璃的生产过程与全钢化玻璃相同，仅在淬冷工位的风压上有区别，冷却能也小于钢化玻璃。半钢化玻璃在建筑中适用于幕墙和外窗。

3) 区域钢化玻璃

区域钢化玻璃是指分区域控制钢化程度的一种钢化玻璃，这种玻璃在经过特殊处理后，可控制碎裂玻璃片的大小、形状和分布。当把区域钢化玻璃用于各类汽车的前挡风玻璃时，在受到冲击破裂的情况下，驾驶者的主视区内的碎片呈镜片状，其裂纹仍可保持有一定的清晰度和视野，可保证驾驶者的视野区域不受影响。

4) 弯钢化玻璃

弯钢化玻璃是将玻璃加热至软化点，然后靠自重或外界作用将玻璃弯曲成型，最后经急速冷却而成的弧形玻璃。弯钢化玻璃具有高度的安全性，当遭到超强外力破坏而破碎后，玻璃只产生颗粒状碎粒，没有锋利的棱角，从而使破碎的玻璃不会伤及周围的人和物品。弯钢化玻璃还有许多复合产品，如弯钢化夹层玻璃、弯钢化中空玻璃等。弯钢化玻璃具有很强的装饰性和安全性，适用于幕墙、观光电梯、观光橱窗、柜台等。

2. 化学钢化玻璃

化学钢化玻璃是运用化学钢化法，通过离子交换得到具有表面压应力，从而得到具有表面压应力的强化玻璃。离子交换工艺的简单原理是在温度为475℃左右的碱盐溶液中，使玻璃表层中半径较小的离子与溶液中半径较大的离子交换，如玻璃中的锂离子与溶液中的钠离子交换，玻璃中的钠离子与溶液中的钾离子交换，利用碱离子体积上的差别产生表层压应力，其对厚玻璃的增强效果不大明显。

化学钢化玻璃具有诸多优点：它未经转变温度以上的高温过程，所以不会像物理钢化玻璃那样存在翘曲的现象；其表面平整度与原片玻璃一样，同时在强度和耐温度变化方面也有一定的提高，并可作适当切裁处理。但化学钢化会因为时间的延长而易产生应力松弛现象。

化学钢化玻璃可广泛用于复印机、潜水镜、微波炉、烤箱、仪表盖、钢化夹层玻璃等。化学钢化玻璃还可加工成特殊用途的夹层玻璃，用于军车、高级车辆、火车、电车、工程车、航空、舰船及各种防弹玻璃等。

二、热变形热加工产品

1) 热弯玻璃

热弯玻璃是由平板玻璃加热软化在模具中成型，再经退火制成的曲面玻璃。热弯玻璃一般在电炉中进行加工。两片热弯玻璃可进一步复合成热弯夹层玻璃。热弯玻璃主要用于制作汽车的前后风挡、建筑圆弧幕墙、门窗玻璃等。

2) 热熔玻璃

热熔玻璃又称水晶立体艺术玻璃、琉璃玻璃、琉雕玻璃、压铸玻璃、烧制玻璃、立体玻璃、叠烧玻璃。它是采用特制的热熔炉，以平板玻璃和无机色料等作为主要原料，在设定特定的加热程序和退火曲线下，加热到玻璃软化点以上，经成型模模压成型后退火而成的。这种加工方法使平板玻璃呈现出各种凹凸有致、彩色各异的艺术效果。热熔玻璃产品种类较多，应用范围因其独特的玻璃材质和艺术效果而十分广泛，可制成门窗玻璃、大型墙体嵌入玻璃、隔断玻璃、一体式卫浴玻璃洗脸盆、成品镜边框、玻璃艺术品等。

3) 夹丝玻璃

夹丝玻璃别称防碎玻璃、钢丝玻璃，它是将普通平板玻璃加热到红热软化状态时，再将预热处理过的铁丝或铁丝网压入玻璃中间而制成的。由于钢丝网在玻璃中起增强作用，所以其抗折强度和耐温度剧变性都较高，当玻璃破碎时，即使有许多裂缝，碎片仍附着在钢丝网上，不致四处飞溅而伤人，并能起到隔火和防火的作用。夹丝玻璃色彩亮泽，可用于工业厂房、居室门窗、吊顶和隔断等装饰，使空间明亮宽敞、高雅豪华。

4) 视飘玻璃

视飘玻璃是在500～680℃的高温下，将玻璃基片和色素烧结在一起。视飘玻璃所用的色料是无机玻璃色素，膨胀系数和玻璃基片相近，所以色彩图案与基片结合牢固，无裂缝、不脱落，是装饰玻璃在静止和无动感方面的一大突破。视飘玻璃具有色彩丰富、图案新颖、不易变色、能适应各种温度、可钢化、能热弯、价格低廉等特点。视飘玻璃主要应用于装饰玻璃行业。

三、空腔玻璃

1) 普通中空玻璃

普通中空玻璃是由两片或多片浮法玻璃组合而成的。玻璃片之间夹有充填了干燥剂的铝合金隔框，铝合金框与玻璃间用基胶黏结密封后再用聚硫胶或结构胶密封在两层玻璃之间。因此，普通中空玻璃能有效直接地阻断热量传导的流失，从而达到节能、防露等效果。

普通中空玻璃的生产方法有胶接法、焊接法与熔接法等。

2) 真空玻璃

真空玻璃是两片玻璃之间的空间层为真空状态，从而大大降低了该玻璃产品的导热能力。两片玻璃层内有金属小圆柱支撑，厚度仅为 6.2 mm，以达成隔热隔音的效果。但由于真空玻璃的生产工艺非常复杂，无法实现大批量的工业化生产，并且价格偏高，因此在普通的民居中较少使用。

3) 充气中空玻璃

充气中空玻璃是指在普通中空玻璃的基础上，运用垂直快速排赶充气工艺，将惰性气体如氯气等特种气体充入中空玻璃腔体内，确保玻璃间隔的气密性和水密性，从而保证了中空玻璃的使用寿命。

四、夹层玻璃

夹层玻璃是由两片或者两片以上的玻璃用合成树脂黏结在一起而制成的一种安全玻璃。夹层玻璃的原片既可以是普通玻璃，也可以是钢化玻璃、半钢化玻璃、镀膜玻璃、吸热玻璃、热弯玻璃等；中间层的有机材料最常用的是 PVB(聚乙烯醇缩丁醛)，也有甲基丙烯酸甲酯、有机硅、聚氨酯等。当外层玻璃受到冲击发生破裂时，碎片会被胶粘住，只形成辐射状裂纹，避免因碎片飞散造成人身伤亡事故。夹层玻璃的生产方法有两种，即胶片法(干法)和灌浆法(湿法)，但干法生产是主流。

1) 防弹玻璃

防弹玻璃是由多片不同厚度的透明平板玻璃和多片 PVB 胶片组合而成的。由于玻璃和 PVB 胶片黏合得非常牢固，且因玻璃具有较高的硬度且 PVB 胶片具有良好的韧性，因此，当子弹接触到玻璃后，子弹的冲击能量会被削弱到很低乃至为零，所以不能穿透防弹玻璃。防弹玻璃可用作军事防御、银行柜台的护卫玻璃、金银首饰等贵重物品的展示柜以及其他特定工作场所。

2) 防暴防盗玻璃

防暴防盗玻璃是指透明且强度高、用简单工具无法将其破坏、能有效防止偷盗或破坏事件发生的玻璃。它通常是用多层高强度有机透明材料与胶合层材料复合制成。为了赋予预警的性能，其胶合层中还可以夹入金属丝网，并埋设了可见光、红外线、温度、压力等传感器和报警装置。防盗玻璃主要用于银行金库、武器仓库、文物仓库及展览橱柜、贵重商品柜台等。

3) 防火玻璃

防火玻璃是一种新型的建筑用途功能材料，具有良好的透光性能和防火阻燃性能。防火夹层玻璃按生产工艺特点又可分为复合型防火玻璃和灌注型防火玻璃。防火玻璃的品种较多，主要的品种有夹层复合防火玻璃、夹丝防火玻璃、特种防火玻璃、中空防火玻璃等。

五、镀膜玻璃

镀膜玻璃是在玻璃表面涂镀一层或多层金属、合金或金属化合物薄膜，以改变玻璃的光学性能，满足某种特定的要求。镀膜玻璃的生产方法主要有真空磁控溅射法、真空蒸发法、化学气相沉积法以及溶胶—凝胶法等。镀膜玻璃的品种很多，主要有以下几种：

1) 吸热玻璃

既能吸收大量红外线辐射能，又可保持良好可见光透过率的平板玻璃被称为吸热玻璃。在透明玻璃表面镀上极微量的金属氧化物之后，就变成了带一点颜色的吸热玻璃。吸热玻璃能吸收大量的红外线辐射能。按颜色分，吸热玻璃可分为灰色、茶色、蓝色、绿色、古铜色、粉红色、金色、棕色等；按成分分，吸热玻璃可分为硅酸盐吸热玻璃、磷酸盐吸热玻璃等：

2) 热反射玻璃

热反射玻璃一般是在玻璃表面镀一层或多层金属(如铬、钛或不锈钢等)或其化合物组成的薄膜，使产品呈现丰富的色彩，以对于可见光有适当的透射率。热反射玻璃的遮阳系数比为 Sc=0.2～0.6，对红外线有较高的反射率，对紫外线有较高的吸收率，因此，热反射玻璃也称为阳光控制玻璃，主要用于建筑和玻璃幕墙等方面。

3) 低辐射玻璃

低辐射玻璃是在玻璃表面镀有多层银、铜、锡等金属或其化合物组成的薄膜，以使产品对可见光有较高的透射率，对红外线有很高的反射率，具有良好的隔热性能。由于低辐射玻璃的膜层强度较差，一般都会制成中空玻璃使用。低辐射玻璃主要用于建筑和汽车、船舶等交通工具。

4) 防紫外线玻璃

防紫外线玻璃是通过向玻璃中掺入抗紫外剂制得的。该玻璃以铝硅酸盐为基本组成，具有良好的化学稳定性、耐热冲击性以及耐辐照性等，可用作隔绝、滤除紫外辐照的透明材料，如防紫外窗口、激光器用防紫外防护隔板、有机材料紫外老化防护等，其应用领域非常广阔。

5) 电磁屏蔽玻璃

电磁屏蔽玻璃是由在两块玻璃间或透明树脂间夹入经特殊处理的金属网压制而成的。金属网的颜色一般为黑色，其中，金属网的丝径和孔径会根据用途的不同而有所变化。电磁屏玻璃的周边留有金属网安装边，以备与设备相连接。它主要用于防止信息泄露，防止电磁波对人体的伤害，增加屏幕画面的解像度等。

6) 憎水玻璃

憎水玻璃通常是用硅烷、聚硅烷、硅油、硅铜等材料对玻璃表面进行喷涂，经加热处理后在玻璃表面形成一层硅氧膜而制成的。憎水玻璃的化学稳定性较强，耐水性极高。憎水玻璃可以制作潜水艇的潜望镜、汽车挡风玻璃、眼镜片等。

7) 玻璃镜

玻璃镜的制作工艺较为复杂，先采用优质的浮法玻璃板作为原片，依次经过清洗抛光、高真空金属沉积镀铝、第一遍耐腐蚀淋漆并烘干、第二遍防水加硬淋漆并烘干等加工程序而制成铝镜。再采用现代先进制镜技术，经敏化、镀银、镀铜、涂保护漆等一系列工序制成银镜。玻璃镜的特点是成像纯正、反射率高、色泽还原度好，影像亮丽自然，即使在潮湿环境中也经久耐用，是铝镜的换代产品。其可作为墙面、柱面、复式天花板的装饰与装修。

8) 减反射玻璃

减反射玻璃也叫增透玻璃，它是通过表面镀膜的方法，在普通玻璃表面镀覆。它是运用干涉原理来增加透过率、减少反射率的。其适用于临街的橱窗、博物馆的画框、展柜、商店柜台等场合。

9) 导电膜玻璃

导电膜玻璃是通过在玻璃表面涂敷氧化铟锡等导电薄膜而制成的，通电时能发热。这类玻璃可用于制造飞机、汽车、低温实验仪器设备等的窗门，以防止水蒸气冰冻而妨碍视线，能对玻璃起到加热、除霜、除雾的作用。除此之外，导电膜玻璃还可用作液晶显示、等离子显示、硅太阳电池等器件。

10) HUD 玻璃

HUD 玻璃是在平板玻璃上镀制金属氧化物膜而制成的。该项技术最初是作军事用途，从 1988 年开始用在汽车工业上。HUD 原理是通过在仪表台上放置发射器，将飞机或汽车的一些运行信息投射到玻璃上，在飞行员或司机眼睛正前方适当的位置上成像。HUD 显示系统投射的信息能以温和的绿色字体示人，十分方便实用。

六、特殊技术加工玻璃

1) 激光刻花玻璃

激光刻花玻璃采用了射频激光器并结合计算机辅助系统，在玻璃表面上加工各种复杂的玻璃图案，并能形成霜化或破碎的效果。其主要特点是加工成本低、没有环境污染、成品率高等。它适用于玻璃装饰行业、玻璃制品、艺术品等行业。

2) 电子束加工玻璃

电子束加工玻璃是利用高能量的会聚电子束的热效应或电离效应对玻璃进行加工而制成的玻璃，例如对玻璃表面进行热处理、刻蚀、钻孔等。电子束的特点是功率密度大，能在瞬间将能量传给工件。电子束的能量和位置可以用电磁场精确和迅速地调节，并实现计算机的控制。

3) 光致变色玻璃

光致变色玻璃是能随光照强弱而改变颜色的玻璃，简称光色玻璃。它在受到光线照射时会变暗，光照停止后便自动褪色而复明。光色玻璃可用于制作光色眼镜(人称自动太阳镜)、高级防光建材、显示装置、全息存储介质等。

4) 电致变色玻璃

电致变色玻璃又叫调光玻璃、透明度可调玻璃，是通过改变电流的大小而调节透光率，以实现玻璃从透明到不透明的调光作用。电致变色玻璃是将有弥散分布液晶的聚合物放入两片涂抹了透明导电膜的玻璃之间，经夹层而制成的。两个导电膜相当于两个平面电极。

5) 杀菌玻璃

杀菌玻璃是用均相沉积法(或溶胶—凝胶法、真空镀膜法等)在玻璃表面制得均匀透明的多孔 TiO_2 纳米微晶膜材料的玻璃。它在紫外光照度为 1 μm/cm，照射时间为 30 min 时，对大肠杆菌和绿肠杆菌的杀灭效果分别可达到 87%及 91%。杀菌玻璃适用于医疗、医药、食品、家电、学校、车船等行业及场合。

6) 自洁净玻璃

自洁净玻璃是一种采用溶胶—凝胶技术生产的高新技术玻璃产品。自洁净玻璃的表面镀上有一层透明的二氧化钛(TiO_2)光催化剂涂层，这层涂层几乎可分解所有的有机污物，从而使玻璃表面的污渍在分解后附着能力大大降低，使玻璃具有利用太阳光照射和雨水的自然冲刷而达到自清洁功能的高科技功能。自洁净玻璃已被广泛应用于医院门窗、器具的玻璃挡板、高档建筑物室内浴镜、汽车玻璃及高层建筑物的幕墙玻璃等。

7) 记忆玻璃

记忆玻璃是由一种新型红色长余辉发光材料在玻璃上经特殊工艺处理制成的，它具有存储记忆的功能。将印有文字和图像的纸片盖在一块透明的玻璃上，然后用短波紫外线、X 射线、γ 射线进行高能电磁辐射，玻璃就能自动“默记”这些文字、图像。当受到日光等长波光源照射后，在暗背景中保存的这种玻璃便能将文字、图像再现出来。

8) 聚晶玻璃

聚晶玻璃又称彩晶玻璃，是经过特殊工艺加工而成的，无须经高温特别处理，玻璃背面用特殊材料(幻彩、镭射粉)涂抹而成，其色彩坚固而永不脱落，且光影及色泽能保持常新。部分聚晶玻璃可用来代替花岗石、大理石等材料来使用，也可与陶瓷砖、云石、花岗石、镜、织物、木板、油漆等一同使用。

9) 污染变色玻璃

污染变色玻璃是一种能探测污染的变色玻璃。这种玻璃在受到污染气体污染时能改变颜色，例如当受到酸性气体污染时变成绿色，受到含胺气体污染时变成黄灰色等。可用它来制作污染检测材料和标示，该材料将具有广泛的用途。

10) 生物芯片玻璃

生物芯片玻璃是采用了最新的表面镀层技术，在玻璃表面镀上一层非常均匀的高分工聚合物而制成的玻璃，它性能稳定、表达谱显示性强、数据结果重复性大。生物芯片玻璃不仅会在基因诊断和基因组研究中广泛应用，还会在药物开发、人口健康普查、法医学，甚至工农业、食品业、环境检测等方面得到普遍的发展。

11) 蓄光玻璃

蓄光玻璃是在可吸收光能的玻璃材料中加入了作为蓄光材料的稀土元素铽(Tb)。在蓄光玻璃的内部，可通过光的能量引起电子的移动，使电子一下子聚积到被称作阀门的地方，然后再慢慢回到最初的状态，使玻璃长时间发光。蓄光玻璃能广泛地应用在高层建筑物、俱乐部、矿井、医院、商场、学校等场所。

12) 折光玻璃

折光玻璃因涂上了一种能打射光线的涂层，因此具有打射光线的作用。它能把太阳光折射到房间的阴暗角落，使处于室内的人能充分享受阳光的温暖。折光玻璃除了适用于作装饰玻璃外，还适用于作房屋北面及东西两面外墙门窗玻璃，尤其是适用于作公共场所的门玻璃。

13) 计算机硬盘用玻璃基板

玻璃基板是计算机硬盘基板的一种新型材料，因其信息记录密度大幅度增加、信息存取速度快、符合硬盘技术发展的趋势，将成为取代铝基板(目前世界范围内 75%以上的计算机硬盘都是用铝材制造的)的新产品。与铝合金相比，计算机硬盘用玻璃基板的中间层、磁性层、保护层等基本一样，但铝合金苗硬度较小，而玻璃由于其硬度足够，无须外加类似涂层，也不会产生塑性形变，因此玻璃作为磁记录盘的基板材料则优于其他软性材料。随着计算机事业的发展和普及，玻璃磁盘会有很好的市场前景。

14) 石材—玻璃复合材料

石材—玻璃复合材料是先用特制的陶瓷胶将石材与玻璃结合在一起，然后再用光子进行轰击，使其相互融合而制成的。这种产品既有石材天然的颜色及花纹，又具备玻璃的特性，适用于建材、造船业等。

4.4 水　泥

4.4.1 水泥的定义、分类、成分及性能

一、水泥的定义与分类

凡磨细成粉末状，与适量的水混合后，经过一系列物理、化学变化后，能由可塑性浆体变成坚硬的石状体，并能将砂、石等散粒状材料胶结在一起，能保持并发展其强度的水

硬性胶凝材料，统称为水泥。

水泥品种很多，通常可按主要水硬性矿物、水泥的用途和性能进行分类。按主要水硬性矿物可以分为：硅酸盐水泥、铝酸盐水泥、硫铝酸盐水泥、氟铝酸盐水泥以及少熟料水泥和无熟料水泥等。

按水泥的用途和性能可分为：通用水泥、专用水泥和特种水泥。通用水泥如通用硅酸盐水泥的六大品种水泥，一般用于土木建筑工程；专用水泥，如油井水泥、大坝水泥、耐酸水泥、砌筑水泥等，可用于某一专用工程；而特种水泥，如双快(快凝、快硬)硅酸盐水泥、低热矿渣硅酸盐水泥、抗硫酸盐硅酸盐水泥、膨胀硫铝酸盐水泥、自应力铝酸盐水泥等，可用于对混凝土某些性能有特殊要求的工程。

以硅酸盐水泥熟料和适量的石膏及混合材制成的水硬性胶凝材料称为通用硅酸盐水泥。通用硅酸盐水泥按混合材料的品种和掺量分为硅酸盐水泥、普通硅酸盐水泥、矿渣硅酸盐水泥、火山灰硅酸盐水泥、粉煤灰硅酸盐水泥和复合硅酸盐水泥。

二、硅酸盐水泥熟料的成分

硅酸盐水泥熟料主要由氧化钙(CaO)、氧化硅(SiO_2)、氧化铝(Al_2O_3)和氧化铁(Fe_2O_3)氧化物组成，四种氧化物的总含量通常在熟料中占 95%以上；四种主要氧化物含量的波动范围为：CaO 62%～67%，SiO 20%～24%，Al_2O_3 4%～7%，Fe_2O_3 2.5%～6%。另外有 5%以下的少量的氧化物，如氧化镁(MgO)、硫酐(SO_3)、氧化钛(TiO_2)、氧化磷(P_2O_5)以及碱(K_2O、Na_2O)等。

硅酸盐水泥熟料中，各种氧化物不是以单独的氧化物存在的，而是经高温煅烧后，以两种或两种以上的氧化物发生反应而生成多种矿物的集合体，其结晶细小，通常为 30～60 μm，硅酸盐水泥熟料的主要矿物组成为：

- 硅酸三钙 $3CaO \cdot SiO_2$，可简写为 C_3S；
- 硅酸二钙 $2CaO \cdot SiO_2$，可简写为 C_2S；
- 铝酸三钙 $3CaO \cdot Al_2O_3$，可简写为 C_3A；

铁相固溶体通常以铁铝酸四钙 $4CaO \cdot Al_2O_3 \cdot Fe_2O_3$ 作为代表式，简写为 C4AF；另外，还有少量的游离氧化钙(f-CaO)、方镁石(结晶氧化镁)、含碱矿物以及玻璃体。

硅酸三钙被称为阿利特(Alitc)，简称 A 矿，它的含量一般在硅酸盐水泥熟料中占 50%左右，可以多达 60%。硅酸三钙的凝结时间正常，水化较快，放热较多，抗水性较差，但强度最高，强度增长率也大，其 28 天抗压强度可达 1 年抗压强度的 80%。

硅酸二钙被称为以利特(Belitc)，简称 B 矿，它的含量一般在熟料中占 20%左右，以利持水化速度较慢，水化热较低，抗水性较好，早期强度较低，但 1 年后可以赶上阿利特的强度。

铝酸三钙的含量一般在熟料中占 7%～15%，其水化迅速，放热多，凝结急，需加石膏调节其凝结速度，强度不高，干缩变形较大，抗硫酸盐性能也较差。

铁铝酸四钙简称 C 矿，它的含量一般在熟料中占 10%～8%，被称为才利特(Cclitc)，其水化速度介于铝酸三钙和硅酸三钙之间。

三、硅酸盐水泥的性能

1) 密度

普通硅酸盐水泥的密度一般介于 3100～3200 kg/m^3 之间，如果掺有大量的混合材，如火山灰、矿渣等，则水泥的密度会降到 3000 kg/m^3 以下。硅酸盐水泥的松散容积密度为 1000～1300 g/m^3，紧密容积密度为 1400～1700 kg/m^3。

2) 细度

水泥细度的评定指标有筛余(%)和比表面积(m^2/kg)两种；根据 GB 175—2009 规定，硅酸盐水泥和普通硅酸盐水泥以比表面积表示，应不小于 300 m^2/kg；矿渣硅酸盐水泥、火山灰硅酸盐水泥、粉煤灰硅酸盐水泥和复合硅酸盐水泥以筛余表示，80 μm 方孔筛筛余不大于 10%或 45 μm 方孔筛筛余不大于 30%。

3) 凝结时间

水泥凝结时间分初凝和终凝两种。标准稠度水泥净浆从加水拌和起，至开始失去可塑性所需的时间为初凝时间；从加水拌和起，至完全失去可塑性并开始产生强度所需的时间为终凝时间。根据 GB 175—2009 规定，硅酸盐水泥初凝不小于 45 min，终凝不大于 390 min；普通硅酸盐水泥、矿渣硅酸盐水泥、火山灰硅酸盐水泥、粉煤灰硅酸盐水泥和复合硅酸盐水泥初凝不小于 45 min，终凝不大于 600 min。

4) 强度

我国 GB 175—2009 将通用硅酸盐水泥强度等级规定为：硅酸盐水泥分为 42.5、42.5R、52.5、52.5R、62.5、62.5R 六个等级(R 表示早强型)；普通硅酸盐水泥分为 42.5、42.5R、52.5、52.5R 四个等级；矿渣硅酸盐水泥、火山灰硅酸盐水泥、粉煤灰硅酸盐水泥和复合硅酸盐水泥分为 32.5、32.5R、42.5、42.5R、52.5、52.5R 六个等级。

5) 体积安定性

水泥体积安定性是指水泥浆体硬化时，体积变化是否均匀的性质。如果水泥硬化后产生不均匀的体积膨胀，就会使构件产生膨胀性裂缝，即为体积安定性不良。引起水泥安定性不良的原因有：

(1) 水泥熟料中由于配料、烧成及冷却制度不当而存在游离氧化钙(f-CaO)过多的现象。这种高温下死烧的氧化钙结构致密、水化缓慢，当水泥浆凝结硬化后，游离石灰的水化仍在继续，会导致固体体积膨胀，当这种应力超过水泥石的承受能力时，水泥石将产生裂纹直至破裂。

(2) 熟料中氧化镁过多。硅酸盐水泥熟料中的氧化镁一般以游离状态存在，称为方镁石。方镁石的水化更为缓慢，水泥已经硬化后才进行，生成氢氧化镁，其体积会增大两倍以上，使水泥石开裂破坏。

(3) 粉磨水泥时掺入的石膏过多。由于石膏在水泥硬化后继续与固态的水化铝酸钙反应生成三硫型水化铝酸钙而产生体积膨胀。国标规定用沸煮法检验水泥的安定性，水泥安定性不合格即为不合格品。

6) 水化热

水泥水化过程中放出的热量称为水化热。水泥水化热的大小及放热速度主要决定于水泥的矿物组成及细度。水泥熟料中硅酸盐三钙和铝酸三钙的含量越高，颗粒越细，则水化热越大。水泥完全水化放出热量约为503 kJ/kg。

4.4.2 硅酸盐水泥的制备工艺

一、硅酸盐水泥生产的原料

1. 原料

生产硅酸盐水泥的主要原料是石灰质和黏土质。如果这两种原料按一定比例配比组合还满足不了形成矿物的化学组成的要求的话，则需要加入校正原料。因此，硅酸盐水泥的原料主要由三部分组成：石灰质、黏土质及校正原料。

石灰质原料要提供氧化钙(CaO)，常用的天然石灰质原料有石灰岩、泥灰岩、白垩、贝壳等。作为水泥原料，石灰石中CaO的含量应不低于45%～48%。泥灰岩是由碳酸钙和黏土物质同时沉积所形成的均匀混合的沉积岩，所以是一种极好的水泥原料，因为它含有的石灰岩和黏土已呈均匀状态，易于煅烧。白垩是由海生生物外壳与贝壳堆积成的，主要由隐晶或无定形细粒疏松的碳酸钙所组成的石灰岩。

黏土质原料主要提供氧化硅和氧化铝，也提供部分氧化铁。天然黏土质原料有黄土、黏土、页岩、泥岩、粉砂岩及河泥等，其中黄土与黏土用得最广。作为水泥原料，除了天然黏土质原料外，赤泥、煤矸石、粉煤灰等工业废渣也可作为黏土质原料。

当石灰质原料和黏土质原料配合所得的生料成分不能符合配料方案要求时，必须根据所缺少的组分，掺加相应的校正原料。当生料中 Fe_2O_3 含量不足时，可以加入黄铁矿渣或含铁高的黏土等加以调整；若 SiO_2 不足，可加入硅藻土、硅藻石等，也可加入易于粉磨的风化砂岩或粉砂岩加以调整；若 Al_2O_3 不足，可以加入铝矾土废料或含铝高的黏土加以调整。

2. 燃料

煅烧水泥熟料采用的燃料有同体燃料、液体燃料与气体燃料。同体燃料如烟煤与无烟煤，回转窑一般用烟煤，立窑用无烟煤；液体燃料多为重油、渣油；气体燃料为天然气。

3. 矿化剂

为降低烧成温度和改善煅烧条件，生产成更多液相，有利于硅酸盐水泥熟料的形成而加入的物质称为矿化剂，常用的矿化剂有萤石、石膏等。少量矿化剂的加入可降低液相出现的温度，或降低液相黏度，增加物料在烧成带的停留时间，使石灰的吸收过程更充分，有利于熟料的形成，提高窑的产量和质量，降低消耗。

二、硅酸盐水泥的生产方法

硅酸盐水泥的生产分为三个阶段。第一阶段称为生料制备，即石灰质原料、黏土质原料与校正原料经破碎或烘干后，按一定比例配合、磨细，并调配为成分合适、混合均匀的生料；第二阶段称为熟料煅烧，即生料在水泥窑内煅烧至部分熔融，得到以硅酸钙为主要成分的硅酸盐水泥熟料；第三阶段称为水泥制成，即熟料加适量石膏，有时还加一些混合材料共同磨细为水泥。这三个阶段被简称为“二磨一烧”。

由于各地条件、原料资源和采用的主机设备等情况不同，水泥生产方法也有所不同，通常有两种分类方法，一是按煅烧窑的结构分为立窑和回转窑两种，立窑有普通立窑和机械化立窑；回转窑有湿法回转窑、干法回转窑和半干法回转窑。二是按生料制备方法分为湿法、干法和半干法三种。

4.4.3　各类水泥及应用

一、火山灰质硅酸盐水泥

根据国家标准 GB1344 规定，凡由硅酸盐水泥熟料和火山灰质混合材料加入适量石膏磨细制成的水硬性胶凝材料，称为火山灰质硅酸盐水泥，简称火山灰水泥。

1. 火山灰质混合材料

凡天然的或人工的以氧化硅、氧化铝为主要成分的矿物材料，磨成细粉加水后本身并不硬化，但与气硬性石灰混合，加水拌和成胶泥状态后，能在空气中硬化，而且能在水中继续硬化的，称为火山灰质混合材料。

火山灰质混合材料是一种活性材料，在水泥中掺入火山灰质混合材料，不但可以改善水泥的某些性能，还可以达到节约燃料和增产水泥的目的。用于水泥中的火山灰质混合材料，必须符合一定的质量要求。水泥中火山灰质混合材料的掺入量，按质量百分比计为 20%～50%。

火山灰质混合材料按其成因分成天然的和人工的两大类。天然的火山灰质混合材料包括火山灰、凝灰岩、浮石、沸石岩、硅藻土、硅藻石、蛋白石等。人工的火山灰质混合材料包括烧页岩、烧黏土、煤渣、煤矸石等。

2. 火山灰水泥的性质和用途

火山灰水泥的密度比硅酸盐水泥小，一般为 2.7～2.9 g/cm^3。火山灰水泥的性质和掺入量有关，如混合材料为凝灰岩或粗面凝灰岩等时，需水量与硅酸盐水泥相近；当用硅藻土、硅藻石等作混合材料时，则水泥的需水量需增加，并且随混合材料掺入量的增多而增加。

国家标准 GB1344 规定了火山灰质硅酸盐水泥的品质标准，其中水泥细度、凝结时间、安定性等要求均与硅酸盐水泥相同。它们的标号分为 275、325、425、525 和 625 号，其中标号 425 和 525 水泥按早期强度分成两种：火山灰水泥的强度发展较慢，尤其是早期强度较低。表 4-3 为火山灰质硅酸盐水泥(掺入 30%煅烧煤矸石)和同等级硅酸盐水泥抗折和抗压强度的增进率。火山灰水泥的用途一般与普通硅酸盐水泥相类似，但是更适用于地下、水中、潮湿的环境工程。

表 4-3　火山灰水泥和硅酸盐水泥的强度增进率

水泥品种	抗折强度/%					
	3d	7d	28d	90d	180d	1a
425 硅酸盐水泥	61	66	100	102	111	114
425 火山灰水泥	41	62	100	124	131	131
水泥品种	抗压强度/%					
	3d	7d	28d	90d	180d	1a
425 硅酸盐水泥	49	73	100	119	126	130
425 火山灰水泥	43	58	100	158	171	173

二、粉煤灰硅酸盐水泥

粉煤灰是火力发电厂燃煤粉锅炉排出的废渣，是具有一定活性的火山灰质混合材料。粉煤灰水泥是我国五大品种水泥之一，其主要化学成分是 SiO_2、Al_2O_3、CaO 和未燃尽的碳。国内外各电厂的粉煤灰的化学成分基本相近，其波动范围一般为 SiO_2 的含量为 40%～65%，Al_2O_3 的含量为 15%～40%，Fe_3O 的含量为 44%～20%，CaO 的含量为 2%～7%，烧失量为 3%～10%，密度为 1.8～2.4 g/cm^3，容积密度为 0.5～0.9 g/cm^3。

根据国家标准 GB1344 规定，凡由硅酸盐水泥熟料、粉煤灰和适量石膏磨细制成的水硬性胶凝材料，称为粉煤灰硅酸盐水泥。水泥中粉煤灰的掺加量的质量分数为 20%至 40%。

粉煤灰水泥的生产方式与普通水泥基本相同。粉煤灰的掺加量通常与水泥熟料的质量、粉煤灰的活性和要求生产的水泥标号等因素有关，主要由强度试验结果来决定。粉煤灰的早期活性很低，因此，粉煤灰水泥的强度(尤其是早期的强度)随粉煤灰的掺加量的增加而下降。当粉煤灰掺加量小于 25%时，强度下降幅度较小；当掺加量超过 25%时，强度的下幅度增大，如表 4-4 所示。在粉煤灰水泥中，掺入部分粒化高炉矿渣来代替粉煤灰，水泥的强度下降幅度减小。粉煤灰与其他天然火山灰相比，结构比较致密，内比表面积小，有很多球状颗粒，且需水量较少，干缩性小，抗裂性好，水化热低，抗蚀性也较好。因此，粉煤灰新水泥可用于一般的工业和民用建筑，尤其适用于地下和海港工程等。

表 4-4 粉煤灰掺加量对水泥强度的影响

粉煤灰掺入量/%	抗折强度/%			抗压强度/%		
	3d	7d	28d	3d	7d	28d
0	6.3	7.0	7.2	32.1	41.5	55.5
25	4.7	5.7	6.5	23.1	29.1	44.0
35	4.2	5.3	6.4	18.5	24.9	42.2

三、矿渣硅酸盐水泥

1. 粒化高炉矿渣

高炉矿渣是冶炼生铁时的副产品。由于成分和冷却条件不同，粒化高炉矿渣可以呈白色、淡灰色、褐色、黄色、绿色及黑色。粒化高炉矿渣含有较多的化学潜能。我国的粒化高炉矿渣已得到了综合利用，用它作活性混合材料生产水泥，有利于扩大水泥品种，改进水泥性能，调节水泥标号，增加水泥产量，改善立窑水泥的安定性。

粒化高炉矿渣根据含有的碱性氧化物(CaO和MgO)与酸性氧化物(SiO_2和Al_2O_3)的百分含量比值(碱性系数M)，可以分为碱性矿渣($M > 1$)、中性矿渣($M = 1$)和酸性矿渣($M < 1$)。粒化高炉矿渣的化学成分主要为CaO、SiO_2、Al_2O_3，其总量一般在90%以上。另外还有少量MgO、FeO和一些硫化物，如硫化钙等。

粒化高炉矿渣所含的矿物极少，其主要组成为玻璃体。实践证明，在矿渣的化学成分大致相同的情况下，玻璃体的含量越多，矿渣的活性就越高。

2. 矿渣硅酸盐水泥的定义

矿渣硅酸盐水泥是我国五大品种之一，是产量最多的水泥品种。根据我国国家标准GB1344规定："凡由硅酸盐水泥熟料和粒化高炉矿渣、适量石膏磨细制成的水硬性胶凝材料称为矿渣硅酸盐水泥(简称矿渣水泥)。"

水泥中粒化高炉矿渣掺加量的质量分数为20%～70%，允许用不超过混合材料总掺加量1/3的火山灰质混合材料(包括粉煤灰)、石灰石、窑灰来替代部分粒化高炉矿渣。若为火山灰质混合材料，其掺加量不得超过15%；若为石灰石，其掺加量不得超过10%；若为窑灰，其掺加量不得超过8%。允许用火山灰质混合材料与石灰石或窑灰共同来替代矿渣，但代替的总量最多不得超过水泥总量的15%，其中石灰石的掺加量仍不得超过10%，窑灰的掺加量仍不得超过8%，替代后水泥中粒化高炉矿渣不得少于20%。

矿渣水泥的生产过程与普通硅酸盐水泥相同，烘干后的粒化高炉矿渣与硅酸盐水泥熟料、石膏按一定比例送入磨机内共同粉磨。根据水泥熟料、矿渣的质量改变熟料和矿渣的配合比及水泥的粉磨细度，可生产出不同标号的矿渣水泥。矿渣水泥有325、425、525和625等系列标号。

3. 矿渣水泥的性质和用途

矿渣硅酸盐水泥的颜色比硅酸盐水泥淡，密度较硅酸盐水泥小，为2.8～3.0 g/cm^3，松散容积密度为 0.9～1.2 g/cm^3，紧密容积密度为 1.4～1.8 g/cm^3。矿渣水泥的凝结时间一般比硅酸盐水泥要长，初凝一般为2～5 h，终凝为5.9 h，标准稠度与普通水泥相近。为了提高水泥的早期强度，水泥的细度一定要磨得细些，一般控制在0.08 mm，方孔筛筛余在5%左右。矿渣水泥的安定性良好，早期强度较普通水泥低，但后期强度可以超过普通水泥。矿渣硅酸盐水泥强度比硅酸款水泥对温度更敏感，所以不宜于冬天露天施工使用。

矿渣水泥的水化热比硅酸盐水泥小，耐水性、抗碳酸盐性、硅酸盐与水泥相近，在清水和硫酸盐水中的稳定性优于硅酸盐水泥，耐热性较好，与钢筋的黏结力也很好，但抗大气性及抗冻性不及硅酸盐水泥，过早干燥及干湿交替对矿渣水泥强度发展不利。矿渣水泥的易性较差，泌水量大，因此，施工上要采取相应措施，如加强保温养护，严格控制加水量，低温施工时采用保温养护等，也可加入一些外加剂，如减水剂等，以提高矿渣水泥的早期强度。

四、高铝水泥

1. 高铝水泥的组成

高铝水泥是铝酸盐水泥系统中最重要的一种，具有快、硬、早、强的特点。高铝水泥以矾土和石灰做原料，按适当比例配合后，经烧结或熔融，再粉磨而成，又称为矾土水泥。

高铝水泥的主要化学成分为CaO、Al_2O_3、SiO_2和Fe_3O_4，还有少量MgO、TiO_2等。由于原料及生产方法不同，其化学成分变化很大，被动范围大致如表4-5所示。

表4-5　高铝水泥的主要化学成分和被动范围

主要化学成分	被动范围	主要化学成分	被动范围
Al_2O_3	36%～55%	CaO	32%～42%
SiO_2	4%～15%	Fe_2O_3	1%～15%
FeO	0%～11%	TiO_2	1%～3%
MgO	$<2\%$	R_2O	$<1\%$

高铝水泥的矿物成分主要为铝酸一钙、二铝酸一钙、七铝酸十二钙，还有少量的钙铝黄长石、六铝酸一钙等，它们的基本特性如表4-6所示。

表4-6　高铝水泥矿物组成

名 称	性　　质
铝酸一钙	凝结正常，硬化迅速，是高铝水泥强度的主要来源
二铝酸一钙	水化硬化较慢，早期强度低，但后期强度能不提高
七铝酸十二钙	水化极快，凝结迅速，但强度不高
铝方柱石	水化活性很低

2. 高铝水泥的性质和用途

高铝水泥的密度为3.20～3.25 g/cm^3，初凝时间不得早于40 min，终凝时间不迟于10 h，细度要求为 0.08 mm，筛余小于 10%。高铝水泥最大的特点是早期强度发展极迅速，24 h内可达最高强度的 80%以上，故其标号按 3 天抗压强度而定，分为 425、525、625、725四个标号。高铝水泥的另一个特点是在低温下(5～10℃)也能很好硬化；而在高温下，强度剧烈下降，与硅酸盐水泥刚好相反。因此，高铝水泥的硬化温度不得超过 30℃，更不宜采用蒸汽养护。

高铝水泥适用于军事工程、紧急抢修工程、抗硫酸盐侵蚀、严寒的冬季施工以及要求早强等特殊需要工程。由于该水泥的耐高温性能较好，所以其主要用途是配制耐热混凝土，以作窑炉内衬。另外，它也是配制膨胀水泥和自应力水泥的主要组分。高铝水泥后期强度倒缩，使用3～5年后，高铝水泥混凝土的强度只有早期强度的一半左右，一般不宜用作永久性的承重结构工程。高铝水泥不宜用于大体积混凝土工程，或采用含可溶性碱的骨料和水的项目。

五、快硬水泥

随着现代建筑工程的发展，在很多情况下需要采用快硬水泥，如军事抢修工程、快速施工工程、地下工程，隧道工程和高层建筑等。采用快硬高强度水泥，具有以下优点：

(1) 在混凝土标号相同时，用高标号水泥可以节约水泥用量20%～25%。

(2) 可以制得高强度预制件，因而可以缩小构件断面尺寸，减少材料用量，降低自重，相应降低工程造价。

(3) 由于水泥硬化快，可以免除蒸汽养护，缩短拆除模板时间，减少模板用量，缩短构件存放时间，减少厂房面积，降低成本。

(4) 采用快凝快硬水泥，可改使用锚喷工艺代替模板浇铸施工工艺，从而大幅度降低工程造价。

近年来，我国在快硬水泥方面已有较大的突破，已发展到超早强水泥(或称超速硬水泥)，可使水泥在5～20 min内硬化，硬化1 h抗压强度达10 MPa，1 d强度可达28 d强度的75%～90%，快硬特性甚至超过了高铝水泥。

目前应用较多的有硅酸盐快硬水泥、硫铝酸盐快硬水泥和氟铝酸盐快硬水泥。

1. 硅酸盐快硬水泥

凡以适当成分的生料，烧至熔融，得到以硅酸钙为主要成分的硅酸盐水泥熟料，并加入适量石膏，磨细制成具有早期强度增进率较高的水硬性胶凝材料，称为快硬硅酸盐水泥，简称快硬水泥。快硬水泥的品质指标与普通硅酸盐水泥略有差别，如细度要求为0.08 mm，方孔筛筛余小于10%；初凝时间不得早于45 min，终凝时间不得迟于10 h；三氯化硫含量指标不超过4%等。快硬硅酸盐水泥的标号以3d抗压强度表示，分别以325、375、425、三个标号，其强度指标见表4-7。

表 4-7 快硬水泥的强度指标

标号	抗压强度/MPa			抗折强度/MPa		
	1d	3d	28d	1d	2d	28d
325	15.0	32.5	52.5	3.5	5.0	7.2
375	17.0	37.5	57.5	4.0	6.0	7.6
425	19.0	42.5	62.5	4.5	6.4	8.0

快硬水泥中，C_3S 和 C_3A 的含量较高，C_3A 含量为 50%～60%，CC_3A 含量为 8%～14%，两者之和不少于 60%～65%。适量增加石膏含量是生产快硬水泥的重要措施之一，这可保证在本水泥石硬化之前形成足够的钙矾石，有利于水泥强度的发展，普通水泥中 SO_3 的含量一般在 1.5%～2.3%，而快硬水泥中的 SO_3 一般为 1.5%～3%。

由于快硬水泥的比表面积大，在储存和运输过程中容易风化，储存期不应超过一个月，应及时使用。快硬水泥的水化热拉高，早期干缩率较大，其不透水性和抗冻性往往优于普通水泥。

2. 硫铝酸盐型快硬水泥

将铝质原料(如矾土)、石灰质原料和石膏经适当配料后，煅烧成含有适量无水硫铝酸钙的熟料，再掺入适量石膏，共同磨细，即可制得硫铝酸盐型快硬水泥。美国研究膨胀水泥的学者格型宁(Crening)等，在 20 世纪 60 年代后期首先成功研制出硫铝酸盐型早强水泥。国内在 1972 年后，也陆续研制出硫铝酸盐型膨胀水泥、超早强水泥、快硬高强水泥、无收缩水泥、自应力水泥和喷射水泥等。

硫铝酸盐型快硬水泥凝结时间较快，初凝与终凝间隔时间较短，初凝时间一般在 8～60 min，终凝时间在 10～90 min，它的长期强度是稳定的，并且有所增强，该水泥在 5℃能正常硬化。由于不含 C3A 矿物，并且水泥石致密度高，所以抗硫酸盐性能良好。

硫铝酸盐型快硬水泥的主要水化产物钙矾石在 140℃～160℃的温度下会大量脱水分解，所以当温度达 150℃以上时，硫铝酸盐型快硬水泥的强度急剧下降，其在空气中收缩小，抗冻和抗渗性能良好。

3. 氟铝酸盐型快硬水泥

氟铝酸盐型快硬水泥主要原料包括：铝质原料、石灰质原料、萤石等，将原料进行适当配料后，烧制成以氟铝酸钙($C_{11}A_7CaF_2$)起主导作用的熟料，再与石膏共同磨细即可制成氟铝酸盐型快硬水泥。我国的双快(快凝、快硬)水泥和国外的超速硬水泥都属于这一类水泥。

氯铝酸盐型快硬水泥的主要矿物有阿利特、贝利特、氯铝酸钙和铁铝酸钙固溶体。氯铝酸盐型水泥的凝结很快，初凝时间一般仅需几分钟，初凝与终凝的时间间隔很短，终凝时间一般不超过 30 mim。因此，原氟铝酸盐型快硬水泥可制成铸造业用的型砂水泥(要求初凝时间要小于 5 min，终凝时间要小于 12 min)、锚喷用的喷射水泥(要求初凝时间小于

5 min，终凝时间小于 10 min)，将这两种水泥用在抢修工程时，可根据使用要求和气退条件，采用缓凝剂来调节凝结时间。

六、抗硫酸酸盐水泥

凡以适当成分的生料烧至部分熔融，得到的以硅酸钙为主的 C_3S 和 C_3A 含量的熟料，再加入适量石膏，磨细制成的具有一定抗硫酸盐侵蚀性能的水硬性胶凝材料，称为抗硫酸盐硅酸盐水泥，简称抗硫酸盐水泥。

水泥抗硫酸盐腐蚀的性能在很大程度上取决于水泥熟料的矿物组成，在硅酸盐水泥熟料矿物中，抗硫酸盐侵蚀最差的是 C_3A，这是硫酸盐与 C_3A 作用生成硫铝酸钙膨胀引起的。另外，C_3S 含量高，抗硫酸盐腐蚀性也差，导致这一问题有以下原因：

(1) C_3S 水化时析出大量的 $Ca(OH)_2$，这使铝酸盐以高碱性形态存在，也使硫铝酸钙在固相中形成，从而影响了抗腐蚀性。

(2) 当硫酸根浓度高，氢氧化钙将与硫酸盐作用，可产生除硫铝酸钙外的石膏型腐蚀。

(3) $Ca(OH)_2$ 会降低硫酸钙与硫铝酸盐的溶解度，使其易析出结晶，导致腐性作用增加。C_4AF 含量大幅提高，也会使水泥抗硫酸盐腐蚀的能力减弱，而提高 C_2S 含量，有助于抗硫酸盐腐蚀性能的提高。

因此，在抗硫酸盐水泥熟料料中，C_3S 和 C_3A 的含量要少一些，C_4AF 的含量也不宜太多，而 C_2S 的含量却要相对多一些。按国家标准 G748 的规定，C_3S 和 C_3A 的含量分别不应超过 50%和 5%，C3A + C4 AF 含量应小于 22%，MgO 的含量不得超过 5%，烧失量应小于 1.5%，游离 CaO 的含量小于 1.0%，水泥中 SO_3 含量小于 2.5%，水泥细度为 0.05 mm，方孔筛余应小于 10%，比表面积不得小于 2400 cm^2/g。用氧化锶代替硅酸盐水泥中的一部分或全部氧化钙，可以提高它的抗硫酸盐侵蚀性能，锶水泥的耐蚀性较钡水泥差些，但比普通钙水泥好得多。

抗硫酸盐水泥适用于一般受硫酸盐侵蚀的海港，如水利、地下、引水、道路和桥梁基础等工程。

七、膨胀水泥

膨胀水泥是指在水化过程中，由于生成膨胀性水化产物，使水泥在硬化后体积不收缩或微膨胀的水泥。其由强度组分和膨胀组分组成。

制造膨胀水泥的方法主要有三种：

(1) 在水泥中掺入一定量的、在特定温度下煅烧制得的氧化钙(生石灰)，氧化钙水化时会产生体积膨胀。

(2) 在水泥中掺入一定量的、在特定温度下煅烧制得的氧化镁(菱苦土)，氧化镁水化时产生体积膨胀。

(3) 在水泥石中形成钙矾石(高硫型水化硫铝酸钙)，产生体积膨胀。

由于氧化物和氧化镁的煅烧温度、水化环境温度、颗粒大小等对由其配制的膨胀水泥的膨胀速度和膨胀量均有较大的影响，因而膨胀性能不够稳定，较难控制，故在实际生产中较少应用。实际得到应用的是以钙矾石为膨胀组分的各种膨胀水泥。为了形成稳定的钙矾石，液相中必须有相应浓度的 Ca^{2+}、Al^{3+}、SO_4^{2-} 离子。这些离子的来源不同，可形成不同种类的膨胀水泥，Ca^{2+} 离子一般来源于硅酸盐水泥，也可来自高铝水泥或生石灰；铝离子来源于铝酸钙或水化铝酸钙(如 C4AH3)；硫酸根离子来源于石膏，也来源于明矾石等。

膨胀水泥按其主要组成(强度组分)分为硅酸盐型膨胀水泥、铝酸盐型膨胀水泥和硫酸盐型膨胀水泥。膨胀值大的又称自应力水泥。

膨胀型水泥常用于水泥混凝土路面、机场路面或桥梁修补混凝土，也可用于防止渗漏、修补裂缝及管道接头等。

八、装饰水泥

装饰水泥指白色水泥和彩色水泥，常用于装饰建筑物的表面，施工简单，造型方便，容易维修，价格便宜。硅酸盐水泥的颜色主要由氧化铁引起。当 Fe_2O_3 含量在 3%～4%时，熟料呈暗灰色；含量在 0.45%～0.7%时，呈淡绿色；而含量降低到 0.35%～0.40%时，颜色接近白色。因此，白色硅酸盐水泥(简称白水泥)的生产主要是降低 Fe_2O_3 含量。此外，氧化锰、氧化钴也对白水泥的白度有显著影响，故其含量也应尽量减少，石灰质原料应选用纯的石灰或方解石，黏土可选用高岭土或变石，生料的制备和熟料的粉磨均应在没有铁污染的条件下进行。其磨机的衬板一般采用花岗岩、购瓷或耐磨钢割成，并采用硅质卵石或陶瓷研磨体。燃料最好用无灰分的天然气或重油，若用煤粉，其煤灰含量要求低于 10%且煤灰中的 Fe_2O_3 含量要低。由于生料中的 Fe_2O_3 含量少，故要求较高的燃烧湿度(1500～1600℃)。为降低煅烧温度，常掺入少量萤石(0.25%～1.0%)作为矿化剂。白色水泥的白度是以白水泥与 MgO 标准白板的反射率的比值来表示。为提高熟料的白度，煅烧时宜采用弱还原气氛，使 Fe_2O_3 还原成颜色较浅的 FeO。另外，采用漂白措施就是将刚出窑的熟料喷水冷却，使熟料从 1250～1300℃急冷至 500～600℃。为保证白度，在粉磨时加入的石膏白度应比白水泥高，同时水泥粉磨得细，白度也会提高。

白水泥的标号分为 625、525、425 和 325 四个，白度分为四个等级，如表 4-8 所示。

表 4-8　白水泥白度分级

等级	特级	一级	二级	三级
白度/%	≥86	≥84	≥80	≥75

用白色水泥熟料、石育以及颜料共同磨细，可制得彩色水泥。所用颜料要求对光和大气具有耐久性，既能耐腐蚀又能不破坏水泥性能。常用的彩色颜料有 Fe_2O_3(红、黄、褐红)、MnO_2(褐、黑)、Cr_2O_3(绿)、钴蓝(蓝)、群青蓝(靛蓝)、孔雀蓝(海蓝)、炭黑(黑)等，但制造红、褐、黑等较深颜色的彩色水泥时，也可用一般硅酸盐水泥熟料来磨制。

在白水泥生料中加入少量金属氧化物着色剂直接烧成彩色熟料，也可制得彩色水泥。例如，Cr_2O_3 可得绿色水泥；加 CoO 在还原火焰中可得浅蓝色水泥，在氧化焰中可得玫瑰色水泥；加 Mn_2O_3 在还原火焰中烧得淡黄色水泥；在氧化焰中可得浅紫色水泥。颜色的深浅随着色剂的掺加量而变化。

4.5 国内外杰出人物

Material Science

➢ 郭景坤

郭景坤，我国著名的无机化学家与材料学家，高温结构陶瓷材料研究领域的开拓者和学术带头人之一。郭景坤院士 1985 年毕业于复旦大学化学系，现为中国科学院上海硅酸盐研究所学术委员会主任，研究员。曾任中国科学院上海硅酸盐研究所所长、高性能陶瓷和超微结构国家重点实验室主任、国家“863”计划新材料领域专家委员会委员等。1984 年他被国家人事部授予“中青年有突出贡献专家”称号，1990 年获国务院政府特殊津贴，1991 年当选为中国科学院院士，1997 年当选为发展中国家科学院院士，1999 年当选为亚洲与太平洋材料科学院院士，2001 年受聘于景德镇陶瓷学院学术委员会主任、首席教授。他的研究小组率先在国内进行纳米陶瓷的研究。他们研制出晶粒尺寸为 130nm 的四方相氧化锆陶瓷，在中温的拉伸试验中有 400%的变形量，在研究过程中还发现氧化锆陶瓷在它熔点的一半左右的温度下表现出明显的超塑性行为。

➢ 姚熹

姚熹，1935 年 9 月出生，江苏武进人。姚熹教授 1957 年毕业于上海交通大学电机工程系。1979 年年底以访问学者的身份赴美国宾州州立大学材料研究所进修，1982 年获美国宾州州立大学固态科学博士学位，是该校自 1959 年设立固态科学学位以来用最短时间取得博士学位者，亦是改革开放后第一位在美国取得博士学位的中国学者。他的博士论文《铌酸锂双晶与多晶陶瓷的介电、压电性质研究》被评为当年美国宾州州立大学(材料学)最佳博士学位论文。1983 年学成，同年回国担任西安交通大学副教授。1984 年，姚熹教授获原高等教育部和国务院学位委员会特批，晋升为教授、博士生导师——我国电子材料与元器件专业第一位博士生导师。1985 年开始筹建电子材料研究实验室，该室于 1988 年被国家教委和国家计委批准为国家专业实验室，并被选定为全国重点学科发展计划的七个试点实验室之一，姚熹担任实验室主任。1991 年当选为中国科学院技术科学部学部委员（1993 年起改称为院士）。

➢ 徐德龙

徐德龙院士是我国在硅酸盐工程领域的学术和技术带头人，在水泥悬浮预热预分解技术、粉体工程等方面取得多项重大成果，对以悬浮预热预分解技术为核心的新型水泥干法生产工艺进行了系统的理论研究，提出了许多重要而新颖的观点、概念、见解和建设性意见。徐院士开发了三个系列的 X·L 型技术，使国外引进的三种立筒预热器窑产量翻番，节能 30%以上，水泥熟料质量显著提高，并利用该系列技术改造了 120 多条生产线，创造了巨大的经济效益。他还创造性地提出了高固气比悬浮换热和反应理论，利用原创性的高固气比预热预分解技术建成 10 余条生产线，主要指标创同类型窑国际领先水平。徐院士主持设计了全世界最大的冶金工业渣水泥生产线，在 20 多家钢铁企业推广应用，各项指标居国际先进水平，实现了工业废渣的资源化。此外，徐院士在悬浮态煤干馏制油、超细粉体制备、非磁性铁矿悬浮态磁化焙烧和循环经济等方面有突破性进展。

1. 结合实例说明无机非金属材料在国民经济中的地位和作用。
2. 什么叫陶瓷？陶瓷的制备包括哪些工序？
3. 碳化硅、氮化硅及塞隆陶瓷在组成、结构和性能方面各有什么特点？
4. 玻璃原料的种类有哪些？
5. 哪些功能玻璃让你印象最为深刻？
6. 什么是水泥？它是怎么分类的？
7. 简述高铝水泥化学组成、矿物组成、性能方面的特点。

第 5 章

高 分 子 材 料

5.1　高分子的制备反应和分类

5.1.1　高分子的制备反应

高分子就是分子量特别大的物质。常见的分子，我们称其为“小分子”，一般由几个或几十个原子组成，分子量也在几十到几百之间。如水分子的分子量为 18，二氧化硫的分子量是 44。高分子则不同，它的分子量至少要大于 1 万。高分子物质的分子一般由几千、几万甚至几十万个原子组成，其分子量也就是以几万、几十万甚至以亿来计算。高分子的“高”就是指它的分子量高。

通常将生成高分子的低分子原料称为单体。高分子物质有个共同的结构特性，即都是由简单的结构单元以重复的方式连接而成。这种结构单元被称为链节。结构重复单元的数目叫聚合度，常用符号 DP(Degree of Polymerization)表示。高分子是链式结构，构成高分子的骨架结构以化学键结合的原子集合，叫主链。于是，连接在主链原子上的原子或原子集合，被称为支链。较小的支链，称为侧基；较大的支链，称为侧链。

一、链式聚合反应

对小分子中含有两个或两个以上可反应基团的化合物，或具有不饱和键的烯烃类化合物，可以通过聚合的方法使小分子单体一个个地连接在一起，形成具有高分子量和性能优良的聚合物。

烯类单体是一类在分子中含有不饱和双键的化合物。最简单的烯类化合物是乙烯，其他的烯烃化合物都可以看成乙烯分子中的 1 个或 2 个氢原子被其他元素或基团所取代后生成的衍生物。例如，氯乙烯、苯乙烯就是乙烯分子中的一个氢原子被氯原子和苯基取代后形成的。这类烯烃化合物在一种特殊的化合物的作用下，就能发生聚合反应，这种特殊的化合物称为引发剂。

引发剂是一种非常不稳定的小分子化合物，在它们的分子中含有在较低的温度下就会离解的共价键。它们在受热分解时，或是生成两个自由基，或是生成一个阳离子和一个阴离子。

引发剂受热，均裂过程如下：

均裂生成自由基 R·⁝·R→2R·

引发剂受热异裂过程如下：

异裂生成离子 $A⁝:B \rightarrow A^{+} + :B^{-}$

生成的自由基或离子都是非常活泼的，能在较低的温度下同烯类单体反应，使它们把双键打开，进行聚合反应，所以称它们为引发剂。我们把用自由基引发的聚合反应称为自由基聚合，用阳离子或阴离子引发的聚合反应分别称为阳离子聚合反应或阴离子聚合反应，两者又可统称为离子聚合，这三种方法虽然各有特色，但都属于加成聚合、分子引发聚合。有的单体，如苯乙烯在这三种不同类型的引发剂作用下都能聚合，但得到的产品性能却有相当大的差别。

在加成聚合中，最重要的反应是自由基聚合反应。在工业上，有 60%以上的聚合物是用这种方法制备的。

1. 自由基聚合反应

用于自由基聚合反应的引发剂是一些分子中含有过氧键或偶氮键的小分子化合物。这些共价键的键能很低，能在较低的温度下(如 60～100℃)发生均裂，产生两个带有单电子的基团，称为自由基。

自由基是非常不稳定的，它们能很快地同体系中的烯烃分子发生作用，使 π 键打开生成一个单体自由基。这种使 π 键打开的方式有点类似于接力赛跑时接力棒的传递，所需的能量非常低，所以一旦体系中有一个引发剂自由基存在，它们马上就会同单体反应，生成单体自由基，使单体分子一个个地加成上去。自由基变得越来越长，直到最后遇到另一个自由基，相互合并在一起，变成一个稳定的大分子为止，这种终止形式称为偶合终止。如果两个自由基间有氢原子的交换，最后生成两个聚合物分子，则称为歧化终止。整个加成聚合过程包括链引发、链增长和链终止三个阶段。其聚合过程如图 5-1 所示。

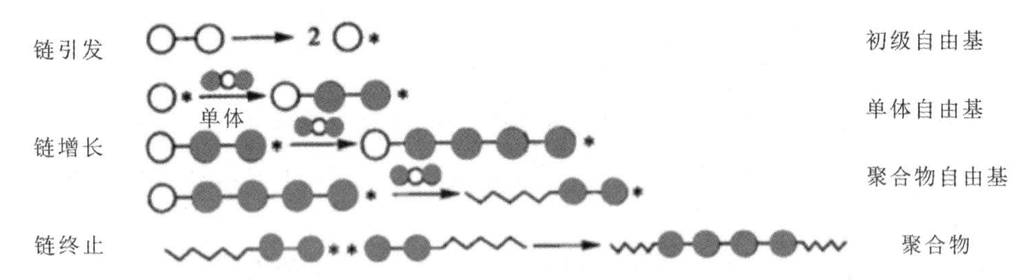

图 5-1　自由基聚合反应示意图

常用的引发剂有偶氮化合物、偶氮二异丁腈(AIBN)、过氧化苯甲酰(BPO)或过氧化氢(H_2O_2)，它们都能在较低的温度下分解，生成相应的自由基。

显然，引发剂的作用就像爆竹的引线一样，一旦引线被点燃，爆竹就会在瞬间爆炸。而在烯烃的聚合反应中，只要引发剂一分解产生自由基，加成聚合反应也会在瞬间进行，生成一个聚合物分子。自由基源源不断地产生，体系中生成的聚合物分子也越来越多，最后，大部分单体都变成了聚合物。加聚反应具有连锁反应的特点，所以我们又把它称为连锁聚合。在加成聚合中，聚合物生成的多少和快慢与引发剂的用量和分解速度有密切关系。

在整个聚合体系中，加入的引发剂的量是很少的，它们的浓度仅是单体浓度的千分之一或万分之一，由于聚合物的相对分子量很大，引发剂在整个聚合物分子中所占的比例是很少的，对聚合物的性质影响也很小，所以我们在书写聚合物的结构式时，都不必写出引发剂的结构。

2. 其他加成聚合反应

如果引发剂分解后产生的是具有活性的阳离子(H^+)或阴离子(R^-)，并用它们去引发单体聚合，形成相应的碳正离子(C^+)或碳负离子(C^-)，这类加聚反应分别称为阳离子聚合或阴离子聚合。由于离子的活性比自由基更高，因此，离子聚合通常是在室温或低于室温的温度下进行。阳离子聚合反应和阴离子聚合反应的过程如图 5-2 所示。

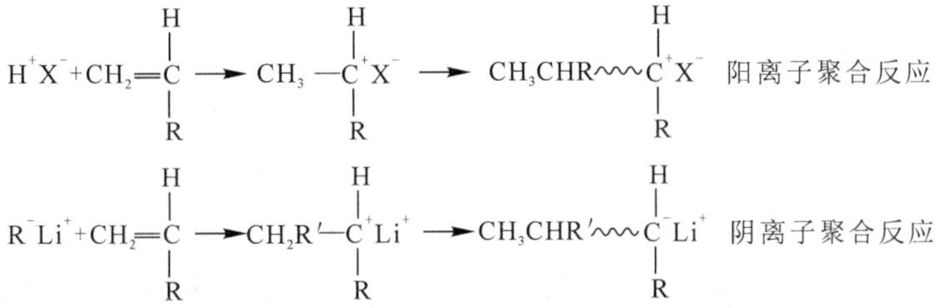

$$H^+X^- + CH_2{=}\underset{R}{\overset{H}{C}} \longrightarrow CH_3-\underset{R}{\overset{H}{C^+}}X^- \longrightarrow CH_3CHR\sim\sim\underset{R}{\overset{H}{C^+}}X^- \quad \text{阳离子聚合反应}$$

$$R^-Li^+ + CH_2{=}\underset{R}{\overset{H}{C}} \longrightarrow CH_2R'-\underset{R}{\overset{H}{C^-}}Li^+ \longrightarrow CH_3CHR'\sim\sim\underset{R}{\overset{H}{C^-}}Li^+ \quad \text{阴离子聚合反应}$$

图 5-2　阳离子聚合反应和阴离子聚合反应示意图

阴离子聚合是一种很有特色的聚合方法，用阴离子聚合的方法能够制备相对分子量非常均一的聚合物，称为窄相对分子量分布的聚合物，是一类性能优良的高分子。

阴离子聚合又称为活性聚合。这类聚合反应形成的长链阴离子活性中心都是不会“死”的，因为两个阴离子相遇时，只会互相排斥，不可能结合在一起；即使当体系中的全部单体都消耗完，只要不外加终止剂，所形成的高分子链始终是“活”的，具有很高的反应活性。如果向体系中再加进去一些单体，这些单体会在高分子链的末端继续生长。如果新加入的单体性质不同，那么就能得到在同一根分子链上含有两种或多种单体成分的嵌段共聚物，其结构如图 5-3 所示。这样形成的聚合物会同时具有这两种单体形成的聚合物的性质，用阴离子聚合的方法可以制成二嵌段、三嵌段和具有星型结构的聚合物，它们为聚合物家庭增添了许多性能优异的新品种。例如，一种非常著名的热塑性弹性体 SBS，就是由苯乙烯(S)同丁二烯(B)通过阴离子聚合的方法制备而成的。聚苯乙烯是一种十分脆而硬的聚合物，而聚丁二烯是一种富有弹性的橡胶，把它们聚合在一起可以做成一种具有很好弹性和强度的橡胶。这种橡胶不用硫化，可以像塑料一样用普通的塑料加工机械进行加工，大大提高了生产效率。

A～～A + nB　A～～～ABBBBB　二嵌段共聚物

SSSSSSB～～～BSSSSSS　三嵌段共聚物

图 5-3　用阴离子聚合制成的嵌段共聚物

还有一种由齐格勒—纳塔(Ziegler-Natta)发明的配位聚合也可以归入加成聚合的范畴。这种聚合过程的引发剂是由过渡金属的卤代物同金属有机化合物组成，如 $TiCl_3$(三氯化钛)、

$AI(C_2H_5)_3$(三乙基铝)或 $Al(C_2H_5C_1)_2Cl$(氯二乙基铝)等。它们能使单体分子按照一定的规律进行聚合，所以又称为“定向聚合”。得到的聚合物分子的空间排列非常规整，性能十分优异。常见的制备一次性杯子的原料聚丙烯就只能用这种方法聚合，得到具有全同立构的聚合物。用类似的引发剂可以在低温低压下制备具有线性结构的聚乙烯和性能优异的顺丁橡胶。

二、逐步聚合反应

在有机化学中，酸同醇反应会生成酯，酸同胺反应会生成酰胺等，反应过程中会脱去一个分子的水，因此是一类缩合反应，反应过程如图 5-4 所示。

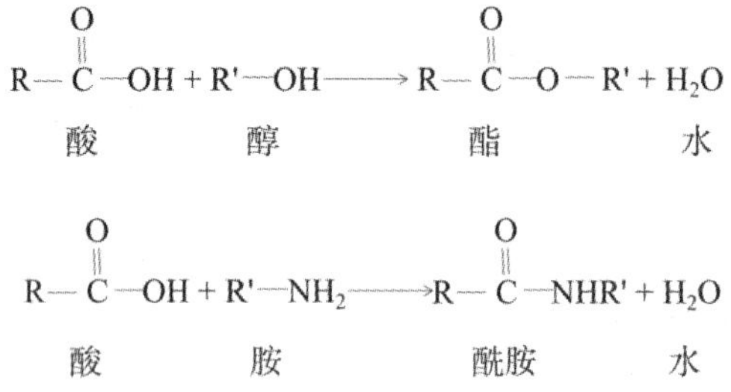

$$\underset{\text{酸}}{R-\overset{\overset{\large O}{\|}}{C}-OH} + \underset{\text{醇}}{R'-OH} \longrightarrow \underset{\text{酯}}{R-\overset{\overset{\large O}{\|}}{C}-O-R'} + \underset{\text{水}}{H_2O}$$

$$\underset{\text{酸}}{R-\overset{\overset{\large O}{\|}}{C}-OH} + \underset{\text{胺}}{R'-NH_2} \longrightarrow \underset{\text{酰胺}}{R-\overset{\overset{\large O}{\|}}{C}-NHR'} + \underset{\text{水}}{H_2O}$$

图 5-4　一类缩合反应示意图

如果用 1 个含有 2 个羧酸基的二元酸分子同 1 个含有 2 个羟基的二元醇分子或含有 2 个氨基的二元胺分子进行反应，情况又会变得怎么样呢？很显然，反应得到的化合物两端分别含有一个未反应的羧基和羟基(或氨基)。它们还能同其他的羟基(或氨基)及羧基进一步反应，使分子量不断增加，最后形成相对分子量很高的聚合物。

缩聚反应的单体自身含有两个可以反应的基团。在反应过程中，反应的单体都是反应的活性中心，它们在反应的每一时刻都同对应的基团进行反应。先生成二聚体，二聚体再反应成三聚体或四聚体，以此类推，分子量逐步增加。所以，缩聚反应也被称为“逐步聚合反应”。为了使反应进行得快些，在缩聚反应中常加入少量催化剂，例如，聚酯合成常用的催化剂是无机酸如硫酸等。

要通过缩聚反应生成分子量高的聚合物并不是一件容易的事，除了单体本身的反应活性外，还必须对单体的纯度和配比有严格的要求。可以想象，如果在聚酯的合成中，每 100 个单体分子中混入一个可反应的单官能团杂质(如乙酸或乙醇)，最后得到聚酯的平均聚合度不可能高于 100；同样，如果其中一种单体过量 1%，得到的聚酯的平均聚合度也不会高于 100。在聚合体中加入极微量的单官能团体或让其中一个单体稍稍过量是缩聚反应控制聚合物相对分子量最常用的方法。缩聚反应分子量控制如图 5-5 所示。

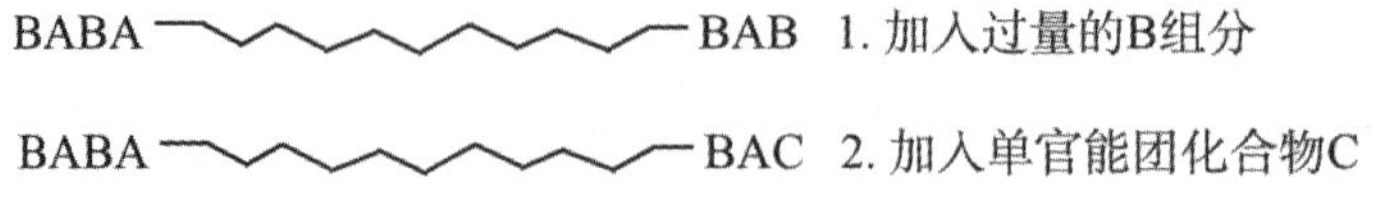

BABA〰〰〰〰BAB　1. 加入过量的B组分

BABA〰〰〰〰BAC　2. 加入单官能团化合物C

图 5-5　缩聚反应分子量控制示意图

此外，缩聚反应是可逆反应，如果不把反应过程中生成的小分子化合物从聚合体系中除去，也不可能获得相对分子量很高的聚合物。在合成聚酯的反应中，如果要得到聚合度大于 100 的缩聚物，要求水分的残余量低于 4×10^{-4} mo1 • L^{-1}(7 mg • L^{-1})，不难想象，要把那么微量的水从聚合体系中除去，不是一件容易的事情；特别是当反应进行到一定程度，体系的黏度会变得很大。因此，反应须在高温和高真空的条件下进行，才能将体系中的这些残留的水分脱除。

如果在上述反应体系中加入一定量的三官能团或多官能团单体，最后形成的聚合物就不是线型分子了，而会形成体型的交联结构，这种交联的聚合物既不能被溶剂所溶解，也不能加热熔融。许多热固性树脂、油漆和黏胶剂就是利用这一原理制备的。体型缩聚反应如图 5-6 所示。

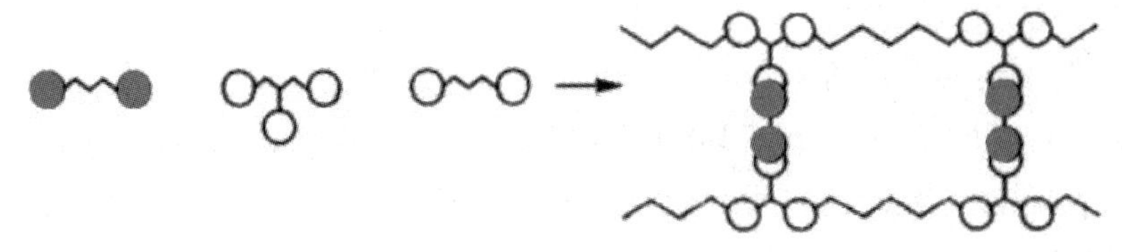

图 5-6　体型缩聚反应示意图

三、高分子的侧基/端基反应

高分子的侧基/端基反应一般指高分子的侧基或端基具有反应性基团，如苯环、酰胺、酯、环氧基、羟基等。利用高分子的化学反应改性天然高分子的方法已被广泛使用。人们利用纤维素的化学反应制造了赛璐珞和人造丝等有特色的高分子材料。改性的淀粉也是如此。用这种方法制备的高分子材料，原料来源广泛，间接利用太阳能，资源不会枯竭。

很多合成的高分子，也可以通过适当的化学反应将聚合物分子链上的基团转化为其他基团或在分子链上引入新的基团。这种方法常用来对聚合物进行改性。以聚乙烯的氯化为例，其分子链侧基的氢原子被氯部分取代，得到氯化聚乙烯。氯化聚乙烯可用于涂料。除聚乙烯外，聚丙烯、聚氯乙烯等饱和聚合物都可以氯化。

聚苯乙烯的功能化是分子链引入新基团的另一重要应用。聚苯乙烯的芳环上易发生各种取代反应(如硝化、碳化、氯磺化等)，可被用来合成功能高分子、离子交换树脂以及引入交联点或接枝点等。

聚合物侧基/端基反应还可以用来扩大聚合度，合成嵌段、接枝共聚物，当然也可能引起高分子的降解。

四、高分子的共混

两种或两种以上聚合物通过物理或化学的方法共同混合而形成的宏观上的均匀、连续的高分子材料，我们称之为高分子的共混。高分子共混是获得综合性能优异的高分子材料卓有成效的途径。聚合物共混可以利用组分中聚合物的性能，取长补短。一种材料总是具有一定的优点和不足，特别是在使用方面。比如最常用的聚丙烯，它的密度小，透明性好，拉伸强度、压缩强度和硬度都优于聚乙烯，但是其冲击强度、耐应力开裂柔顺性不如聚乙烯，可以将聚乙烯和聚丙烯共混，共混物能够同时保持二者的优点。将流动性好的高聚物作为改性剂进行共混，还可以降低共混体材料的加工成型温度，改善加工性能，降低成本。聚合物共混的方法大体有物理共混法、共聚共混法、互穿网络共聚物(IPN)技术等。

1. 物理共混法

物理共混法也称为机械共混法，是通过各种混合机械提供的机械能或热能的作用，使被混物料的粒子不断减少并且相互分散，最终形成均匀的混合物的方法。在混合和混炼的过程中通常仅有物理变化，但有时候由于强烈的机械剪切以及热效应会发生部分高聚物的降解，产生大分子自由基，从而形成少量的接枝或嵌段共聚物，但这些化学反应不成为这一过程的主体。大多数聚合物共混物都可以采用物理共混法，如果按照物料的形态，物理共混法又可分为干粉共混、熔体共混、溶液共混和乳液共混。

(1) 干粉共混法。干粉共混法是指两种或两种以上外观形态为细粉状的聚合物在混合设备中混合，制备成共混物的方法。干粉混合过程可以加入各种助剂，干粉混合物料可直接成型或经挤出造粒后再成型。但是由于干粉共混混合效果不好，一般不单独使用，而是作为熔体共混的初混。对于难熔融、难溶解的聚合物干粉共混法有一定的价值

(2) 熔体共混法。熔体共混法也称为“熔融共混法”，是指在聚合的各个组分的粘流温度以上进行分散、混合的方法。熔体共混法制得的混合物可以直接成型，也可以经过造粒冷却形成粒状共混物。熔体共混法是一种常用的高聚物共混法，它与干粉共混法操作配合可以得到比较满意的共混物料。

(3) 溶液共混法。溶液共混是将聚合物原料各个组分别用溶剂溶解，搅拌均匀，然后加热除去溶剂或加入沉淀剂沉淀，制得共混物的方法。这种方法适合于易溶的高聚物和某些液态高聚物或共聚物以溶液状态使用的情况。

(4) 乳液共混法。这是一种适合聚合物乳液共混或共混物以乳液的形式应用的一种方法，即将不同的聚合物乳液一起搅拌混合均匀，加入凝聚剂使异种聚合物共沉析形成聚合物共混体系。这种方法可以与共聚—共混法联用。

2. 共聚—共混法

共聚—共混法是一种利用化学反应制备共混物的方法。它可以分为接枝共聚—共混法、嵌段共聚—共混法，主要以接枝共聚共混方法为主。

接枝共聚—共混物包括三种组分：聚合物Ⅰ、聚合物Ⅱ、接枝共聚物(在聚合物Ⅰ骨架上接枝上聚合物Ⅱ)。它的制备方法是将聚合物Ⅰ溶于聚合物Ⅱ的单体中，形成均匀溶液后再依靠引发剂或加热引发，发生接枝反应，同时单体发生共聚反应。这种方法的最大特点是由于接枝物的存在，增加了聚合物间的相容性，组分相之间的作用力增强了，因此其性能大大优于机械共混物，其应用比较广泛。

3. 互穿网络共聚物(IPN)技术

互穿网络共聚物(IPN)技术是指用化学法将两种或两种以上的聚合物相互穿成交织网

络的方法。它可以分为分步型（两个聚合物网络分别形成）和同步型(两个聚合物网络先后形成)两种。

分步 IPN 的制备方法是：首先制备一个交联聚合物网络(聚合物Ⅰ)，将它在含有活化剂和交联剂的单体Ⅱ中溶胀，单体Ⅱ就地聚合(原位聚合)并交联，因此聚合物Ⅱ的交联网络与聚合物Ⅰ交联网络相互贯穿，实现了聚合物的共混。

同步 IPN 的制备方法比较简便，它是将单体Ⅰ和单体Ⅱ同时加入反应器中进行聚合反应并交联，形成互穿网络。但要求两个聚合反应无相互干扰。

5.1.2　高分子材料的分类

高分子材料是以高分子为基础的一类材料。高分子有两个特征，一是由小分子单元(称作单体)相互连接而成；二是相对分子质量非常高，可以高达数千万。单体相互连接的过程称作聚合。虽然能够进行聚合的单体种类非常多，但单体所涉及的元素却非常有限，主要是碳、氢、氧、氮、硫等，也有一些高分子含有氯、氟、硅、磷、硼等元素。这些元素无穷地排列组合构成了高分子材料的庞大家族，成为与金属、陶瓷材料鼎足而三的一类材料。

可以从不同专业角度，对高分子材料进行多种分类，例如按来源、合成方法、用途、热行为、结构等来分类。按来源，可分为天然高分子、合成高分子、改性高分子；按用途，可粗分为合成树脂和塑料、合成橡胶、合成纤维等；按热行为，可分为热塑性聚合物和热固性聚合物；按聚集态，可以分为橡胶态、玻璃态、部分结晶态等。但从有机化学和高分子化学角度考虑，则按主链结构将聚合物分为碳链聚合物、杂链聚合物和元素有机(半有机高分子)聚合物三大类；在此基础上，再进一步细分，如聚烯烃、聚酰胺等。

(1) 碳链聚合物。碳链聚合物的大分子主链完全由碳原子组成。绝大部分烯类和二烯类的加成聚合物属于这一类，如聚乙烯、聚氯乙烯、聚丁二烯、聚异戊二烯等。

(2) 杂链聚合物。杂链聚合物的大分子主链中除了碳原子外，还有氧、氮、硫等杂原子，如聚醚、聚酯、聚酰胺等缩聚物和杂环开环聚合物，天然高分子多属于这一类。这类聚合物都有特征基团，如醚键(—O—)、酯键(—OCO—)、酰胺键(—NHCO)等。

(3) 元素有机聚合物(半有机高分子)。元素有机聚合物的大分子主链中没有碳原子，主要由硅、硼、铝和氧、氮、硫、磷等原子组成，但侧基多半是有机基团，如甲基、乙基、乙烯基、苯基等。聚硅氧烷(有机硅橡胶)是典型的例子。

如果主链和侧基均无碳原子，则成为无机高分子，如硅酸盐类。

5.2　高分子材料的结构及性能

5.2.1　高分子材料的结构

合成高分子材料从问世至今也还不到一个世纪，然而，在这短短的几十年中，合成高分子材料的发展速度却远远超过其他传统材料。在过去40年里，美国塑料生产产量猛增了100倍，而在同一时期钢铁生产却几乎是负增长。如按体积计算，全世界塑料的产量在20世纪90年代初已超过钢铁，说明高分子材料在世界经济发展中的作用已变得越来越重要。

高分子材料的生产获得如此迅速发展的一个重要原因就是这种材料本身具有十分优良的性能。它不像金属材料那样重，却像金属一样坚固；它不像玻璃和陶瓷那样脆，却具有和它们一样透明和耐腐蚀的特点。高分子材料的加工不像金属和陶瓷那样需要几千度的高温，也不需要很多的手工劳动，因此，其加工方便，自动化程度高。例如，在汽车工业中，到1990年，塑料在每辆车中所占的重量已达10.3%，使小轿车的重量减轻了1/3以上。在机械和纺织行业，由于采用了塑料轴承和塑料轮来代替相应的金属零件，车床和织布机运转时的噪声大大降低，改善了工人的劳动条件。用塑料同玻璃纤维制成的复合材料——玻璃钢，有很好的力学强度，被用来代替钢铁制备船舶的螺旋桨和汽车的车架、车身等。在建材行业中，塑钢门窗的使用不仅美观、密封性好，而且节省了大量的木材资源。高分子材料的这些优异性能是其内部结构的具体反映。认识高分子材料的结构，掌握高分子结构与性能的关系，可以帮助我们正确选择、合理使用高分子材料，也可以为新材料的制备提供可靠的依据。

高分子材料由许许多多高分子链聚集而成，因而其结构也可从两方面加以考察，即单个分子的链结构和许多高分子链聚在一起的凝聚态结构。

一、单体的组成和结构

高分子是由单体聚合而成的，单体的组成不同，得到的聚合物性质也不同。例如，聚乙烯是较软的塑料，透明度较差；聚苯乙烯是一种很脆、很硬的塑料，透明度很高；而尼龙则是一种韧性很好、很耐磨的塑料。三者的组成不同，性能也完全不同。聚乙烯软是因为每个碳原子上连接的两个氢原子都很小，碳链可以自由地转动；而当氢原子换成体积硕大的苯环以后，苯环会妨碍碳链的自由旋转，形成的聚合物就很脆；而尼龙的分子中含有极性很强的胺基和羰基，可以形成分子内和分子间的氢键，使整个聚合物在很大的冲击力作用下也不会破损，韧性很好。因此，尼龙树脂是重要的工程塑料。

所以，只要我们把单体的结构改变一下，就能得到性能各异的聚合物，这也是许多高分子化学家每天在做的工作。如把合成尼龙的单体己二胺和己二酸分别换成相应的芳香类单体对苯二胺和对苯二甲酸，最后得到的产品芳香族聚酰胺有很好的强度和耐高温的性能，它们可以在200℃以上的高温下长期使用，是制备航天飞行器部件的重要材料。

除了单体组成以外，单体的排列方式也会影响聚合物的性能。例如，氯乙烯在聚合时，两个单体可能存在头头和头尾两种不同的连接方式。尽管在聚合物中头尾相连的结构总是占主导地位，但是少量头头相连结构的存在，会使聚合物的性能变差，如图5-7所示。

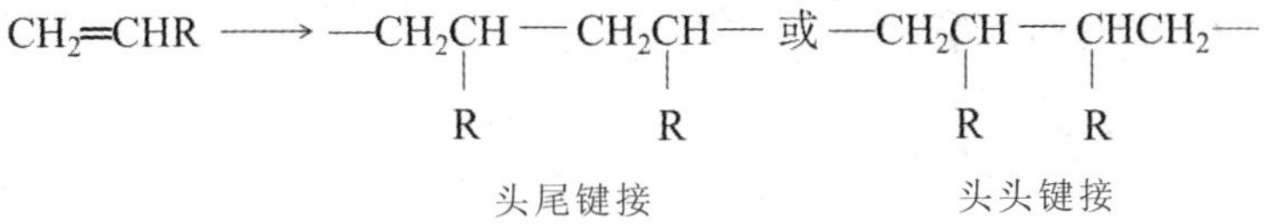

$$CH_2{=}CHR \longrightarrow \text{—}CH_2\underset{\displaystyle R}{\underset{|}{C}}H\text{—}CH_2\underset{\displaystyle R}{\underset{|}{C}}H\text{—} \quad 或 \quad \text{—}CH_2\underset{\displaystyle R}{\underset{|}{C}}H\text{—}\underset{\displaystyle R}{\underset{|}{C}}HCH_2\text{—}$$

头尾键接　　　　头头键接

图 5-7　氯乙烯的聚合

单体分子的排列方式不同，还会产生几何异构和立体异构。

几何异构存在于双烯类单体形成的聚合物中，双烯类高分子主链上存在双键。由于取代基不能绕双键旋转，因而内双键上的基团因在双键两侧排列的方式不同而有顺式构型和反式构型之分，称为几何异构体。当两个相同的基团处于同一边时为顺式异构，反之为反式异构。顺式结构的聚合物和反式结构的聚合物性质上有很大的差异，典型的例子是聚异戊二烯。具有顺式结构的聚异戊二烯是弹性很好的天然橡胶，而具有反式结构的聚异戊二烯称为“杜仲胶”(国外称“古塔波胶”)，却是性能很脆的塑料，如图 5-8 所示。这是因为后者的分子排列比较规整，会形成结晶，就不再有弹性。不过近年发现，在天然橡胶中混入少量杜仲胶后对提高橡胶的机械性能有利。

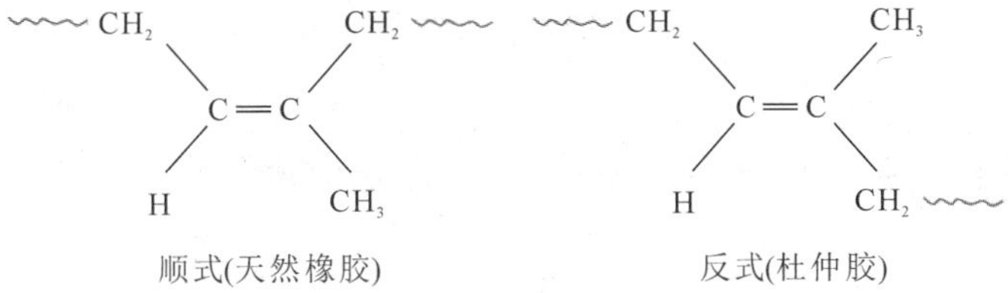

~~ CH_2 CH_2 ~~~ $C{=}C$ H CH_3	~~~ CH_2 CH_3 $C{=}C$ H CH_2 ~~~
顺式(天然橡胶)	反式(杜仲胶)

图 5-8　天然橡胶的几何异构

立体异构是由于在结构单元上取代基的空间位置不同而形成的异构现象。以聚丙烯为例，丙烯的分子上带有一个甲基，这个甲基可以位于主链所形成的平面的上方或下方。如果甲基在空间的排列是任意的，没有一定的规律，得到的聚丙烯是无规立构的，这种无规立构的聚丙烯虽然相对分子量很大，但它的外观和性能却同石蜡相似，强度很差，不能作为材料使用，只能做颜料的发散剂。只有当甲基在空间的排列非常有规律时，得到的聚丙烯才会有很好的强度。我们平时使用的聚丙烯树脂都是由立体规整的分子组成的。立体规整分子所占的比例越高，聚合物的性能就越好，这种空间有序的排列可能是全同立构，也可能是间同立构。在全同立构的聚丙烯中，所有的甲基都处在碳链组成的平面上方；在间同立构的聚丙烯中，甲基交替地位于平面的上方和下方(如图 5-9 所示)，全同和间同立构的聚丙烯分子结构规整，能够结晶，因而有很高的机械强度。

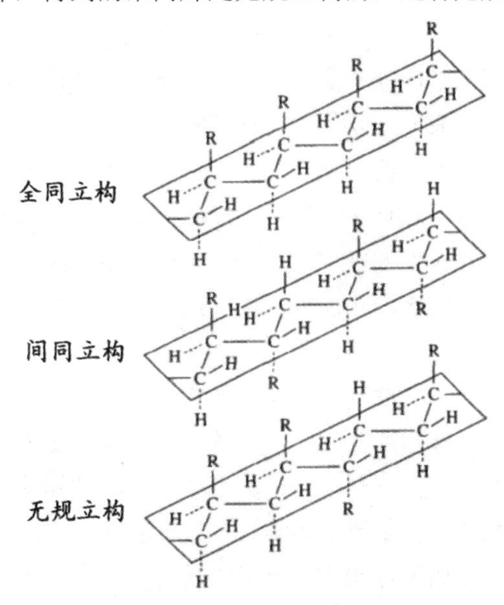

图 5-9　单烯类高分子的立体异构

用 Ziegler-Natta 催化剂进行自由基定向聚

合，可以制备具有规整结构的聚合物。

二、高分子链的大小和形状

高分子链的大小用高分子的分子量来表示。高分子的分子量通常在 1 万以上，也就是说高分子比普通化合物的分子量大出几百乃至成千上万倍。高分子化合物之所以具有许多独特的性质，最重要的原因就是其分子量大。

除了少数天然高分子如蛋白质、DNA 等外，高分子化合物的分子量是不均一的，实际上是一系列同系物的混合物，这种性质称为“多分散性”，所以其分子量和聚合度只是一个平均值，也就是说只有统计意义。统计平均方法不同，其分子量的表示也不同，如用分子的数量统计，则有数均分子量；用分子的重量统计，则有重均分子量，以此类推。在高聚物的同系混合物中，有些分子比较小，有些分子比较大，而最大和最小的分子总是占少数，占优势的是中间大小的分子，高聚物分子量的这种分布称为“分子量分布”，图 5-10 为高分子的分子量分布曲线，上面标记了各种平均分子量在分子量分布曲线上的位置。

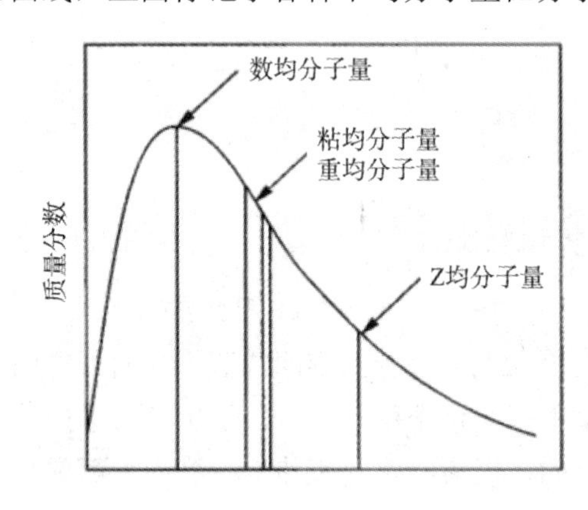

图 5-10　高分子的分子量分布曲线

平均分子量和分子量分布是控制聚合物性能的重要指标。橡胶分子量一般较高，为了便于成形，要预先进行炼胶以减少分子量至 2×10^5 左右；合成纤维的分子量通常为几万，否则不易流出喷丝孔；塑料的分子量一般介于橡胶和纤维之间。分子量分布对不同用途和成形方法有不同的要求，如合成纤维要求窄，而吹塑成形的塑料则要求宽一些。

在绝大多数情况下，生成的聚合物具有线性结构，如果在单体中存在三官能团或多官能团的化合物，或者由于反应过程太激烈，那么，最后反应得到的产物就可能形成带有支链或网状的结构。

由线性链或支化链形成的高分子是一种热塑性聚合物，如果将它们加热到熔融温度以上，聚合物会软化、熔解，稍稍施加压力，就能加工成各种不同的形状。它们在合适的溶剂中还会溶解，是一类可以反复溶解和熔融的高分子材料。大部分塑料，如我们所熟悉的聚乙烯、聚氯乙烯都具有类似的链结构，统称为“热塑性聚合物”。

如果相邻的大分子链间用共价键键接在一起，整个聚合物会形成三维的立体网状结构，可以想象，一旦聚合物形成这样的结构，聚合物分子就不能任意地移动了，这类聚合物在溶剂中不会溶解，加热时也不会熔融，橡胶及大部分涂料和胶粘剂都具有类似的结构，统称为“热固性聚合物”。热固性聚合物在某些方面如强度和耐温性等优于热塑性聚合物，但加工困难、难以回收再利用也是它的缺点。

要区分这两类高分子是很容易的。我们只要加热它们，在高温下能够软化的，是热塑性高分子，不能软化的是热固性高分子。热塑性高分子可以反复加热熔融，因此，废弃的热塑性塑料可以在塑料加工机械上熔融，重新用于制备有用的塑料用品；而热固性聚合物在高温下不能再改变形状、直接回收，废弃后，通常只能当燃料使用。

三、高分子链的柔顺性

链状高分子链的直径为几十个纳米，链长则要大 3～5 个量级，这好比一根直径为 1 毫米而长达数十米的钢丝，在没有外力作用下，它不能保持直线形状而易于卷曲。高分子比钢丝柔软，更容易卷曲，高分子长链具有的可不同程度卷曲的特性称为“高分子的柔顺性”，又叫“柔性”。

高分子链处于不断运动的状态。高分子主链上的 C—C 单键是由电子组成的，电子云分布具有轴对称性，因而 C—C 单键是可以绕轴旋转的，称为“内旋转”。假设碳原子上没有氢原子或取代基，单键的内旋转完全自由。由于键角固定在 109.5°，一个键的自转会引起相邻键绕其公转，轨迹为圆锥形，如图 5-11 所示。

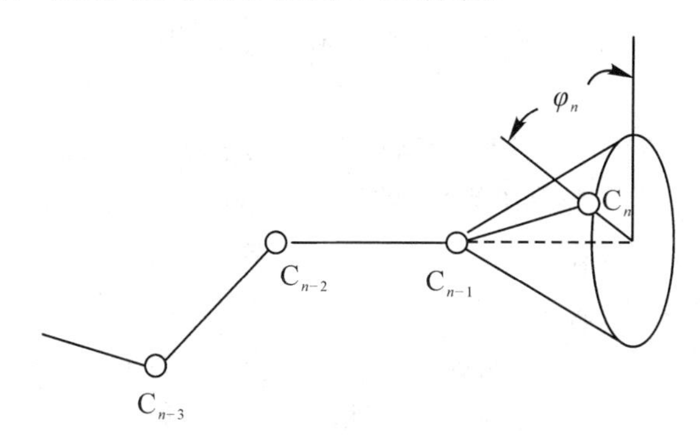

图 5-11　碳链聚合物的单键内旋转

实际上，碳原子总是带有其他原子或基团，存在着吸引、排斥或电子共轭等作用，它们使 C—C 单键内旋转受到阻碍。那些阻碍小的高分子链容易内旋转，表现得很柔顺，因此柔顺性反映了高分子链内旋转的难易程度。

高分子链有成千上万个单键，单键内旋转的结果会导致高分子链呈总体卷曲的形态。如果施加外力使链拉直，在除去外力的情况下，由于热运动，链会自动回缩到自然卷曲的状态，这就是高分子普遍存在一定弹性的根本原因。

由于高分子链中的单键旋转时互相牵制，即一个键转动，要带动附近一段链一起运动，这样每个键不能成为一个独立运动的单元，而是由若干键组成的一段链作为一个独立运动单元，称为“链段”。整个分子链则可以看作是由一些链段组成，链段并不是固定由某些键或链节组成，如这一瞬间由这些键或链节组成一个链段，下一瞬间这些键或链节又可能分属于不同的链段。由链段组成的分子链的运动可以想象为一条蛇的运动。链的柔顺性越好，链段长度就越短。理想的柔顺情况是链段长度等于一个单键。

链柔性还可以用末端距表示。高分子两端点间的距离称为“末端距”，完全伸直的链末端距最大，卷曲的链末端距较短。分子量相同的同一种高分子，其末端距越短，则分子的卷曲程度越大，因此可以用链末端距来定量地描述高分子链的形状，并表征高分子的柔顺性。

分子结构、温度、外力等因素都会影响高分子链的柔顺性。

四、高分子的凝聚态

高聚物的每一个分子就好像是一根长长的线，通常情况下，它们互相杂乱无章地绕在一起，被称为“无规线团”，这样形成的高聚物内部不存在规整的结构，是一类非晶态的高聚物。许多高聚物(如聚氯乙烯、聚苯乙烯和有机玻璃等以及几乎所有的橡胶)都有这样的结构。

但是也有不少聚合物，当它们在塑料加工机中被加热熔解，然后从熔体中冷却成型时，长链的分子会按照一定顺序规整地排列起来，形成有序的结晶结构。由于高分子的相对分子量很大，分子运动受到牵制，因此在通常情况下，它们不能像小分子化合物那样形成完美的单晶结构，也不能形成百分之百的结晶。所谓的结晶聚合物实际上只是一部分结晶的高分子，在这类聚合物中包含许多非晶区。为此，我们常用结晶部分的质量分数或体积分数来表示高分子的结晶度。

还有一点与小分子不同的是，高聚物结晶的熔融通常发生在几度甚至十几度的宽范围内，这个温度范围称为“熔限”。这是因为高聚物结晶的形态和完善程度很不相同，升温时尺寸较小、不太完善的晶体首先熔融，尺寸较大、比较完善的晶体则在较高的温度下才能熔融。

结晶影响了聚合物的性能(主要是力学性能和光学性能)。结晶度越大，塑料越脆。结晶度越大，高聚物越不透明，因为光线在晶区和非晶区界面发生光散射。

线形高分子长链具有显著的几何不对称性，其长度一般为其宽度的几百倍至几万倍。在外场的作用下，分子链将沿着外场方向排列，这一过程称为“取向”。高聚物的取向现象包括分子链、链段、晶片和微纤等沿外场方向择优排列。

取向结构与结晶结构不同，它是一维或二维有序结构，因而能够很好取向的聚合物不一定能结晶。很多聚合物产品(如合成纤维、薄膜等)都是在一定条件下经过不同形式的拉伸工艺制成的。研究取向有着重要的实际应用意义。总的来说，取向的结果使沿取向方向的力学强度增加，但与取向方向相垂直的方向上却有所降低。

液晶态被称为物质的“第四态”或“中介态”，它介于液态和晶态之间，是自发有序但仍能流动的状态，又称为“有序流体”。1888 年，奥地利植物学家 Reinitzer 首先发现苯甲酸胆甾醇酯于 146.6℃熔融后先是乳白色液体，到 180.6℃才突然变清亮，这种乳白色液体是因为液晶态存在光学各向异性引起的，是形成液晶态的一个重要证据。最早发现的高分子液晶是合成多肽聚 L-谷氨酸-Y-苄酯(简称 PBLG)，它的氯仿溶液自发产生具有双折射性质的液晶相。

高分子液晶突出的性质是其特殊的流变行为，即高浓度、低黏度和低剪切应力下的高取向度。因此，采用液晶纺丝可克服通常情况下高浓度必然伴随高黏度的困难，且已达到高度取向。美国杜邦公司的 Kelvar 纤维就是采用液晶纺丝而制得的高强度纤维，其强度大于钢丝。

多肽、核酸、纤维素和甲壳素等天然高分子形成的液晶具有一些独特的光学性质，可用于彩色显示、变色温度计、温度警戒显示、检查集成电路中的疵点等异常发热，以及在环保领域用于检测气体等。

5.2.2　高分子材料的性能

一、高分子材料的热性能

低分子有明确的沸点和熔点，可成为固相、液相和气相。

与低分子不同，高分子没有气相。虽然大多数制造高分子的单体可以气化，但形成高分子量的聚合物后直至分解聚合物也无法气化。就像一只鸽子可以飞上蓝天，但用一根长绳子拴住一千只鸽子，它们恐怕很难能一起飞到天上。况且高分子链之间还有很强的相互作用力，更难以气化。

小分子的热运动方式有振动、转动和平动，是整个分子的运动，称为“布朗运动”。高分子的热运动除了上述的分子运动方式外，分子链中的一部分如链段、链节、支链和侧基等也存在相应的各种运动(称为“微布朗运动”)。所以高分子的热性质也比小分子要复杂得多。在高分子的各种运动单元中，链段的运动最重要，高分子材料的许多特性都与链段的运动有直接关系。

1. 玻璃化转变

穿过塑料凉鞋的人都会有这样的经验，穿在脚上的塑料凉鞋在夏天是十分柔软的，可是到了冬天却会像铁板一样硬，变得很滑，走路一不当心，还会摔跤。这是什么原因呢？

原来所有的非晶高聚物都存在着一个转变温度，叫“玻璃化转变温度”，通常用 T_g 表示。在这个温度以上，高聚物表现为软而有弹性；但低于这个温度时，高聚物会表现为硬而脆，类似玻璃。塑料拖鞋的原料是加有增塑剂的聚氯乙烯，它的玻璃化转变温度在 10～20℃之间。在夏天，室温高于这个转变温度，拖鞋就很软面有弹性；到了冬季，室温低于这个转变温度，它就像玻璃一样硬而脆。

聚合物在玻璃化转变温度前后表现出截然不同的力学性质，这同分子的热运动有关。

分子处在不停运动之中，小分子化合物在固态时，分子运动的主要形式是振动和转动。随着温度的升高，分子热运动的振幅增加，但在物质的熔点以下，分子间并不会产生相对位移，能够很好地保持固定的形状；当温度进一步升高到熔点以上，分子热运动加剧，分子间产生相对位移，固态就变成了液态。

高分子的情况比较复杂。高分子的运动单元可以是一个重复单元，或几个重复单元(称为“链节”)，也可以是几十个或几百个重复单元(称为“链段”)，甚至是整个分子的运动。在玻璃化温度以下，由于分子热运动的能量很小，链段处于被“冻结”的状态，只有侧基、链节、短支链等小运动单元的局部振动以及键长、键角的变化。在这个状态下的高聚物的力学性质和小分子玻璃差不多，受力后形变很小(0.01%～0.1%)，所以叫“玻璃态高分子”。

当把聚合物加热到玻璃温度以上时，热运动的能量足以使“冻结”的链段运动，但还不足以使整个分子链产生位移。这种状态下的高聚物表现出类似于橡胶的性质，即受较小的力就可以发生很大的形变(100%～1000%)，外力除去后形变可以完全恢复(称为“高弹形变”)。高弹态是高分子特有的力学状态，在小分子化合物中是不能观察到的。

玻璃化温度是一个决定材料使用范围的重要参数。平时我们用塑料做成各种用品，希望它有固定的形状和很好的强度，而不希望它像橡胶那样容易变形，所以塑料的使用温度在它的玻璃化温度以下，塑料的 T_g 温度要高于室温。这也是塑料制品要远离热源的原因。

橡胶是在高弹态的情况下使用的。橡胶的最大用途是制备轮胎，由于汽车要在室外使用，因此，橡胶的 T_g 温度要比室温低，且越低越好，这样即使在严寒的北方，汽车轮胎仍有很好的弹性，不会发生脆裂。

表 5-1 列出了部分高聚物的玻璃化温度。可以发现，不同种类高分子的玻璃化温度是不同的。这就是为什么有的材料可以做塑料而不能做橡胶的原因所在。影响 T_g 的原因有很多，主要是高分子化学结构的影响。一般来说，分子链越是柔顺，T_g 就越低；分子间的相互作用越强，T_g 就越高。

表 5-1　部分高聚物的玻璃化转变温度

种类	高聚物	T_g/℃
塑料	聚乙烯	−68(−120)
	聚丙烯	−10
	聚氯乙烯	78
	聚苯乙烯	100
	有机玻璃	105
	聚碳酸酯	150
纤维	尼龙-66	50
	涤纶	69
橡胶	聚异戊二烯	−73
	顺-1，4-聚丁二烯	−108

需要指出的是，由于聚乙烯的分子链规整，很容易结晶，因而它在常温下并不表现为高弹态。

2. 流动温度和黏流态

当温度升高，热运动的能量会使高分子“冻结”的链段运动，从而导致高分子发生了从玻璃态到橡胶态的转变。如果温度继续提高，由于链段的剧烈运动而使整个分子链的质心发生相对位移，于是产生流动，形变迅速增加。由于高分子熔体的黏度非常大，所以，我们称它为“黏流态”。橡胶态向黏流态转变的温度称为“流动温度”，用 T_f 来表示。

T_f 是整个高分子链开始运动的温度。虽然黏流态高分子链的运动是通过链段相继跃迁来实现的，但毕竟分子链重心发生了位移，因而 T_f 受到分子量影响很大，分子量越大，分子的位移运动越不容易，T_f 越高。由于分子量分布的多分散性，所以聚合物常常没有明确的 T_f 值，而是一个较宽的温度区域。对于大多数结晶高聚物来说，聚合物的流动温度就是它的熔融温度(或熔点)，也是一个很宽的温度范围。

聚合物的流动温度 T_f 大多在 300℃以下，比金属和其他无机材料低得多，这给加工成形带来了很大方便，这也是高分子材料能得以广泛应用的一个重要原因。

热塑性塑料和橡胶的成型以及合成纤维的熔融纺丝都是在聚合物的黏流态下进行的。T_f 是加工的最低温度，实际上，为了提高流动性和减少弹性形变，通常加工温度比 T_f 高，但小于分解温度 T_d，如表 5-2 所示。随着链刚性和分子间作用力的增加，T_f 提高。对于聚氯乙烯，流动温度甚至高于分解温度，因而只有加入增塑剂以降低 T_f，同时加入热稳定剂以提高 T_d 后才能加工成型。

表 5-2　几种聚合物的 T_f、T_d 和注射成型温度

聚合物	T_f(或 T_m)/℃	注射成型温度/℃	T_d/℃
HDPE	100～300	170～200	＞300
PVC	165～190	170～190	140
PC	220～230	240～285	300～310
PPO	300	260～300	＞350

聚合物熔体的黏度一般都比较大，然而加工时总是希望黏度较低为好，所以常常要解决降低体系黏度的问题。熔体黏度受温度的影响很大，温度越高，黏度越低。熔体黏度还与剪切速率有关，剪切速率的增加，使分子取向程度增加，从而降低黏度。所以高分子聚合物可以通过加大剪切速率或升高温度的方法来改进其加工性能。由于链的缠绕作用引起了流动单元变大，黏度随分子量急剧增加，呈指数变化关系。因而从加工角度考虑，必须适当降低物质分子量以改善其流动性。例如，天然橡胶就必须经过塑炼，将分子量降至 20 万左右才可用于加工成型。

二、高分子材料的力学性质

对大多数高分子材料来说，力学性能是最重要的性能指标，聚合物的力学特性是由其结构特性所决定的。

1. 力学性能的基本指标

1) *应力与应变*

当材料受到外力的作用而又不产生惯性移动时，它的几何形状和尺寸会发生变化，这种变化称为“应变”或“形变”。材料宏观变形时，其内部分子及原子间发生相对位移，产生原子间和分子间对抗外力的附加内力，达到平衡时附加内力和外力的大小相等，方向相反。应力定义为单位面积上的内力，材料受力的方式不同，发生形变的方式也不同。对于各种同性材料，有简单拉伸、简单剪切和均匀压缩三种基本类型。

2) 弹性模量

弹性模量简称模量，是单位应变所需应力的大小，是材料刚性的表征。模量的倒数称为柔量，是材料容易变形程度的一种表征。相应的三种形变对应的模量分别为拉伸模量(E，也称“杨氏模量”)、剪切模量(G)、体积模量(B，本体模量)。

3) 硬度

硬度是衡量材料抵抗机械压力的一项指标。因试验方法不同，所以名称各异。硬度的大小与材料的拉伸强度和弹性模量有关，所以，有时用硬度作为拉伸强度和弹性模量的一种近似估计。

4) 力学强度

(1) 拉伸强度：曾称抗张度，是指在规定的温度、湿度、加载速度下，在标准试样上沿轴向施加拉伸力直到试样拉断为止，断裂前试样所承受的最大载荷与试样截面积之比。如果向试样施加单向压缩载荷，则测得的是压缩强度。

(2) 弯曲强度：也称挠曲强度、抗变强度，是在规定的条件下对标准试样施加静弯曲力矩，直到试样折断为止，然后根据最大载荷和试样尺寸，按照公式计算弯曲强度。

(3) 冲击强度：曾称抗冲强度，是衡量材料韧性的一种强度指标，定义为试样受冲击载荷破裂时单位面积所吸收的能量。

2. 高弹性

高弹性是高分子材料极其重要的性能，其中，橡胶是以高弹性作为主要特征，聚合物在高弹态都能表现一定程度的高弹性，但并非都可以作为橡胶材料使用。作为橡胶材料必须具有以下特点：

(1) 弹性模量小，形变大。一般材料的形变量最大为1%左右，而橡胶的高弹形变很大，可以拉伸至5～10倍，弹性模量只有一般固体材料的1/10 000。

(2) 弹性模量与绝对温度成正比。一般材料的模量随温度的升高而下降。

(3) 形变时有热效应，伸长时放热，回缩时吸热。

(4) 在一定条件下，高弹形变表现出明显的松弛现象。

3. 黏弹性

聚合物的黏弹性是指聚合物既有黏性又有弹性的性质，实质上是聚合物的力学松弛现象。在玻璃化转变温度以上，非晶态线性聚合物的黏弹性最为明显。对理想的黏性液体即牛顿液体，其应力应变行为遵从牛顿定律；对于虎克弹体，其应力—应变行为遵从虎克定律。聚合物既有弹性又有黏性，其形变和应力都是时间的函数。

(1) 静态黏弹性。高聚物的黏弹性是指在固定的应力(或应变)下形变(或应力)随时间的延长而发展变化的性质。典型的表现是蠕变和应力松弛。

在一定温度、一定应力的作用下，材料的形变随时间的延长而增加的现象称为蠕变。对于线性聚合物，形变可以无限发展且不能完全回复，会保留一定的永久变形；对于交联聚合物，形变可达一平衡值。

在温度、应力恒定的条件下，材料的内应力随时间延长而逐渐减少的现象称为应力松弛。在应力松弛的过程中，模量随时间而减少，所以这时的模量称松弛模量。

(2) 动态黏弹性。动态黏弹性指应力周期性变化下聚合物的力学行为，也称动态力学性质。通常聚合物的应力和应变关系呈现出滞后现象，即应变随时间的变化一直跟不上应力随时间的变化现象。

4. 聚合物的力学屈服

在一定条件下，由于拉伸应力的作用，聚合物的 $\sigma-\varepsilon$(应力—应变)曲线如图 5-12 所示。曲线的起始阶段 OA 基本上是段直线，应力与应变成正比，试样表现为虎克弹性行为。B 点为屈服点，当应力达到屈服点之后，应力下降或不变，应变有较大的增加。除去应力后，材料不能恢复原样，即材料屈服了，屈服点对应的应力称为屈服应力或屈服强度。屈服点以后，材料进入塑性区域，具有典型的塑性特征。卸载后形变不可能完全回复，出现永久变形或残余应变。材料在塑性区域内的应力、应变关系呈现复杂情况：先经由一小段应变软化:应变增加、应力反稍有一跌(BC 段)，随即试样出现塑性不稳定性—细颈：应变增加、应力基本保持不变(CD 段)；又经取向硬化，应力急剧增加(DE 段)，最后在 E 点断裂。相应于 E 点的应力称为“拉伸强度”，相应的形变称为断裂伸长率。屈服点之前断裂的材料表现为脆性，屈服点之后断裂的材料表现为韧性。

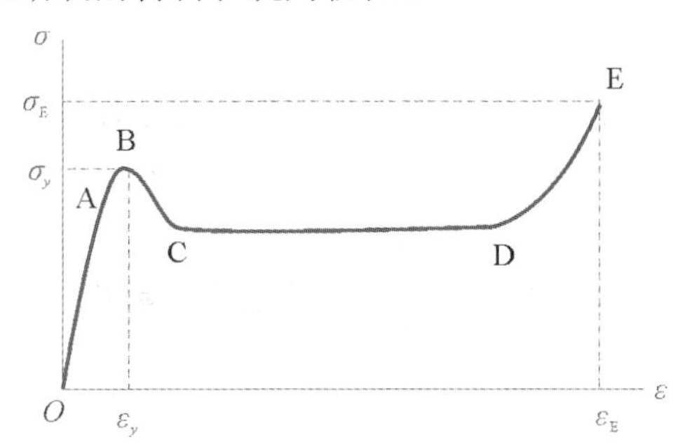

图 5-12　聚合物的应力—应变曲线

非晶态聚合物在 T_g 之下，结晶聚合物在熔点 T_m 之下，一般都有明显的拉伸屈服现象，在拉伸温度下，解除应力后，形变不能回复；将温度提高到拉伸温度以上，即非晶态聚合物的 T_g、晶态聚合物的 T_m 以上，屈服形变可以自动回复。所以说，屈服形变的本质就是一种高弹形变。从分子机理而言，这是大分子链构象改变的结果。对于结晶聚合物，还包括晶粒的取向、滑移、片晶的破裂、熔化、重结晶等过程。

5. 聚合物的力学强度

将聚合物材料按照结构完全均匀的理想情况计算得到的理论强度要比聚合物的实际强

度高出数十倍甚至上百倍，其主要原因是聚合物的实际结构存在着大小不一的缺陷，从而引起应力的局部集中，而弹性模量实际值与理论值比较接近。

聚合物的抗张强度与聚合物本身的结构、取向、结晶度、填料等因素有关，同时还与载荷速率和温度等外界条件有关，冲击强度在很大程度上取决于试样缺口的特性。此外，加工条件、分子量、添加剂等对冲击强度也有影响。

6. 疲劳强度

疲劳是材料或构件在周期性应力作用下断裂或失效的现象，是材料在实际使用中常见的破坏形式。在低于屈服应力或断裂应力的周期应力作用下，材料内部或其表面应力的集中处引发裂纹并促使裂纹传播，从而导致最终的破坏。

材料的疲劳试验可获得材料在各种条件下的疲劳数据。达到材料破坏的应力循环次数(即周期数)，称为疲劳寿命，达到材料破坏时的受载应力的极大值(振幅)称为疲劳强度。

一般来说，热塑性聚合物的疲劳强度与静态强度的比值约为1/4，增强塑料的这个比值比1/4稍高一些，只有一些特殊聚合物如聚甲醛、聚四氟乙烯，这个比值可以达到0.4～0.5。

三、高分子材料的电学性质

提起高聚物的电学性质，人们马上想到高聚物是一种优良的电绝缘材料，被广泛用作电线包层。这的确是高聚物优良电学性质的一个重要方面。在各种电工材料中，高聚物材料具有很好的体积电阻率，较高的耐高频性和击穿强度，是理想的电绝缘材料。在电场作用下，高聚物表现出对静电能的储存和损耗的性质，称为“介电性”，通常用介电常数和介电损耗来表示。在通常情况下，只有极性聚合物才有明显的介电损耗，而非极性聚合物介电损耗的原因是极性杂质的存在。

表5-3列出了常见聚合物的介电常数。有的高聚物具有很大的介电常数和很小的介电损耗，从而可以用作薄膜电容器的电介质；而有的高聚物可以利用其较大的介电损耗进行高频焊接。

表5-3 常见聚合物的介电常数

聚合物	ε
聚四氟乙烯	2.0
聚丙烯	2.2
聚乙烯	2.3～2.4
聚苯乙烯	2.5～3.1
聚碳酸酯	3.0～3.1
聚对苯二甲酸乙二醇酯	3.0～4.4
聚氯乙烯	3.2～3.6
聚甲基丙烯酸甲酯	3.3～3.9
尼龙	3.8～4.0
酚醛树脂	5.0～6.5

其他具有特殊电功能的高聚物有高聚物驻极体、压电体、热电体、光导体、半导体、导体、超导体等。

此外，由于聚合物的高电阻率，使得它有可能积累大量的静电荷，比如聚丙烯腈纤维因摩擦可产生高达 1500 V 的静电压。静电产生的吸引或排斥力会妨碍正常的加工工艺。静电吸附灰尘或水也影响材料的质量。一般聚合物可以通过体积传导、表面传导等来消除静电。目前工业上广泛采用添加抗静电剂来提高聚合物的表面导电性。

关于静电产生的机理至今还没有定量的理论，一般认为是聚合物摩擦时，ε 大的带正电，ε 小的带负电；也就是极性高聚物易带正电，非极性高聚物易带负电。表 5-4 列出了几种常见聚合物的摩擦起电序。

表 5-4　常见聚合物的起电序

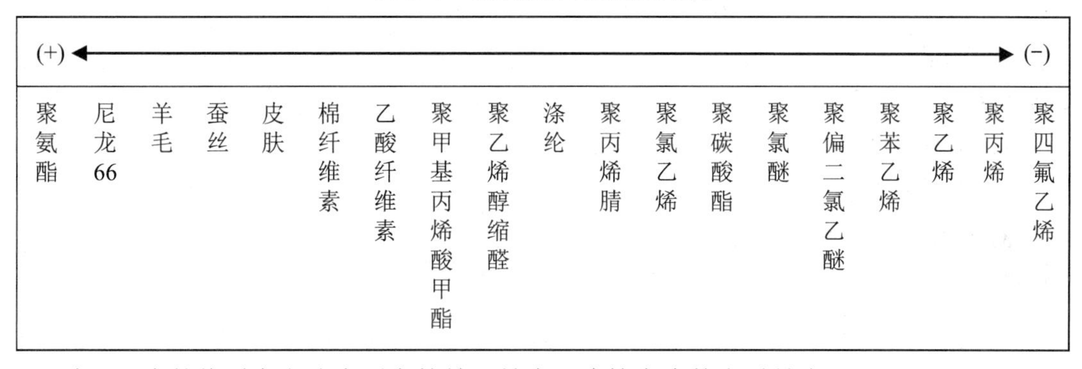

(+) ←——————————————————→ (−)

聚氨酯	尼龙66	羊毛	蚕丝	皮肤	棉纤维素	乙酸纤维素	聚甲基丙烯酸甲酯	聚乙烯醇缩醛	涤纶	聚丙烯腈	聚氯乙烯	聚碳酸酯	聚氯醚	聚偏二氯乙醚	聚苯乙烯	聚乙烯	聚丙烯	聚四氟乙烯

表 5-4 中的物质在上述序列中的差距越大，摩擦产生的电量越多。

四、高分子材料的其他性质

1. 光性质

(1) 折射。聚合物的折光指数是由其分子的电子结构因辐射的光电场作用发生形变的程度所决定的，聚合物的折光指数一般都在 1.5 左右。各向同性材料具有光学各向同性，因此只有一个折光指数，结晶、取向及其他各向异性材料，折光指数沿不同的主轴方向有不同的数值，该现象被称为“双折射”现象。

(2) 透明性。大多数聚合物不吸收可见光谱范围内的辐射，当其不含结晶、杂质时都是透明的，如有机玻璃(PMMA)、聚苯乙烯等。但是由于材料内部结构的不均匀性而造成光的散射，加上光的反射和吸收会使其透明度降低。

2. 溶解性

低分子溶解很快，但高分子却溶解很缓慢，通常要一晚上甚至数天才能观察到溶解。高分子溶解在溶剂中形成溶液的过程，实质上是溶剂分子进入高分子，拆散分子间作用力的过程。高分子溶解分两步进行：第一步是溶胀，由于高分子难以摆脱分子间相互作用而在溶剂中扩散，所以第一步总是体积较小的溶剂分子先扩散入高分子中，使之胀大。第二步是溶解，如果是线形高分子，由溶胀会逐渐变为溶解；如果是交联高分子，只能达到溶胀平衡而不溶解，图 5-13 是高分子与小分子溶解过程的示意图。一般来说，高分子有较好的抗化学性，即抗酸、抗碱和抗有机溶剂的侵蚀。

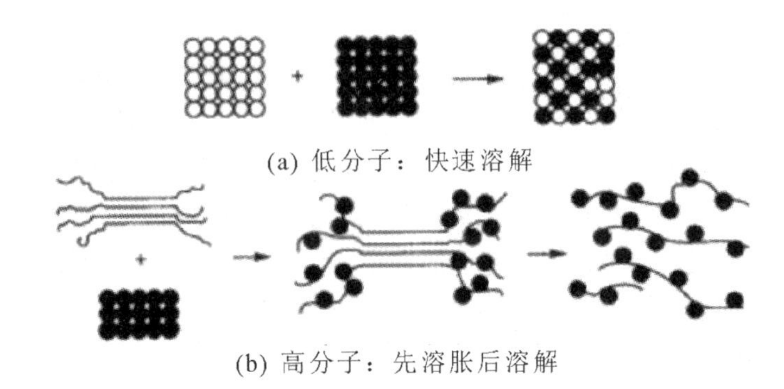

(a) 低分子：快速溶解

(b) 高分子：先溶胀后溶解

图 5-13　高分子与低分子溶解过程比较示意图

高分子的溶解性受化学结构、分子量、结晶性、支化或交联结构等的影响，总的来说有如下关系：

(1) 分子量越高，溶解越难；

(2) 结晶度越高，溶解越难；

(3) 支化或交联程度越高，溶解越难。

3. 渗透性

液体分子或气体分子可从聚合物膜的一侧扩散到其浓度较低的另一侧，这种现象称为“渗透”或“渗析”。高分子材料的渗透性使高分子材料在薄膜包装、提纯、医学、海水淡化等方面获得了广泛的应用。一般来讲，链的柔顺性增大，渗透性提高；结晶度越大，渗透性越小；当大分子链上引入极性基团时渗透性下降。

五、高分子材料的老化与防老化

高分子材料在加工、储存和使用过程中，由于受内外因素的综合影响，会发生老化现象。老化现象有如下几种：

(1) 外观变化：材料发黏、变硬、脆裂、变形、变色、出现银纹或斑点等。

(2) 物理性质变化：溶解、溶胀和流变性能的变化。

(3) 机械性能的变化：拉伸强度、弯曲强度、硬度、弹性等的变化。

(4) 电性能的变化：介电常数、介电损耗等变化。

老化是内外因素综合作用的极为复杂的过程。引起高分子材料老化的内在因素有高分子本身的化学结构、凝聚态结构等；外在因素有物理因素(包括热、光、高能辐射和机械应力等)，化学因素(包括氧、臭氧、水、酸、碱等的作用)和生物因素(如微生物、昆虫的作用)。这些外因中特别是太阳光、氧、热是引起高分子材料老化的重要因素。

聚合物老化影响了高分子材料在各方面的应用，因此要采用各种有效的防老化的方法以缓解高分子材料的老化，从而延长其使用寿命。这不仅是高分子材料应用的一项重要工作，而且是高分子领域的一个发展方向。

防老化是相当复杂的，对每一种材料，应根据其具体情况“对症下药”，才能收到防老化的效果。目前防老化的途径可概括如下：

(1) 改进聚合与加工工艺，减少老化弱点。

(2) 对聚合物进行改性，引进耐老化结构。

(3) 进行物理防护。采用涂漆、镀金属、防老化剂溶液的浸涂等物理方法，使高分子材料表面附上保护层，能起到隔绝老化外因的作用。

(4) 添加防老化剂。防老化剂有抗氧剂、光稳定剂、热稳定剂等几种类型。不同聚合物的老化机理不同，采用的防老化剂也不同。

5.3 高分子材料的成型加工

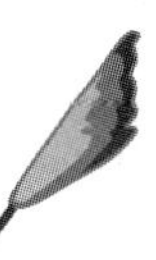

塑料、橡胶和纤维是在 20 世纪崛起并得到飞速发展的三大高分子合成材料。目前，由树脂原料制成的种类繁多、用途各异的最终产品，已形成了规模庞大、先进的加工工业体系，并且三大合成材料各有特点，又形成各自的加工技术体系。本节主要介绍三大合成材料的成型加工工艺。

5.3.1 塑料成型加工

目前热塑性塑料的成型方法主要有挤出成型、注射成型、压延成型、吹塑成型等；热固性塑料的成型方法主要有模压成型、传递成型、层压成型等。

一、挤出成型

挤出成型简称挤塑，是借助螺杆的挤压作用使受热熔融的物料在压力推动下强制通过口模而成为具有恒定截面积的连续型材的成型方法。挤出成型的主要设备是挤出机。其结构如图 5-14 所示。

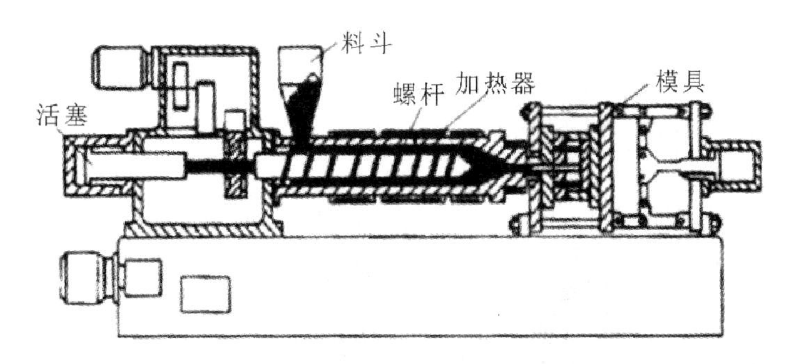

图 5-14 塑料挤出机

将颗粒状的原料粒子从料斗加入挤出机的料斗中，料筒中有一根不停旋转的螺杆，外部用加热器控制料筒的温度。物料在被螺杆向前推进的过程中，逐渐熔融。由于螺距的设计是越到前面的螺距越短，熔融的物料会被压缩得很紧，最后从模口被挤出。改变模口的形状就能得到不同形状的产品。这种方法的生产效率高，适应性强，几乎用于所有的热塑性塑料及某些热固性塑料。

二、压制成型

这种加工方法主要适用于流动性差的树脂或热固性塑料。加工时把一定量的粉状原料加入预先经过加热的模具中，然后向模子加压使塑料粉熔融充满模子。交联反应就在熔融的过程中发生。结束后，将模子从压机中拿出来，冷却脱模，就能得到所需的产品(如图 5-15 所示)。压制成型这种方法自动化程度差、生产效率低、劳动强度大。

图 5-15　塑料挤出机

三、压延成型

压延成型主要用于制造薄膜和片状的产品，如人造革、塑料地毯等。加工时熔融的塑料被几个相互平行的热辊压成所需的厚度。如最后一个辊子是扎花辊，就能得到有凹凸花纹的薄膜。

图 5-16 是一种常用的四辊压延机的示意图，压辊的排列方式有 L 型和 Z 型等。

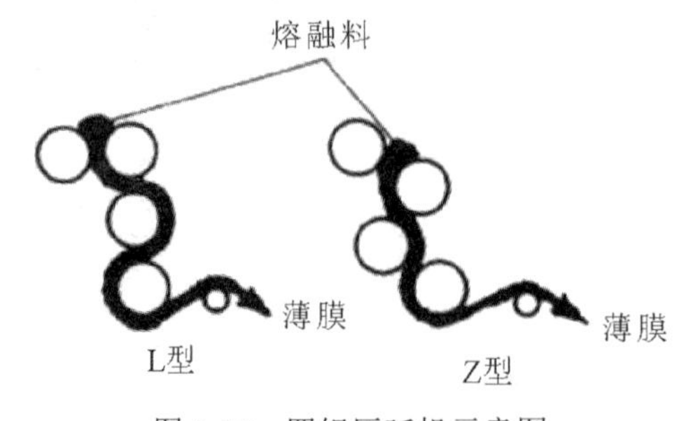

图 5-16　四辊压延机示意图

四、吹塑成型

吹塑成型包括有吹塑薄膜和吹塑中空容器两种方法。

吹塑薄膜时，在挤出机的前端装一个向上的吹塑口模，中间可通压缩空气。从挤出机挤出的熔融的塑料管坯在空气压力下，吹胀成膜管(如图 5-17 所示)。国内生产的薄膜最大宽度可达 5 m，膜厚为 0.05 mm 至 0.2 mm。

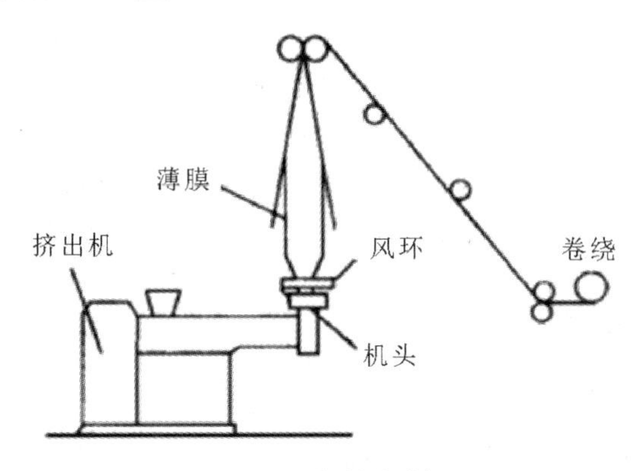

图 5-17　塑料吹膜机

在吹塑中空容器时会使用一台专用的吹塑机(图 5-18)。制瓶时，先从挤出机中挤一段长度合适的管坯，然后将它置于吹塑机的模具中，在其中间导入一根空气导管，并吹入压缩气体，使管坯吹胀，外壁紧贴模具内壁，冷却脱模，即可得到中空的容器(如图 5-18 所示)。

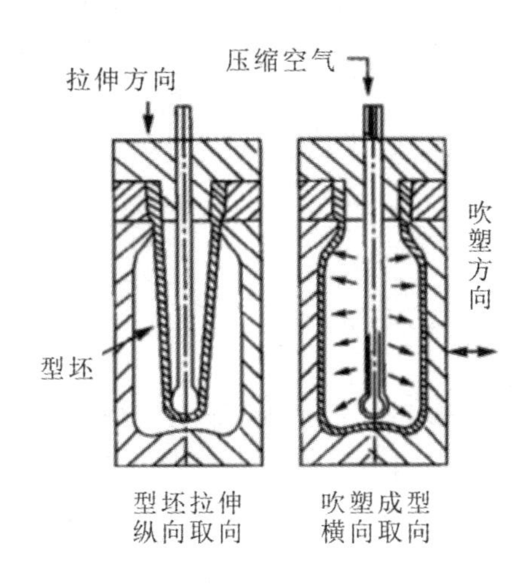

图 5-18　吹塑机

5.3.2　橡胶制品的成型加工

橡胶制品分为干胶制品和胶乳制品两大类。橡胶的加工就是由生胶制成干胶制品或由胶乳制得胶乳制品的生产过程。

一、干胶制品的生产

干胶生产包括塑炼、混炼、压片和硫化四个阶段。

塑炼的目的是使生胶变软，具有塑性，容易与其他配合料均匀地混合。塑炼是在塑炼机中进行的。塑炼机的结构是两根平行的金属辊，分别以不同的速度转动，由此产生的剪切力，就能使夹在两辊中的生胶变软。

混炼的过程是要将塑化的生胶同其他五种配合剂均匀地混合在一起。混合得越均匀，硫化效果越好。过去的混炼也是在塑炼机中进行的，但完全是靠手工劳动，工作强度大，十分辛苦。现在都使用全自动的密封的高速混炼机，可以保证生胶同配合剂均匀地混合在一起。混炼好的生胶在压片机中压成薄片，经过裁剪，制成各种所需的形状。最后在硫化机中，在120～180℃的温度下，用饱和蒸汽或热空气中进行硫化，就得到各种橡胶制品。

二、胶乳制品的生产

天然胶乳和合成胶乳都可制成胶乳制品。乳胶制品的生产过程中也要加入各种配合剂，其中，还要加分散剂、稳定剂等专用配合剂。

各种胶乳制品的简单生产过程如图 5-19 所示。

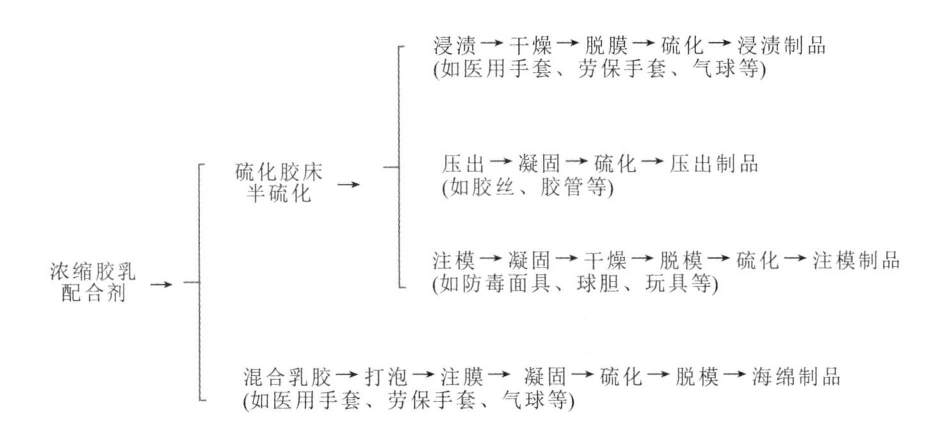

图 5-19 乳胶制品的生产过程

其中，浸渍制品有医用手套、手保手套、气球等；压出制品有胶丝、胶管等；注模制品有防毒面具、球胆、玩具等；海绵制品有坐垫、床垫、枕芯等。

5.3.3 纤维的加工

纤维的加工包括纺丝和后加工两道工序。纺丝方法主要有熔融纺丝和溶液纺丝两大类。

一、熔融纺丝

凡能加热熔融或转变为黏流态而不发生显著分解的聚合物，均可采用熔融纺丝法进行纺丝，如涤纶、棉纶、丙纶都是通过熔体纺丝而制成的。

图 5-20 为熔融纺丝的示意图，切片在螺杆挤出机中熔融后被压至纺丝部位，经纺丝泵定量地送入纺丝组件，在组件中经过过滤，然后从喷丝板的毛细孔中压出而形成细流，熔体细流在纺丝通道中被空气冷却成型，再卷装成一定的形式。

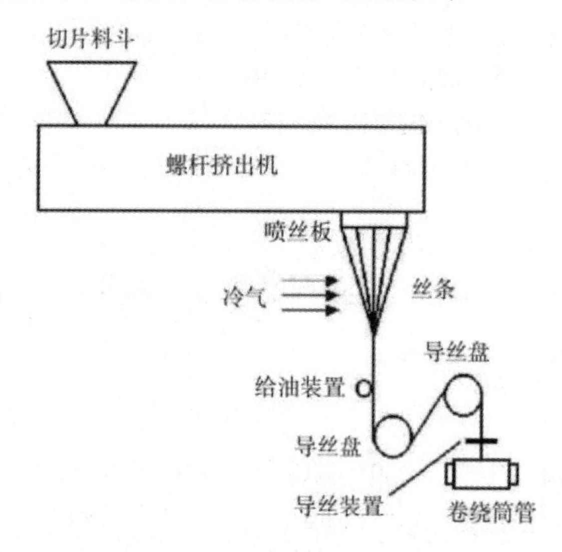

图 5-20　熔融纺丝示意图

二、溶液纺丝

将聚合物溶于适当的溶剂中制成纺丝液，原液细流通过纺丝泵，经轴形过滤器、连接管，原液细流再从喷丝头压入凝固浴。当凝固浴为水、溶剂或溶液等介质时，原液细流内的溶剂向凝固浴扩散，而凝固浴中的沉淀剂向细流内渗透，使聚合物在凝固浴中成丝析出，形成纤维，该方法称为湿法纺丝，如图 5-21 所示。

当凝固浴为热空气时，由于热空气气流的作用，原液细流中的溶剂迅速挥发并被空气带走，同时原液细流凝固形成纤维，该方法称为干法纺丝，如图 5-22 所示。

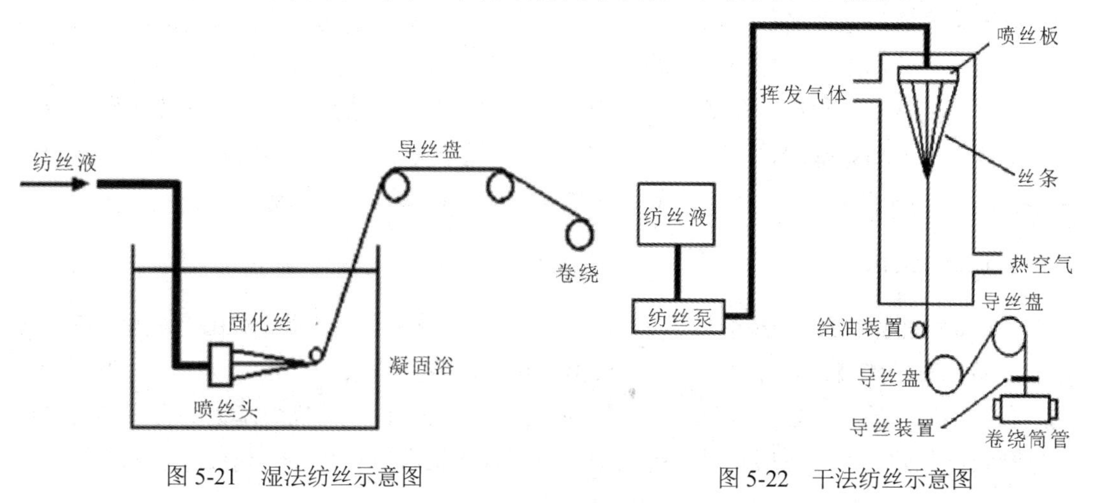

图 5-21　湿法纺丝示意图　　图 5-22　干法纺丝示意图

腈纶、维纶和粘胶纤维可采用湿法纺丝，维纶、氯纶和部分腈纶等可用干法纺丝。

通过以上纺丝方法得到的初生纤维，其强度不符合加工要求，不能直接用于织物加工，为此，必须进行一系列加工，以改进纤维结构，提高其性能后才可使用加工一般包括上油、拉伸、卷曲、热定型、切断、加捻和绕丝等多道工序，具体要视纤维的品种和形式而定，其中拉伸和热定型是所有化纤的生产都是必不可少的工序。

拉伸使高分子链沿纤维轴取向排列，以加强分子链间作用力，从而提高纤维强度，降低延伸度。拉伸要在 $T_g \sim T_f$ 的温度范围内进行。热定型可消除纤维的内应力，提高纤维尺寸稳定性，使拉伸和卷曲的效果得以保持。热定型的温度范围在 $T_g \sim T_m$ 之间。

5.4 国内外杰出人物

Material Science

➢ 冯新德

冯新德(1915 年 10 月 12 日—2005 年 10 月 24 日)，出生于江苏吴江，高分子化学家、高分子化学教育家。冯新德教授长期从事高分子化学教学与基础研究，涉及烯类自由基聚合、环化聚合、嵌段与接枝共聚合、电荷转移光聚合、开环聚合、功能高分子、高分子生物材料等领域，特别是在抗凝血材料与药物缓释材料，以及高分子老化与生物老化的初始反应机理等研究中做出了突出贡献。

➢ 施陶丁格

施陶丁格(1881 年 3 月 23 日—1965 年 9 月 8 日)，出生于沃尔姆斯，联邦德国有机化学家和高分子化学家。施陶丁格是高分子科学的奠基人。20 世纪 20 年代，他将天然橡胶氢化，得到了与天然橡胶性质差别不大的氢化天然橡胶等材料，从而证明了天然橡胶不是小分子次价键的缔合体，而是以主价键连接成的长链状高分子量化合物。他还正式提出了“高分子化合物”这个名称，预言了高分子化合物在生物体中的重要作用。施陶丁格提出了关于高分子的黏度性质与分子量关系的施陶丁格定律。用黏度测定高分子的分子量仍然是目前常用的方法。他在高分子科学理论方面的创新理论，成为了纤维、橡胶、塑料等高分子工业生产的理论基础。施陶丁格因其在高分子化学方面的发现，获得了 1953 年诺贝尔化学奖。他创办了《高分子化学》杂志。共发表了 600 多篇论文和专著。

➢ Karl Ziegler

齐格勒(1898 年 11 月 26 日—1973 年 8 月 11 日)，出生于黑尔萨，德国有机化学家。齐格勒早期主要研究碱金属有机化合物、自由基化学、多元环化合物等。1928 年，他开始研究用金属钠催化的丁二烯聚合及其反应机理。此后，又出色地研究烷基铝的合成和用以代替格利雅试剂的工作。齐格勒最大的成就是发现金属铝和氢、烯烃一起反应生成三烷基铝这一成果。在此研究成果上，齐格勒成功地进行了下列研究：① α-烯烃的催化二聚作用，合成高级 α-烯烃；② 乙烯经烷基铝催化合成高级伯醇；③ 由烯烃合成萜醇；由烷基铝经电化学或其他方法合成其他金属的烷基化合物；④ 利用氢化烷基铝和三烷基铝做有机物官能团的还原剂；⑤ 以三烷基铝与四氯化钛为催化剂(称为齐格勒催化剂)，使乙烯在常温常压下聚合成线型聚乙烯，这项研究为高分子化学和配位催化作用开辟了广阔的研究领域。

思考题

1. 高分子材料的制备反应有哪几类？
2. 高分子材料的性能主要分为哪几类？
3. 高分子材料的成型加工方法有哪些？分别适用于何种材料？

第6章

复 合 材 料

6.1 复合材料基础

6.1.1 复合材料简介

复合材料是由两种或两种以上不同性质的材料，通过物理或化学的方法，在宏观上组成具有新性能的材料。各种材料在性能上互相取长补短，产生协同效应，使复合材料的综合性能优于原组成材料从而满足各种不同要求。

复合材料的组分材料虽然保持其相对独立性，但是复合材料的性能却不是组分材料性能的简单加和，而是有重要的改进。在复合材料中，通常有一相为连续相，称为基体；另一相为分散相，称为增强材料。分散相是以独立的形态分布在整个连续相中的，两相之间存在相界面。分散相可以是增强纤维，也可以是颗粒状或弥散的填料。同时，复合材料可以是一个连续物理相与一个连续分散相的复合，也可以是两个或多个连续相与一个或多个分散相在连续相中的复合，复合后的产物为固体时才称为复合材料。

复合材料的基体材料分为金属和非金属两大类。金属基体常用的有铝、镁、铜、钛及合金。非金属基体主要有合成树脂、橡胶、陶瓷、石墨、碳等。增强材料主要有玻璃纤维、碳纤维、硼纤维、芳纶纤维、碳化硅纤维、石棉纤维、晶须、金属丝和硬质细粒等。

复合材料的使用历史可以追溯到古代。从古至今沿用的稻草或麦秸增强黏土，以及已使用百年的钢筋混凝土均由两种材料复合而成。20 世纪 40 年代，因航空工业的需求，发展了玻璃纤维增强塑料(俗称玻璃钢)，从此出现了复合材料这一名称。50 年代以后，陆续发展了碳纤维、石墨纤维和硼纤维等高强度和高模量纤维，70 年代出现了芳纶纤维和碳化硅纤维。这些高强度、高模量纤维能与合成树脂、碳、石墨、陶瓷、橡胶等非金属基体以及铝、镁、钛等金属基体复合，构成各具特色的复合材料。

目前全世界复合材料的年产量已达 550 多万吨，年产值达 1300 亿美元以上。从全球范围看，世界复合材料的生产主要集中在欧美和东亚地区，汽车工业是复合材料最大的用户，今后发展潜力仍十分巨大。例如，为降低发动机噪声，增加轿车的舒适性，正着力开发两层冷轧板间粘附热塑性树脂的减振钢板；为满足发动机向高速、增压、高负荷方向发展的要求，发动机活塞、连杆、轴瓦已开始应用金属基复合材料。为满足汽车轻量化要求，必将会有越来越多的新型复合材料被应用到汽车制造业中。

6.1.2　复合材料的命名和分类

复合材料可根据增强材料与基体材料的名称来命名。将增强材料的名称放在前面，基体材料的名称放在后面，再加上“复合材料”。例如，玻璃纤维和环氧树脂构成的复合材料称为“玻璃纤维环氧树脂复合材料”。为书写简便，也可仅写增强材料和基体材料的缩写名称，中间加一斜线隔开，后面再加“复合材料”。如上述玻璃纤维和环氧树脂构成的复合材料，也可写作“玻璃/环氧复合材料”。有时为突出增强材料和基体材料，也可简称为“玻璃纤维复合材料”或“环氧树脂复合材料”。

复合材料的分类方法有很多，常见的分类方法有以下几种。

1. 按增强材料形态分类

(1) 连续纤维复合材料：作为分散相的纤维，每根纤维的两个端点都位于复合材料的边界处。

(2) 短纤维复合材料：短纤维无规则地分散在基体材料中制成的复合材料。

(3) 粒状填料复合材料：微小颗粒状增强材料分散在基体中制成的复合材料。

(4) 编织复合材料：以平面二维或立体三维纤维编织物为增强材料与基体复合而成的复合材料。

2. 按增强原理分类

(1) 弥散增强型复合材料；

(2) 晶须增强型复合材料；

(3) 纤维增强型复合材料。

如图 6-1 所示。

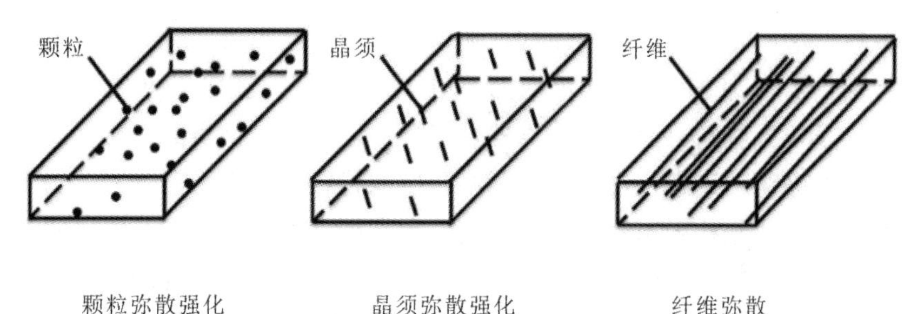

图 6-1　分散强化型复合材料

3. 按增强纤维种类分类

(1) 玻璃纤维复合材料；

(2) 碳纤维复合材料；

(3) 有机纤维复合材料；

(4) 金属纤维复合材料；

(5) 陶瓷纤维复合材料。

此外，用两种或两种以上纤维增强同一基体制成的复合材料称为混杂复合材料。混杂复合材料可以看成是两种或多种单一纤维复合材料的相互复合，即复合材料的“复合材料”。

4. 按基体材料分类

(1) 金属基复合材料：以金属基体制成的复合材料，如铝基、钛基、镁基、锌基、铜基等复合材料。

(2) 无机非金属基复合材料：以陶瓷、玻璃、水泥为基体制成的复合材料，也包括碳基复合材料和纳米陶瓷基复合材料。

(3) 聚合物(树脂)基复合材料：以有机聚合物为基体制成的复合材料，主要包括热固性树脂基和热塑性树脂基。热固性树脂基可分为环氧树脂复合材料、酚醛树脂复合材料以及不饱和聚酯、脲醛复合材料等；热塑性树脂基分为聚苯硫酸复合材料、聚丙烯复合材料和聚醚酮复合材料。

5. 按材料作用分类

(1) 结构复合材料：用于制造受力构件的复合材料；

(2) 功能复合材料：具有各种特殊性能(如阻尼、导电、导磁、摩擦等)的复合材料。

此外，还有同质复合材料和异质复合材料。增强材料和基体材料属于同种物质的复合材料为同质复合材料，如碳/碳复合材料。前面提到的复合材料多属于异质复合材料。

6.2 复合材料的基体材料

6.2.1 金属材料

金属复合材料学科是一门相对较新的材料学科，涉及材料表面、界面、相变、凝固、塑性形变、断裂力学等，仅有 30 余年的发展历史。现代科学技术的发展对材料提出了更高的性能要求。除了要求材料具有一些特殊的性能外，还要具有优良的综合性能。例如，航天技术和先进武器系统的迅速发展，对轻质高强结构材料的需求十分强烈。由于航天装置越来越大，结构材料的结构效率变得更为重要。宇航构件的结构强度、刚度随构件线性尺寸的平方增加，而构件的质量随线性尺寸的立方增加，为了保持构件的强度和刚度就必须采用高比强度、高比刚度和轻质高性能结构材料。又如，随着电子技术的迅速发展，大规模集成电路器件的集成度越来越高，功率也越来越大，器件的散热成为阻碍集成电路迅速发展的关键，需要热膨胀系数小，导热系数高的电子封装材料。

金属基体的选择对复合材料的性能有决定性的作用，金属基体的密度、强度、导热性、导电性、耐热性、抗腐蚀性等均将影响复合材料的比强度、比刚度、耐高温、导热、导电等性能。因此在设计和制备复合材料时，需充分了解和考虑金属基体的化学、物理特性以及与增强物的相容性等因素，以便于正确合理地选择基体材料和制备方法。

金属与合金的品种繁多，目前用作金属基复合材料的金属有铝及铝合金、镁合金、钛合金、镍合金、铜、铜合金、锌合金、铅、钛铝、镍铝金属间化合物等。基体材料成分的正确选择对能否充分组合、发挥基体金属与增强物性能特点、获得符合预期综合性能的复合材料十分重要。在选择基体金属时应考虑以下几方面：

一、金属基复合材料的使用要求

金属基复合材料构(零)件的使用性能要求是选择金属材料最重要的依据。在航天航空技术中比强度、比模量、尺寸稳定性是最重要的性能要求。作为飞行器和卫星构件宜选用密度小的轻金属合金，如镁合金和铝合金作为基体，与高比强度、高比模量的石墨纤维、硼纤维等组成的石墨/镁、硼/铝复合材料。

高性能发动机则要求复合材料不仅有高比强度、比模量性能外，还要求复合材料具有优良的耐高温性能，能在高温、氧化性气氛中正常工作。一般的铝、镁合金就不宜选用，而需选择钛基合金、镍基合金以及金属间化合物作基体材料。

在汽车发动机中要求其零件耐热、耐磨、导热并有一定的高温强度等，同时又要求成本低廉，适合于批量生产。那就可选用铝合金作基体材料，与陶瓷颗粒、短纤维组成颗粒(短纤维)/铝基复合材料，如碳化硅/铝复合材料可制作发动机活塞、缸套等零件。

工业集成电路需要高导热、低膨胀的金属基复合材料作为散热元件和基板。可选用具有高导热率的银、铜、铝等金属为基体与高导热性、低热膨胀的超高模量石墨纤维、金刚石纤维、碳化硅颗粒复合成具有低热膨胀系数和高导热率、高比强度、比模量等性能的金属基复合材料。这类复合材料可作为解决高集成度电子器件的关键材料。

二、金属基复合材料基体的选择特点

由于增强物的性质和增强机理的不同，在基体材料的选择上有很大的差异。对于连续纤维增强金属基复合材料，纤维是主要承载物体，纤维本身具有很高的强度和模量，如高强度碳纤维最高强度已达到7000 MPa，超高模量石墨纤维的弹性模量已高达900 GPa，而金属基体的强度和模量远远低于纤维。因此，在连续纤维增强金属基复合材料中，基体的主要作用应是以充分发挥增强纤维的性能为主，基体本身应与纤维有良好的相容性和塑形，而并不要求基体本身有很高的强度。

但对于非连续增强(颗粒、晶须、短纤维)金属基复合材料，基体是主要承载物，基体的强度对非连续增强金属基复合材料具有决定性的影响。因此要获得高性能的金属基复合材料必须选用高强度的基体。例如，颗粒增强铝基复合材料一般选用高强度的铝合金为基体。

总之，针对不同的增强体系，要充分分析和考虑增强物的特点来正确地选择基体合金。

三、基体金属与增强物的相容性

由于金属基复合材料需要在高温下成型，所以在金属基复合材料的制备过程中，处于高温热力学不平衡状态下的纤维与金属之间很容易发生化学反应，在界面形成反应层。这种界面反应层大多是脆性的，当反应层达到一定厚度后，材料受力时将会因界面层的断裂伸长小而产生裂纹，并向周围纤维扩展，容易引起纤维断裂，导致复合材料整体破坏。再者，由于基体金属中往往含有不同类型的合金元素，这些合金元素与增强物的反应程度不同，反应后生成的反应产物也不同，需在选用基体合金成分时充分考虑这一因素，尽可能选择既有利于金属与增强物浸润复合，又有利于形成合适稳定界面的合金元素。例如，碳纤维增强铝基复合材料中，在纯铝中加入少量的 Ti、Zr 等元素明显改善了复合材料的界面结构和性质，大大提高了复合材料的性能。

因此，在选择基体时应充分注意与增强物的相容性(特别是化学相容性)，并应考虑到尽可能在金属基复合材料成型过程中抑制界面反应。例如，可对增强纤维进行表面处理或者在金属基体中添加其他成分，以及选择适宜的成型方法或缩短材料在高温下的停留时间等。

6.2.2 非金属材料

一、陶瓷材料

传统的陶瓷是指陶器和瓷器，也包括玻璃、水泥、搪瓷、砖瓦等人造无机非金属材料。由于这些材料都是以含二氧化硅的天然硅酸盐矿物质，如黏土、石灰石、砂子等为原料制成的，所以陶瓷材料也都是硅酸盐材料。随着现代科学技术的发展，出现了许多性能优异的新型陶瓷，它们不仅含有氧化物，还含有碳化物、硼化物和氮化物等。

近年来的研究结果表明，在陶瓷基体中添加其他成分，如陶瓷粒子、纤维或晶须，可提高陶瓷的韧性。粒子增强虽能使陶瓷的韧性有所提高，但效果并不显著。用作基体材料使用的陶瓷一般应具有优异的耐高温性能，与纤维或晶须之间有良好的界面相容性以及较好的工艺性能等。常用的陶瓷基体主要包括玻璃、玻璃陶瓷、氧化物陶瓷、非氧化物陶瓷等。

二、玻璃

玻璃是通过无机材料高温烧结而成的一种陶瓷材料。与其他陶瓷材料不同，玻璃在熔融后不经结晶而冷却成为坚硬的无机材料，即具有非晶态结构是玻璃的特征之一。在玻璃坯体的烧结过程中，由于复杂的物理化学反应产生不平衡的酸性和碱性氧化物的熔融液相，其黏度较大，并在冷却过程中进一步迅速增大。一般当粘度增大到一定程度时，熔体硬化并转变为具有固体性质的无定形物体，即玻璃。

三、水泥

水泥基体与树脂相比具有如下特征：

(1) 水泥基体为多孔体系，其孔隙尺寸可由十分之几纳米到数十纳米。孔隙存在不仅会影响基体本身的性能，也会影响纤维与基体的界面黏结。

(2) 纤维与水泥的弹性模量比不大，因水泥的弹性模量比树脂高，对多数有机纤维而言，纤维与水泥的弹性模量比甚至小于 1，这意味着在纤维增强水泥复合材料中应力的传递效应远不如纤维增强树脂。

(3) 水泥基材的断裂延伸率较低，仅是树脂基材的 1/10～1/20，故在纤维尚未从水泥基材中拔出拉断前，水泥基材即行开裂。

(4) 水泥基材中含有粉末或颗粒状的物料，与纤维成点接触，故纤维的掺量受到很大限制。树脂基体在未固化前是黏稠液体，可较好地渗透到纤维中，故纤维的掺量有所提高。

(5) 水泥基材呈碱性，对金属纤维可起保护作用，但对大多数矿物纤维是不利的。

6.2.3 聚合物材料

聚合物材料是指由许多相同的、简单的结构单元通过共价键重复连接而成的高分子化合物，以下对聚合物材料的种类、组分及作用、结构、性能等进行简单的介绍。

一、聚合物基体的种类

1. 热固性树脂

热固性树脂是指树脂加热后产生化学变化，逐渐硬化成型，再受热也不软化、也不能溶解的一种树脂。

热固性树脂的分子结构为体型，它包括大部分的缩合树脂，其优点是耐热性高，受压不易变形，其缺点是机械性能较差。热固性树脂有酚醛、环氧、氨基、不饱和聚酯以及硅醚树脂等。

1) 不饱和聚酯树脂

不饱和聚酯树脂是制造玻璃纤维复合材料的另一种树脂。在国外，聚酯树脂占玻璃纤维复合材料用树脂总量的 80%以上。聚酯树脂有以下特点：工艺性良好，能在室温下固化，常压下成型，工艺装置简单，这也是它与环氧、酚醛树脂相比最突出的优点。固化后的树脂综合性能良好，但力学性能不如酚醛树脂和环氧树脂。

2) 酚醛树脂

酚醛是最早实现工业化生产的一种树脂。它的特点是在加热条件下即能固化，无须添加固化剂，酸、碱对固化反应起促进作用，树脂固化过程中有小分子析出，故树脂固化需在高压下进行，固化时体积收缩率大，树脂对纤维的粘附性不够好，已固化的树脂具有良好的压缩性能，良好的耐水、耐化学介质和耐烧蚀性能，但断裂延伸率低，脆性大。所以酚醛树脂大量用于粉状压塑料、短纤维增强塑料，少量地应用于玻璃纤维复合材料、耐烧蚀材料等，在碳纤维和有机纤维复合材料中很少使用。

2. 热塑性树脂

热塑性树脂是指具有线型或支链型结构的一类有机高分子化合物，这类聚合物可以反复受热软化(或熔化)，而冷却后变硬。热塑性树脂在软化或熔化状态下，可以进行模塑加工，当冷却至软化点以下时能保持模塑成型的形状。

属于这类聚合物的有：聚乙烯、聚丙烯、聚氯乙烯、聚酰胺、聚碳酸酯、聚甲醛、聚砜、聚苯硫等。

二、聚合物基体的组分及作用

聚合物是聚合物基复合树脂的主要组分。一般来说，基体很少是单一的聚合物，往往除了主要组分，即聚合物以外，还包含其他辅助材料。在基体材料中，其他的组分还有固化剂、增韧剂、稀释剂、催化剂等，这些辅助材料是复合材料基体不可缺少的组分。

复合材料中的基体有三种主要的作用：把纤维粘在一起；分配纤维间的载荷；保护纤维不受环境影响。

三、聚合物的结构

聚合物的结构有以下主要特点：

聚合物分子链由数目很大(10^3～10^5数量级)的结构单元组成，每个结构单元相当于一个小分子。链长有限的聚合物分子含有官能团或端基，其中端基不是重复结构单元的一部分；一般聚合物的主链都有一定的内旋转自由度，使大分子具有无数构象，具有柔性。

四、聚合物的性能

1. 力学性能

热塑性树脂与热固性树脂在分子结构上的显著差别就是前者是线性结构而后者为体型网状结构。由于分子结构上的差别，使热塑性树脂在力学性能上有如下几个显著特点：

(1) 具有明显的力学松弛现象；

(2) 在外力作用下形变较大，当应变速度不太大时，可具有相当大的断裂延伸率；

(3) 抗冲击性能较好。

2. 聚合物的耐热等性能

1) 聚合物的结构与耐热性

从聚合物结构上分析，聚合物具有刚性分子链，结晶性或交联结构。为提高聚合物的耐热性，一种途径是选用能产生交联结构的聚合物，如聚酯树脂、环氧树脂、酚醛树脂、有机硅树脂等，另一种途径是增加高分子链的刚性。因此在高分子链中减少单键，引进共价双键、三键或环状结构(包括脂环、芳环或杂环等)，对提高聚合物的耐热性很有效果。

2) 聚合物的热稳定性

聚合物的热稳定性也是一种度量聚合物耐热性能的指标。在高温下加热聚合物可以引起两类反应，即降解和交联。降解指聚合物主链的断裂，它导致分子量下降，使材料的物理力学性能变坏。交联是指某些聚合物交联过度而使聚合物变硬、发脆，使物理力学性能变坏。提高聚合物热稳定性的途径包括：提高聚合物分子链的键能，避免弱键存在；尽量在链中引入较大比例的芳环和杂环，可以增加聚合物的热稳定性。

3. 聚合物的耐腐蚀性能

复合材料中的树脂含量，尤其是表面层树脂的含量与其耐化学腐蚀性能有着密切的关系。

4. 聚合物的介电性能

一般来说，树脂大分子的极性越大，则介电常数越大，材料的介电性能也就越差。

5. 聚合物的其他性能

聚合物的其他性能还包括吸水率、收缩率、线膨胀系数、洛氏硬度等。

6.3　复合材料的增强材料

Material Science

在复合材料中，凡是能提高基体材料力学性能的物质，均称为增强材料。纤维在复合材料中起增强作用，是主要承力组分，它不仅能使材料显示出较高的抗张强度和刚度，而且能减少收缩，提高热变形温度和低温冲击强度等。复合材料的性能在很大程度上取决于纤维的性能、含量及使用状态。如聚苯乙烯塑料，加入玻璃纤维后，拉伸强度可以从600 MPa提高到1000 MPa，弹性模量可从3000 MPa提高到8000 MPa，其热变形温度可以从85℃提高到105℃，使在−40℃下的冲击强度可提高10倍。

6.3.1　玻璃纤维及其制品

我国玻璃纤维工业诞生于1950年，当时只能生产绝缘材料用的初级纤维。1958年以后，玻璃纤维工业得到迅速发展。如今，全国有大、小玻璃纤维厂家200多个，玻璃纤维年产量为5万吨，其中无碱纤维占20%，中碱纤维占80%，纤维直径多数为6～8微米。玻璃纤维工业的不断发展促进了我国复合材料及尖端科学技术的发展。

一、玻璃纤维的分类

玻璃纤维的分类方法很多，一般从玻璃的原料成分、单丝直径、纤维外观及纤维特性等方面进行分类。

以玻璃原料成分分类可分为四种，这种分类方法主要用于连续玻璃纤维的分类。一般以不同的含碱量来区分，有：无碱玻璃纤维(通称E玻纤)，目前国内规定其碱金属氧化物含量不大于 0.5%，国外一般为 1%左右；中碱玻璃纤维，碱金属氧化物含量在 11.5%～12.5%之间；有碱玻璃(A 玻璃)纤维；特种玻璃纤维。

二、玻璃纤维的结构及化学组成

1. 玻璃纤维的结构

玻璃纤维的拉伸强度比块状玻璃高许多倍，但经研究证明，玻璃纤维的结构与玻璃相同。关于玻璃结构的假说到目前为止比较能够反映实际情况的是“微晶结构假说”和“网络结构假说”。

微晶结构假说认为玻璃是由硅酸块或二氧化硅的微晶子组成，在微晶子之间由硅酸块过冷溶液填充。

网络结构假说认为玻璃是由二氧化硅的四面体、铝氧三面体或硼氧三面体相互连接成不规则三维网络，网络间的空隙由 Na、K、Ca、Mg 等阳离子所填充。二氧化硅四面体的三维网状结构是决定玻璃性能的基础，填充的 Na、Ca 等阳离子称为网络改性物。

大量资料证明，玻璃结构是近似有序的。原因是玻璃结构中存在一定数量和大小的比较有规则排列的区域，这种规则性是由一定数目的多面体遵循类似晶体结构的规则排列造成的。但是有序区域不像晶体结构那样有严格的周期性，微观上是不均匀的，宏观上却又是均匀的，反映到玻璃的性能上是各向同性的。

2. 玻璃纤维的化学组成

玻璃纤维的化学组成主要是二氧化硅(SiO_2)、三氧化二硼(B_2O_3)、氧化钙(CaO)、氧化铝(Al_2O_3)等，它们对玻璃纤维的性质和生产工艺起决定性作用。以二氧化硅为主的称为硅酸盐玻璃，以三氧化二硼为主的称为硼酸盐玻璃。氢化钠、氧化钾等碱性氧化物为助熔氧化物，它可以降低玻璃的熔化温度和黏度，使玻璃溶液中的气泡容易排除。

3. 玻璃纤维的物理性能

玻璃纤维具有一系列优良性能，包括拉伸强度高、防火、防霉、防蛀、耐高温和电绝缘性能好等。它的缺点是具有脆性、不耐腐、对人的皮肤有刺激性等。

4. 玻璃纤维的力学性能

1) 玻璃纤维的拉伸强度

玻璃纤维的最大特点是拉伸强度高。一般玻璃制品的拉伸强度只有 40～100 MPa，而直径 3～9 μm 的玻璃纤维拉伸强度则高达 1500～4000 MPa。

关于玻璃纤维高强的原因，许多学者提出了不同的假说，其中比较有说服力的是微裂纹假说。微裂纹假说认为，玻璃的理论强度取决于分子或者原子间的引力，其理论强度很高，可达到 200～1200 $kg \cdot mm^{-2}$。但在实测中其强度却很低，这是因为在玻璃或者玻璃纤维中存在着数量不等、尺寸不同的裂纹，因此大大降低了强度。微裂纹分布在玻璃或玻璃纤维的整个体积内，但以表面的微裂纹危害最大。由于微裂纹的存在，使玻璃在外力作用下受力不均，在危害最大的微裂纹处，产生应力集中，从而使强度下降。

玻璃纤维比玻璃的强度大很多，这是因为玻璃纤维高温成型时间短，加之玻璃溶液的不均一性，使微裂纹产生的机会减小。此外，玻璃纤维的断面较小，随着表面积的减少，使微裂纹存在的几率也减少，从而使纤维强度增高。有人明确地提出，直径小的玻璃纤维强度比直径大的玻璃纤维强度高的原因是其表面微裂纹尺寸和数量较小，从而减少了应力集中，使玻璃纤维具有较高的强度。

2) 玻璃纤维的耐磨性和耐折性

玻璃纤维的耐磨性是指玻璃纤维抗摩擦的能力，玻璃纤维的耐折性是指玻璃纤维抵抗折断的能力。玻璃纤维这两个性能都很差，经过揉搓容易受伤和断裂，这是玻璃纤维的严重缺点，使用时应当注意。

5. 玻璃纤维的化学性能

玻璃纤维除对氢氟酸、浓碱、浓磷酸外，其他所有化学药品和有机溶剂都有良好的化学稳定性。化学稳定性在很大程度上决定了不同纤维的使用范围。

当侵蚀介质与玻璃纤维制品作用时，多数是溶解玻璃纤维结构中的金属离子或破坏硅酸盐部分；对于浓碱溶液、氢氟酸、磷酸等，将使玻璃纤维结构全部溶解。

1) 玻璃纤维的化学成分

中碱玻璃纤维对酸的稳定性是较高的，但对水的稳定性是较差的；无碱玻璃纤维耐酸性较差，但耐水性较好；中碱玻璃纤维和无碱玻璃纤维，从弱碱液对玻璃纤维强度的影响看，二者影响接近。

2) 玻璃纤维表面情况

玻璃是一种非常好的耐腐蚀材料，但拉制成玻璃纤维后，其性能远不如玻璃。这主要是由于玻璃纤维的比表面积大所造成的。也就是说玻璃纤维受侵蚀介质作用的面积比玻璃大，因此，玻璃纤维的耐腐蚀性能比玻璃差很多。

3) 侵蚀温度和介质体积

温度对玻璃纤维的化学稳定性有很大的影响，在100℃以下时，温度每升高10℃，纤维在介质侵蚀下的破坏速度增加50%～100%；当温度升高到100℃以上时，破坏作用将更剧烈。同样的玻璃纤维，受不同体积的侵蚀介质作用，其化学稳定性不同。介质体积越大，对纤维的侵蚀越严重。

6. 玻璃纤维织物的品种及性能

玻璃纤维织物的品种很多，主要有玻璃纤维布、玻璃纤维带、玻璃纤维毡等。玻璃纤维布又可分平纹布、斜纹布、方格布、单向布、无纺布等。玻璃纤维毡又分为短切纤维毡、表面毡及连续纤维毡等。

7. 玻璃纤维及其制品制造流程

除了上述玻璃纤维、纱、毡、布以外，玻璃纤维还可制成其他制品。为了使读者能更全面地了解玻璃纤维，我们绘制了玻璃纤维的制造流程，如图6-2所示。

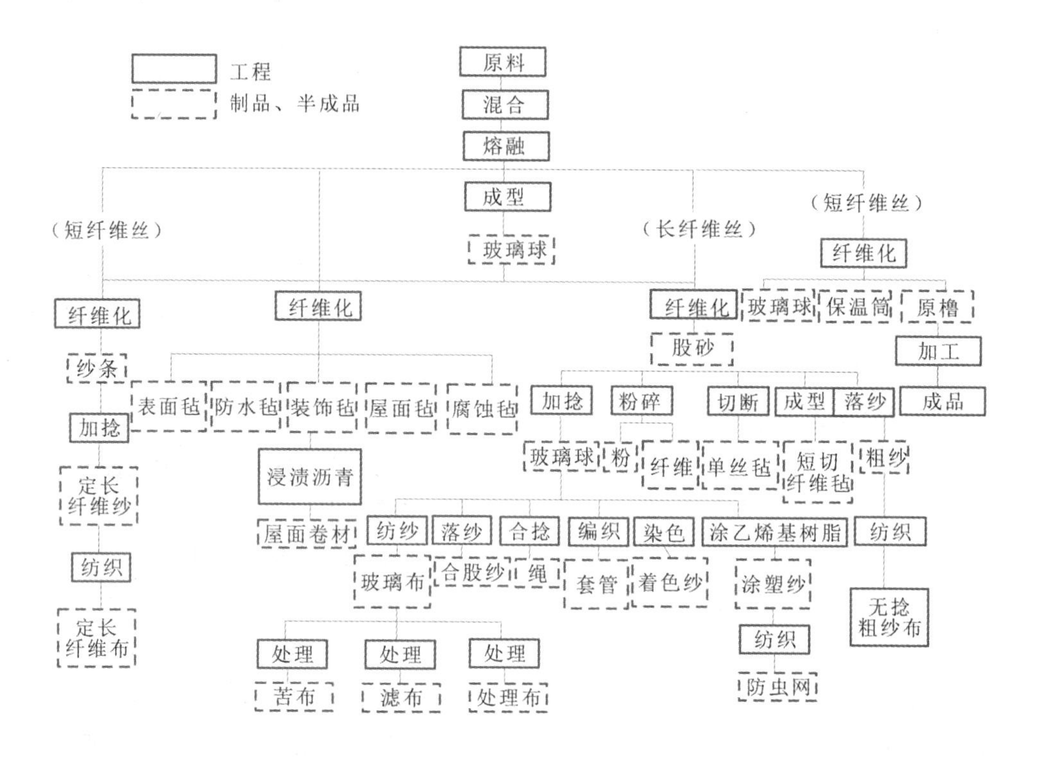

图 6-2　玻璃纤维的制造流程图

6.3.2　碳纤维

碳纤维是由有机纤维固化反应转变而成的纤维状聚合物碳，是一种非金属材料。它不属于有机纤维范畴，但从制法上看，它又不同于普通无机纤维。碳纤维性能优异，不仅重量轻、比强度大、比模量高，而且耐热性高，化学稳定性好。其制品具有非常优良的 X 射线透过性、阻止中子透过性，还可赋予塑料以导电性和导热性。以碳纤维为增强剂的复合材料具有比钢强、比铝轻的特性，是一种目前最受重视的高性能材料之一。

一、碳纤维的分类

当前国内外已商品化的碳纤维种类很多，一般可以根据原丝的类型、碳纤维的性能和用途进行分类。

根据碳纤维的性能分类，可分为高性能碳纤维和低性能纤维。其中高性能碳纤维中有高强度碳纤维、高模量碳纤维、中模量碳纤维等；低性能碳纤维有耐火纤维、碳制纤维、石墨纤维等。

根据原丝类型分类，可分为聚丙烯腈基纤维、粘胶基碳纤维、沥青基碳纤维、木质素纤维基碳纤维以及其他有机纤维基碳纤维，如各种天然纤维、再生纤维、缩合多环芳香族合成纤维等。

根据碳纤维功能分类，主要包括受力结构用碳纤维、耐焰碳纤维、活性炭纤维(吸附活性)、导电用碳纤维、润滑用碳纤维和耐磨用碳纤维。

二、碳纤维的制造

制作碳纤维的主要原材料有：人造丝(黏胶纤维)、聚丙烯腈(PAN)纤维(它不同于腈纶毛线)；沥青(它是通过熔融拉丝成各向同性的纤维，或者是从液晶中间相拉丝而成的，这种纤维是具有高模量的各向异性纤维)。

用这些原料生产的碳纤维各有特点，制造高强度、高模量碳纤维多选聚丙烯腈为原料。无论用何种原丝纤维来制造碳纤维，都要经过五个阶段：

(1) 拉丝，可用湿法、干法或者熔融状态三种方法进行；

(2) 牵伸，在室温以上，通常是100～300℃范围内进行；

(3) 稳定，通过400℃加热氧化的方法实现；

(4) 碳化，在1000～3000℃范围内进行；

(5) 石墨化，在2000～3000℃范围内进行。

三、碳纤维的结构与性能

1. 结构与力学性能

碳纤维的结构取决于原丝结构与碳化工艺。对有机纤维进行预氧化、碳化等工艺处理，除去有机纤维中碳以外的元素，形成聚合多环芳香族平面结构。在碳纤维形成的过程中，随着原丝的不同，其重量损失可达 10%～80%，因此形成了各种微小的缺陷。但无论用哪种原料，高模量碳纤维中的碳分子平面总是与纤维轴平行的。用X射线、电子衍射和电子显微镜研究发现，真实的碳纤维结构并不是理想的石墨点阵结构，而是属于乱层石墨结构。在乱层石墨结构中，石墨层片是基本的结构单元，若干层片组成微晶，微晶堆砌成直径数十纳米、长度数百纳米的原纤，原纤则构成了碳纤维单丝，其直径约为数微米。实测碳纤维石墨层的面间距为 0.339～0.342 nm，比石墨晶体的层面间距(0.335 nm)略大，各平行层面间的碳原子排列也不如石墨那样规整。

2. 碳纤维的物理性能

碳纤维的比重在 1.5～2.0 之间，这除了与原丝结构有关外，主要决定于碳化处理的温度。一般经过高温(3000℃)石墨化处理，碳纤维的比重可达2.0。

碳纤维的热膨胀系数与其他类型纤维不同，它有各向异性的特点。

碳纤维的比热一般为 7.12×10^{-1} kJ(kg · ℃)。

3. 碳纤维的化学性能

碳纤维的化学性能与碳很相似。它除了能被强氧化剂氧化外，对一般酸碱性物质是有惰性的。在空气中，当温度高于400℃时，碳纤维则出现明显的氧化，生产CO和CO_2。在不接触空气或氧化气氛时，碳纤维具有突出的耐热性，与其他类型材料比较，碳纤维要在高于 1500℃强度才开始下降，而其他材料包括 Al_2O_3 晶须性能已大大下降。另外碳纤维还有良好的耐低温性能，如在液氮温度下也不脆化。它还有耐油、抗放射、吸收有毒气体和减速中子等特性。

6.3.3 有机纤维(芳纶纤维)

有机纤维又称为芳纶纤维，本节所介绍的芳纶纤维是指已工业化生产并广泛应用的聚芳酰胺纤维。

芳纶纤维的特点是拉伸强度高，单丝强度高达 3773 PMa。254 mm 长的纤维束的拉伸强度为 2744 PMa，大约为铝的 5 倍。芳纶纤维的冲击性很好，大约为石墨纤维的 6 倍，为硼纤维的 3 倍，为玻璃纤维的 80%。芳纶纤维的模量高，可达 $1.27 \sim 1.577 \times 10^5$ MPa，比玻璃纤维高一倍，为碳纤维的 80%。芳纶纤维的密度小，比重为 1.44～1.45，只有铝的一半，因此它有高的比强度与比模量。芳纶纤维有良好的热稳定性，耐火且不熔，当温度达 487℃时，才开始碳化。芳纶纤维的热膨胀系数和碳纤维一样具有各向异性的特点。

芳纶纤维具有良好的耐介质性能，对中性化学药品的抵抗力一般是很强的，但易受各种酸碱的侵蚀，尤其是强酸的侵蚀。由于芳纶纤维在分子结构中存在着极性酰胺基，所以它的耐水性也不好。温度对纤维的影响类似于尼龙或聚酯。

6.3.4 晶须

晶须是目前已知纤维中强度最高的一种，其机械强度几乎等于相邻原子间的作用力。晶须高强的原因主要在于它的直径非常小，容纳不下能使晶须削弱的空隙、位错和不完整等缺陷。晶须材料的内部结构完整，使它的强度不受表面完整性的严格限制。晶须分为陶瓷晶须和金属晶须两类，用作增强材料的主要是陶瓷晶须，其直径只有几个微米，断面呈多角形，长度一般为几厘米。

晶须没有显著的疲劳效应，切断、磨粉或其他的施工操作，都不会降低其强度。晶须在复合材料中的增强效果与其品种、用量关系极大，根据实践经验，有下述结论：

(1) 作为硼纤维、碳纤维与玻璃纤维的补充增强材料，加入 1%～5%晶须，强度有明显的提高；

(2) 加入 5%～50%晶须对模压复合材料和浇注复合材料的强度能成倍增加；

(3) 在层压板复合材料中，加入 50%～70%的晶须，能使其强度增加许多倍；

(4) 在定向复合材料中，加入 70%～90%的晶须，往往可以使其强度提高一个数量级；

(5) 对于高强度、低密度的晶须构架，利用胶结剂只需相互接触就可把晶须粘结起来，因此，晶须含量可高达 90%～95%；

晶须复合材料由于价格昂贵，目前主要用在空间和尖端技术上，在民用方面主要用于合成牙齿、骨骼及直升飞机的旋翼和高强度离心机等方面。

6.4　复合材料的成型加工

6.4.1　纤维增强树脂复合材料及其成型工艺

一、种类及用途

1. 玻璃纤维树脂复合材料(俗称玻璃钢)

根据树脂的不同，可把玻璃钢分为热固性玻璃钢和热塑性玻璃钢(玻璃塑料)。玻璃塑料比未增强的塑料其强度提高2～3倍，抗蠕变能力提高2～5倍，冲击韧性提高2～4倍，耐热性显著提高。

玻璃钢主要用于制造各种仪表盘、收录机机壳、电气元件，代替有色金属制造精密的轴承座、轴承和齿轮等零件。玻璃钢有较高的比强度，其值超过铜、铝合金，甚至超过钢。它的耐蚀性和介电性能优良，故在电气、机械、石油、化工等工程上得到广泛应用。

2. 碳纤维树脂复合材料

此类复合材料比重轻、比强度、比弹性模量大(大于钢)，冲击韧性好；摩擦系数小，耐水温高、化学稳定性强、导热性强，耐X射线能力强；其强度优于玻璃钢，但价格较贵。碳纤维主要用于宇航、人造卫星、火箭发动机的壳体、机架、天线构架等零件生产及轴承、齿轮、活塞、密封圈、化工零件等耐磨、减磨、耐蚀的零件材料。

3. 硼纤维树脂复合材料

这类复合材料的基体和纤维之间的黏接性能好；其压缩强度、剪切强度、硬度都比较高，钢性好，稳定性、导电、导热性也较好。但硼纤维制造成本高，主要用于宇航和航空工业，如制造压气机叶片、直升飞机转轴和螺旋桨叶片、仪表盘、转子等零件。

二、成型方法及工艺过程

1. 手糊法

原理及工艺过程：在成形模具上先涂刷一层加入固化剂的树脂，贴上一层纤维组织物，用刷子刷平后再涂上一层树脂，又贴上一层纤维，直至达到所需要的厚度为止。然后施加一定的压力，在25～50℃温度范围内固化成型，脱模，如图6-3所示。

特点：此法设备简单，生产成本低，对制品形状的适应性较好，但其制品的质量、尺寸不够稳定，生产率低。

应用：主要用于大型整体件的制造(如汽车顶、雷达罩、船体等)。

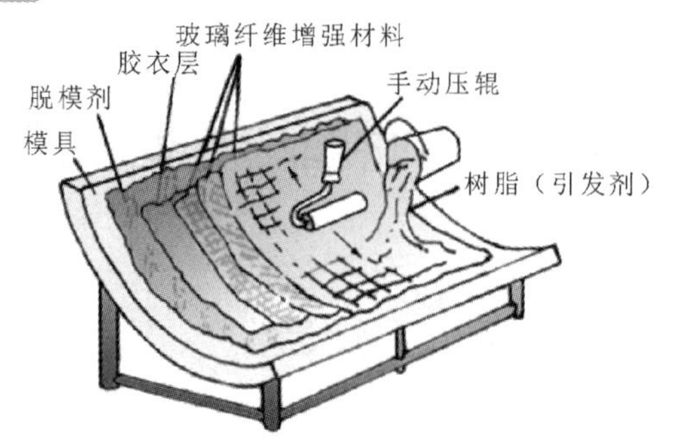

图 6-3　手糊成型加工方法

2. 缠绕法

原理及工艺过程：将浸渍树脂的纤维按一定规律缠绕在芯模上，经固化制成所需要的构件。增强纤维经过张力辊、纤维导辊、进入树脂槽后，被缠在模具上，并在一定温度(25～120℃)下固化成形，脱模后即得所需制品，如图 6-4 所示。

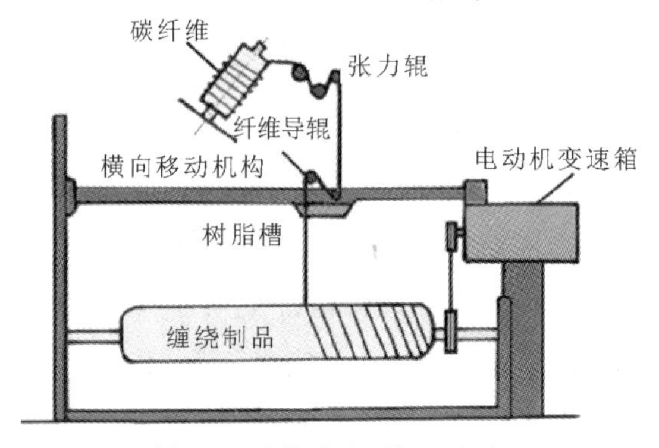

图 6-4　缠绕法成型加工方法

特点：设备简单，易于实现机械化，生产率高，产品质量稳定，但形状局限性大。

应用：常用于成形球形、圆筒形等回转壳体类构件。

3. 模压法

原理及工艺过程：将模压料(胶布、纤维预浸料、预成形坯等)置于模具中，借助于一定的温度、压力压制所需要的形状、尺寸，再固化成形。

特点：其生产效率高，产品结构致密，尺寸精确，质量稳定，二次加工量小，但模具设计、制造复杂，投资大。

应用：适用于在常温下能固结的树脂为基体的中、小型、大批量玻璃钢制品(如玻璃钢阀门)。

4. 喷射法

原理及工艺过程：利用压缩空气将树脂、硬化剂和短纤维同喷到模具表面，经过辊压压实，排除气泡后于 25～50℃温度范围内固化，即得所需制品，如图 6-5 所示。

特点：可制备无缝、异形制品，适应性强，生产率高，但劳动条件较差，污染较大，操作控制较严。

应用：喷射法可用来成形船体、浴盆、汽车车身、容器等；适于生产大尺寸制品和大批量生产。

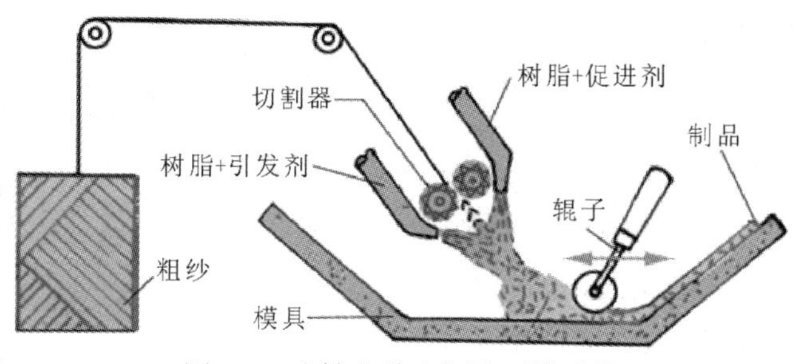

图 6-5　喷射成型示意图(两罐系统)

5. 注射(挤压)成型

原理及工艺过程：注射成形法是先将底膜固定、预热，然后利用注射机械在一定的压力条件下，通过一注入口将增强材料的纤维和树脂等一起挤压入模型内使之成型。因此，也称其为挤压成形法。

注射成形工艺过程包括加料、熔化、混合、注射、冷却硬化和脱模等步骤。加工热固性树脂时，一般是将温度较低的树脂体系(防止物料在进入模具之前发生固化)与短纤维混合均匀后注射到模具，然后再加热模具使其固化成形。

特点：① 连续成型，制品长度不受限制；② 产品纵向力学性能突出，结构效率高；③ 制造成本低，自动化程度高，生产效率高，原材料利用率高，不需要辅助材料。

应用：注射或挤出成形适用于短纤维树脂复合材料制品的生产。所得制品的精度高、生产周期短、效率较高、容易实现自动控制，除氟树脂外，几乎所有的热塑性树脂都可以采用这种方法成型。

6.4.2　纤维增强金属复合材料及其成型工艺

一、种类及用途

1) 碳纤维增强铝、镁等复合材料(碳/铝、镁及合金)

碳纤维增强铝、镁等复合材料较单一金属或合金具有高的热弹性模量和高的耐磨性，可用于飞机发动机风扇叶片、耐压容器、防弹钢板、轴承材料等。

2) 硼纤维增强铝、镁、钛及其合金等复合材料

硼纤维增强铝、镁、钛及其合金等复合材料具有高的比模量、比强度、疲劳极限、热稳定性。此类材料在宇航、航天、火箭技术中有重要用途。但因硼纤维制造成本高，应用范围受到一定限制。

3) 钨、钼等增强镍钛合金复合材料

钨、钼等增强镍钛合金复合材料的纤维和基体之间润湿性好，易于制造；其强度、高温强度和弹性模量很高，而且还有高的韧性和塑性。此种材料可用于飞机上许多重要耐热

结构件的制造，如火箭推进器、喷气发动机、蜗轮机、压气机中的密封元件、超音速飞机。

二、成型方法及工艺过程

1. 浸铸法

原理及工艺过程：用液态金属浸铸纤维成型法原理如图所示，纤维按一定方向进入熔融液态金属中，经过冷却成形圈被拉出，形成所需形状的制品，如图 6-6 所示。

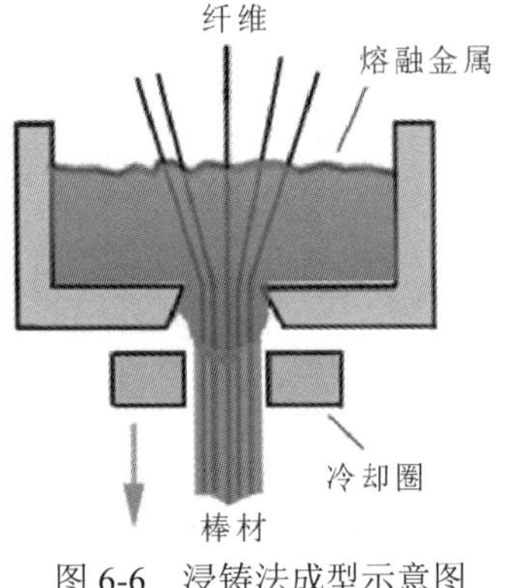

图 6-6 浸铸法成型示意图

特点：此种方法能够连续生产棒材，生产效率高，成本低。该方法常用于生产铝、镁等低熔点金属为基体的纤维增强复合材料。

2. 热压扩散结合法(热扩散焊接法)

原理及工艺过程：该方法是在高温下施加静压力，使纤维与基体扩散结合在一起。按制件的形状、纤维体积密度及增强方向的要求，将金属基复合材料预制条带及基体金属箔或粉末布，经剪裁、铺设、叠层、组装，然后在低于复合材料基体金属的熔点温度下加压并保持一定时间，基体金属产生蠕变与扩散，使纤维与基体间形成良好的界面结合，得到复合材料制件。

特点：利用静压力扩散结合，若条件适当有可能不损失纤维的力学性能，并有良好的结合界面；工艺参数易于精确控制，纤维在制件中的空间位置可按构件受力情况进行精细铺排，制件质量好。但是由于型模加压的单向性，此工艺限于制作形状较为简单的板材，如铝合金纤维增强板材及某些型材或叶片等制件。

3. 喷涂法

原理及工艺过程：将高温熔融金属喷涂到纤维上，待金属冷凝后将纤维黏结成型的方法，称为喷涂成形法，其中的等离子喷涂是最有发展前途的一种喷涂法。

在惰性气体的保护下，等离子弧迅速将金属粉末熔化，并随等离子流从等离子喷枪喷向整齐排列于芯轴的纤维上，如图 6-7 所示。

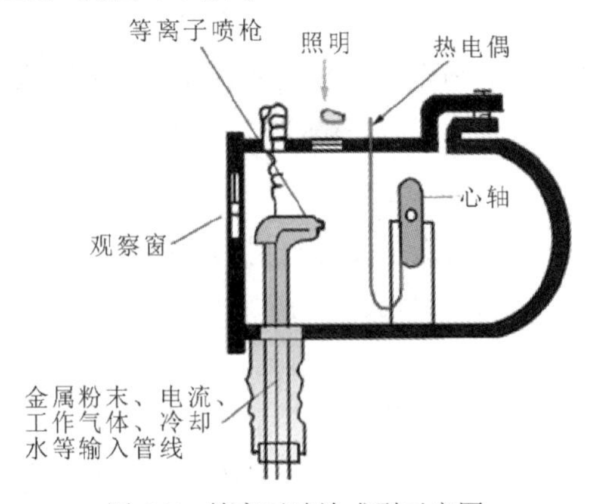

图 6-7 等离子喷涂成型示意图

特点：熔融金属粒子与纤维结合紧密，纤维与基体的界面接触较好，且微粒子在离开喷嘴后是急速冷却的，因此几乎不与纤维发生化学反应。此外，还可以采用一边向纤维喷涂熔融金属微粒子，一边把纤维缠绕在芯模上的缠绕作业。等离子喷涂法成型的制品比较疏松，在喷涂成型后还应进行一次热压成形，以提高制品的密度和尺寸的精确度。

4. 粉末冶金法

原理及工艺过程：将金属或非金属粉末混合后压制成形，并在低于金属熔点的温度下进行烧结，利用粉末间原子扩散来使其结合的过程称作粉末冶金工艺，如图 6-8 所示。

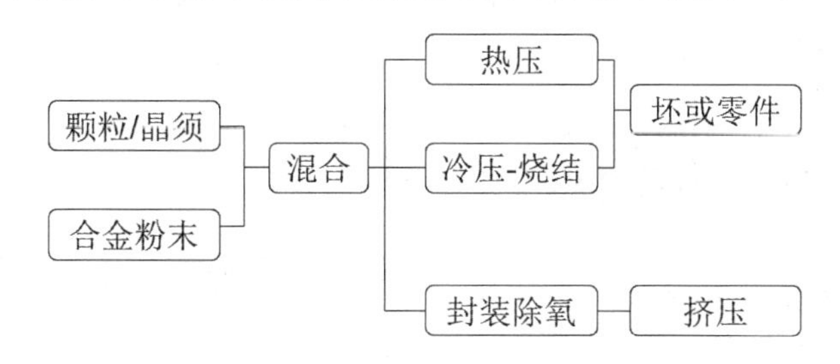

图 6-8　粉末冶金技术的工艺流程图

特点：

(1) 基体金属或合金的成分可自由选择，基体金属与强化颗粒之间不易发生反应；

(2) 可自由选择强化颗粒的种类、尺寸，还可多种颗粒强化，强化颗粒添加量的范围大；

(3) 较容易实现颗粒均匀化；

(4) 材料的成本较高，制备大尺寸的零件和坯料有一定困难；

(5) 粉末混合和防止氧化是工艺的关键，以及微细强化颗粒的均匀分散困难，须采取有效措施加以控制；

(6) 颗粒与基体的界面不如铸造复合材料等。

6.4.3　纤维增强陶瓷复合材料及其成型工艺

一、种类及用途

1. 碳纤维陶瓷复合材料(C/SiC)

石墨纤维增强陶瓷复合材料的性能优良如耐 1400℃高温，比强度、比模量高。C/SiC 已用作喷气发动机的涡轮叶片、内燃机的部分零件。

2. 金属纤维陶瓷复合材料

金属纤维陶瓷复合材料的代表是钨钼丝/三氧化铝、氧化锆(ZrO)。它们之间结合紧密，不发生化学反应，其高温强度、热稳定性、韧性、耐蚀性都较单一金属或陶瓷有较大的改善。这类材料主要应用于要求耐高温、强度大、热稳定性好、冲击韧性高，又耐急冷急热的飞机、火箭等构件的制造，如火箭喷管喉部前锥体、隔热层、密封垫等零件的制造。

二、成形方法及工艺过程

1. 泥浆浇铸法

泥浆浇铸法是将纤维分散在陶瓷泥浆中，然后浇铸在石膏模中，干燥后脱模再进行焙烧。此法工艺简单，制品不受形状限制，成本低但制品致密度较低。

2. 热压法

热压法是将纤维或其织物浸渗基体(陶瓷浆料)后，放入模具中在高温、高压下成形。高压基体填充织物空隙，增加了制品密度，提高了力学性能。

6.4.4 颗粒增强复合材料及其成型工艺

一、定义、种类、用途

这是以一种或多种增强颗粒均匀分散在基体材料内而制成的复合材料。最常见的颗粒增强复合材料有金属陶瓷、石墨/铝。

1. 金属陶瓷

增强相为氧化铝(Al_2O_3)、氧化镁(MgO)、氧化硼(BeO)、氧化锆(ZrO)和碳化钛(TiC)、碳化钨(WC)、碳化硅(SiC)。基本材料通常是铁(Fe)、钴(Co)、钼(Mo)、铬(Cr)、镍(Ni)、钛(Ti)等金属，它们是优良的切削刀具、磨具材料，如硬质合金刀具。

2. 石墨/铝

在铝液中加入颗粒状石墨，经浇注可制成具有优良减摩、消振的颗粒增强复合材料，它是优良的新型轴承材料。

二、成型方法及工艺过程

1. 铸造法

铸造法是将增强颗粒均匀分散浇铸熔融金属后，再进行浇铸成型，可直接生产机器零件，如轴承等。

2. 挤压成形法

挤压成形就是利用挤压机使短纤维晶须及颗粒增强复合材料坯料发生塑性变形，制取棒材、型材和管材的工艺方法，一般在加压状态下进行。

3. 压铸成形法

压铸成形是在高压下将液态金属或金属基复合材料注射进入铸型，凝固后成型的铸造工艺方法。应用压铸工艺可制得尺寸精度高、表面质量好的复合材料铸件。该工艺主要用于可重熔颗粒增强铝、镁、锌基合金复合材料(可按普通合金压铸工艺浇铸零件)和陶瓷颗粒增强合金复合材料的制件制造。压铸法是一种适合大批量生产的工艺方法，主要用于汽车、摩托车等零件的生产。

4. 粉末冶金法

粉末冶金法是将增强颗粒材料和金属基体粉末混合，然后压制、烧结成型。

5. 挤压铸造成型法(液态模锻)

挤压铸造成型法是将液态或半液态颗粒增强金属基复合材料在压力作用下充满铸型和凝固的铸造工艺方法。由于在零件成形和凝固过程中，铸型加压部分或冲头处于可移动状态，故可使零件在压力下结晶，并产生一定程度的变形，可获得细密的组织和较高的力学性能。该工艺主要用于制造形状简单而性能、质量要求高的复合铸件，如可重熔颗粒增强铝合金铸件。

6.4.5　叠层复合材料及其成型工艺

叠层复合材料是指由两层或两层以上的不同材料复合而成。

一、双金属叠层复合材料及成型工艺

1. 种类及用途

双金属叠层复合材料的典型代表有钢与锡基巴氏合金、普通钢表面镀铬、普通钢—不锈钢叠层复合钢板等，它们可提高基体耐磨、耐蚀等能力。双金属叠层复合材料主要用于制作耐磨、耐蚀的结构件，如滑动轴承、化工容器、医药器械等。

2. 成形方法及工艺过程

1) 离心铸造

离心铸造是将两种液态合金浇入高速旋转的铸型中，在其离心力的作用下，根据各自比重不同而受离心力大小不同分层充填铸型并结晶，从而获得铸件的一种方法。此法主要用于生产管、套类零件，如钢与锡基巴氏合金制作的双金属轴承套。

2) 喷涂法

喷涂法是利用喷枪将具有耐高温、耐磨、耐蚀等特殊性能的高温熔融金属喷涂到普通金属表面上，得到一层耐热、耐蚀、耐磨或具有其他特殊性能的复合层的一种方法。此法主要用于制作表面有特殊性能要求的机械零件，如模具、量具、不锈钢器具等需表层(厚度为0.03～0.5 mm)耐磨、耐蚀等特殊要求的零件。在基体表面覆上一层具有特殊性能的其他金属的方法还有电镀法，化学气相沉积等。

3) 双金属挤压

双金属挤压是将包覆用的金属和基体金属组装成挤压坯，在一定压力、温度条件下挤压成材。这种技术特别适合于制造连续的长线材、棒材和矩形扁型材以及无缝包层的核燃料部件和缆索。挤压过程是金属芯通过导孔进入挤压室，加热的包覆金属在挤压室中被挤

压包覆在金属芯上，并从挤压模的出口挤出，如图 6-9 所示。

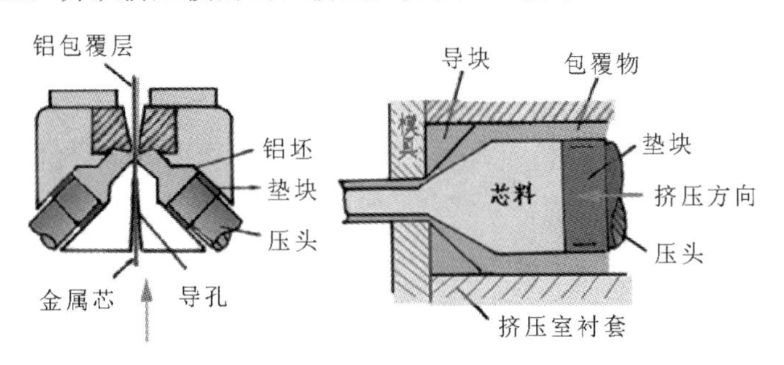

图 6-9　缆索挤压与双金属挤压工艺图

二、塑料—金属叠层复合材料

1. 种类及用途

酚醛环氧层压板上覆盖一层铜箔，用作印刷线路板；普通钢板上覆一层聚氯乙烯塑料，用作耐腐蚀材料；聚四氟乙烯塑料、多孔铜和钢叠合组成的复合材料用于制造自润滑轴承是这类复合材料的典型例子。

2. 成型方法及工艺过程

塑料—金属叠层复合材料的成形通常是采用涂覆与压制相结合的方法。如在多孔铜薄板上喷涂一层 0.05～0.3 mm 厚的聚四氟乙烯塑料，再与一定厚度的钢板叠合，多孔铜作中间层，然后放入压机加热加压成叠合层板。铜箔印刷线路板的成形是将浸渍过的酚醛胶纸或胶布，按压制厚度要求配叠成板坯，然后放入液压机的热板间加热加压而制成。

三、夹层结构复合材料

1. 种类及用途

夹层结构复合材料由两层强而薄的面板，一层或多层厚、轻而弱的芯层复合而成。面板的作用是提高复合材料的强度、表面光洁度，通常用金属、玻璃板、增强塑料板制成。芯层一般由比重较轻的木屑、石棉、金属箔、玻璃钢、泡沫塑料等制成实心或蜂窝格子结构。此类材料比重小、重量轻，有一定的刚度和抗压稳定性；能得到隔音、绝热、绝缘等特殊性能，故在航空、机械、运输、建筑等部门得到了广泛应用。

2. 成形方法

这种复合材料面层和芯层之间用树脂胶接，采用热压成形，制造工艺简单，价格便宜。

6.5　常用复合材料

常见的复合材料包括金属基复合材料、陶瓷基复合材料和聚合物(树脂)基复合材料这

三大类。

6.5.1 金属基复合材料

一、金属基复合材料概述

金属基复合材料(Metal Matrix Composite，MMC)包括很广的成分与结构，其共同点是有连续的金属基体，包括金属间化合物基体。

金属基复合材料的例子可追溯到古文明时期，在土耳其发现的公元前7000年的铜锥子是经过反复拓平与锤打研制成的。

金属基复合材料真正的起步是在20世纪50年代末或60年代初，美国国家航空和宇航局(NASA)成功地制备出钨丝增强的铜基复合材料，成为金属基复合材料研究和开发的标志性起点。随后，对纤维金属基复合材料的研究在20世纪60年代迅速发展起来。那时，主要的研究力量集中在以钨和硼纤维增强的铝和铜为基体的系统。在这种复合材料里，基体的主要功能在于把载荷传递和分配给纤维。增强体的体积分数一般都很高(约40%～80%)，得到的轴向性能都很好，因而基体的组织与强度似乎是次要的。关于连续纤维增强的复合材料的研究在70年代中有点滑坡，主要归咎于该材料的昂贵价格和受生产制造的限制。由于涡轮发动机的各个部件对于高温高效性材料的不断需求，从而触发了对金属基复合材料特别是钛基材料研究的广泛兴趣。

由于金属基复合材料具有极高的比强度、比刚度以及高温强度，它首先在航空航天上得到应用，今后也将在航空航天领域占据重要地位。之后，在汽车、体育用品等领域也得到了应用，特别是晶须增强复合材料和颗粒增强复合材料在日本的民用领域得到较好的应用。

与一般金属相比，金属基复合材料具有耐高温、高比强度、高的比弹性模量、小的热膨胀系数和良好的抗磨损性能等特点。与聚合物基复合材料相比，不仅剪切强度高、对缺口不敏感，而且物理和化学性能更稳定，如不吸湿、不放气、不老化、抗氧侵蚀、抗核、抗电磁脉冲、抗阻尼，膨胀系数低、导电和导热性好。上述特点使金属基复合材料更适合空间环境使用，是理想的航天器材料，在航空器上也有潜在的应用前景。

二、金属基复合材料的分类

金属基复合材料品种繁多，可按照增强体类型分为颗粒增强金属基复合材料、层状增强复合材料、纤维增强金属基复合材料。颗粒增强复合材料是指增强相为弥散分布的颗粒体，颗粒直径和颗粒间距较大，一般大于1μm。在这种复合材料中，增强相是主要的承载相，而基体的作用则在于传递载荷。颗粒增强复合材料的强度通常取决于增强颗粒的直径和体积分数，同时还与基体性质、颗粒与基体的界面及颗粒排列的形状密切相关。层状复合材料是指在韧性和成型性较好的金属基体材料中，含有重复排列的高强度、高模量片层状增强物的复合材料。由于薄片增强的强度不如纤维增强相高，因此层状结构复合材料的强度受到了限制。然而，在增强平面的各个方向上，薄片增强物对强度和模量都有增强效果，这与纤维单向增强的复合材料相比具有明显的优越性。金属基复合材料中的纤维根据其长度的不同可分为长纤维、短纤维和晶须，它们均属于一维增强体。因此，由纤维增强的复合材料均表现出明显的各向异性特征。短纤维和晶须在基体中为随机分布，因而性能在宏观上表现为各向同性。金属的熔点高，故高强度纤维增强后的金属基复合材料(MMC)可以在较高温的工作环境之下使用。常用的基体金属材料有铝合金、钛合金和镁合金。作为增强体的连续纤维主要有硼纤维、碳化硅和碳纤维。氧化铝纤维通常以短纤维的形式用于 MMC 中。

金属基复合材料按基体材料分为铝基复合材料、镁基复合材料、钛基复合材料、金属间化合物基复合材料。目前以铝基、镁基、钛基复合材料发展较为成熟，已在航天航空、电子、汽车等工业中应用。铝基复合材料是在金属基复合材料中应用得最广的一种。由于铝的基体为面心立方结构，因此具有良好的塑性和韧性，再加上它所具有的易加工性、工程可靠性及价格低廉等优点，为其在工程上应用创造了有利的条件。硼—铝复合材料可用作中子屏蔽材料，还可用来制造废核燃料的运输容器和储存容器、可移动防护罩、控制杆、喷气发动机风扇叶片、飞机机翼蒙皮、飞机起落架部件、自行车架、高尔夫球杆等。碳纤维增强铝基复合材料用在飞机上，如它使用在 F-15 战斗机上，能使其质量减轻 20%～30%。用碳纤维增强铝合金管材还可制作网球拍架。氧化铝纤维增强铝基复合材料最成功的应用是用来制造柴油发动机的活塞。镁基复合材料以陶瓷颗粒、纤维或晶须作为增强体，它集超轻、高比刚度、高比强度等优点于一身。该类材料比铝基复合材料更轻，具有更高的比强度和比刚度，将是航空航天优选材料。镁合金及其镁基复合材料的密度一般小于 1.8，仅为铝或铝基复合材料的 66%左右，是密度最小的 MMC 之一，而且具有优良的力学和物理性能。

金属基复合材料按用途分为结构复合材料、功能复合材料和智能复合材料。结构复合材料的高比强度、高比模量、尺寸稳定性、耐热性等是其主要性能特点，用于制造各种航天航空、汽车、先进武器系统等高性能结构件。功能复合材料的高导热、导电性、低膨胀、高阻尼、高耐磨性等物理性能的优化组合是其主要特性。化学性能包括抗氧化性和耐腐蚀性等，用于电子、仪器、汽车等工业。智能复合材料强调具有感觉、反应、自监测、自修复等特性。

三、金属基复合材料的性能

MMC 的性能取决于所选组分的特性、含量、分布等。优化组合可以获得具有金属特性，又有较好综合性能的 MMC。归纳起来 MMC 有以下性能特点：高比强度、高比模量；优异导热、导电性能；热膨胀系数小、尺寸稳定性好；良好的高温性能，耐磨性好；良好的断裂韧性和抗疲劳性能；不吸潮、不老化、气密性好。

1. 高比强度、比模量

在金属基体中加入适量的高强度、高模量、低密度的纤维、晶须及颗粒等增强体，显著提高了复合材料的比强度、比刚度和比模量。采用高比强度、高比模量的金属基复合材料制成的构件相对密度轻、强度高、刚性好，是航空航天领域中的理想材料。

2. 导热导电性

虽然有的增强体为绝缘体，但因其在复合材料中占很小份额，所以基体导电及导热性并未被完全阻断，金属基复合材料仍具有良好的导电与导热性。为了解决高集成度电子器件的散热问题，现已成功研究出超高模量的石墨纤维、金刚石纤维、金刚石颗粒增强铝基、铜基复合材料，它们的热导率比纯铝、铜还高，用它们制成的集成电路底板和封装件可有效迅速地把热量散去，提高了集成电路的可靠性。

3. 热膨胀系数

金属基复合材料中的碳纤维、碳化硅纤维、晶须、颗粒、硼纤维等均具有很小的热膨胀系数，又具有很高的模量，特别是高模量、超高模量的石墨纤维具有负的热膨胀系数。加入相当含量的增强物不仅能大幅度提高材料的强度和模量，也可使其热膨胀系数明显下降，并可通过调整增强物的含量获得不同的热膨胀系数，以满足各种应用的要求。例如，在石墨纤维增强镁基复合材料中，当石墨纤维含量达到48%时，复合材料的热膨胀系数为零，在温度变化时使用这种复合材料做成的零件不发生变形。

4. 耐高温性

由于金属基体的高温性能比聚合物高很多，增强材料主要是无机物，在高温下又都具有很高的高温强度和模量，因此金属基复合材料比基体金属具有更高的耐高温性能。如石墨纤维增强铝基复合材料在500℃高温下仍具有600 MPa的高温强度，而铝基体在300℃强度已下降到100 MPa以下。钨纤维增强耐热合金，在1100℃和100 h的高温条件下其持久强度为207 MPa下，而基体合金的高温持久强度只有48 MPa。因此金属基复合材料被选用在发动机等高温零部件上，可大幅度提高发动机的性能和效率。

5. 耐磨性

金属基复合材料，尤其是陶瓷纤维、晶须、颗粒增强金属基复合材料具有很好的耐磨性。如碳化硅颗粒增强铝基复合材料的耐磨性比基体金属高出2倍以上。与铸铁比较，SiC/Al复合材料的耐磨性比铸铁还好，可用于汽车发动机、刹车盘、活塞等重要零件，能明显提高零件的性能和使用寿命。

6. 断裂韧性与抗疲劳性

金属基复合材料的断裂韧性和抗疲劳性能取决于增强物与金属基体的界面结合状态。增强物在金属基体中的分布以及金属基体、增强物本身的特性，特别是界面状态，适中的界面结合强度既可有效地传递载荷，又能阻止裂纹的形成与扩展和位错运动，提高材料的断裂韧性。

7. 吸潮、老化与气密性

与聚合物相比，金属基复合材料性质稳定、组织致密，不老化、分解、吸潮等，也不会发生性能的自然退化，这比聚合物基复合材料好，在太空使用不会分解出低分子物质污染仪器和环境，有明显的优越性。

6.5.2 陶瓷基复合材料

一、陶瓷基复合材料概述

陶瓷基复合材料(Ceramic Matrix Composites，简称 CMC)，具有高强度、高硬度、高弹性模量、热化学稳定性等优异性能，被认为是航空发动机的理想耐高温结构材料。

陶瓷是氧化物、碳化物、氮化物和硅酸盐等无机化合物的总称，包括玻璃、家用瓷器、砖瓦等日常用品。随着人类文明的进步，开发出了各种新型陶瓷，其中一部分为实现力—电、湿—电、热—电等转换功能的功能陶瓷，而另一部分则为满足强度、耐高温、耐磨损等力学性能的结构陶瓷。

20 世纪 70 年代初期，因为陶瓷具有高熔点、低密度、抗氧化、抗腐蚀、耐高温和耐磨损等特点，所以陶瓷作为一种新型高温材料受到广泛的重视。由于陶瓷由共价键或离子键构成，因此具有高强度和低延性，故需要改善其韧性。只有依靠非本质的韧化机制才能实现，即将两种或两种以上陶瓷显微结构的组元复合起来，这就是陶瓷基复合材料。

陶瓷常分为硅酸盐、氧化物和非氧化物三类。硅酸盐陶瓷以二氧化硅(SiO_2)为主，外加氧化铝(Al_2O_3)、氧化镁(MgO)、氧化硼(BeO)、氧化锆(ZrO_2)等玻璃相。氧化物陶瓷是以晶体相为主，仅含少量的玻璃相，常用的有氧化铝(Al_2O_3)、氧化锆(ZrO_2)、氧化钛(TiO_2)、氧化硼(BeO)等。非氧化物陶瓷包括以石墨或金刚石结构存在的碳，氮化物如氮化硼(BN)、氮化硅(SiN_4)等，碳化物如碳化硅(SiC)、碳化钛(TiC)等，硼化物如硼化钛(TiB_2)、硼化锆(ZrB_2)等，硅化物如硅化钼($MoSi_2$)等。作为高温结构陶瓷，氮化硅(Si_3N_4)和碳化硅(SiC)最为重要。陶瓷材料中的硅酸盐结构较为复杂，其普遍特点是存在$[SiO_4]^{4-}$结构单元，重要的成分有锆英石和镁橄榄石。

二、陶瓷基复合材料的分类

与金属基复合材料类似，陶瓷基复合材料按照增强体类型可分为颗粒增强陶瓷基复合材料、纤维(晶须)增强陶瓷基复合材料与片材增强陶瓷基复合材料。颗粒类增强体主要是一些具有高强度、高模量、耐热、耐磨、耐高温的无机非金属颗粒，主要有碳化硅、氧化铝、碳化钛、石墨、细金刚石、高岭土、滑石、碳酸钙等。纤维类增强体有连续长纤维和短纤维，连续长纤维的连续长度均超过数百米，纤维性能有方向性，一般沿轴向均有很高的强度和弹性模量。用于复合材料的片状增强物主要是陶瓷薄片，将陶瓷薄片叠压起来形成的陶瓷复合材料具有很高的韧性。

按照材料作用可分为结构陶瓷基复合材料与功能陶瓷基复合材料，结构陶瓷基复合材料用于制造各种受力零部件，功能陶瓷基复合材料具有各种特殊性能(如光、电、磁、热、生物、阻尼、屏蔽等)。

按基体材料可分为氧化物陶瓷基复合材料、非氧化物陶瓷基复合材料、微晶玻璃基复合材料和碳/碳复合材料。

三、陶瓷基复合材料的性能

陶瓷材料是一种脆性材料，在制备、机械加工以及使用过程中，容易产生一些内在和外在缺陷，从而导致陶瓷材料灾难性破坏，严重限制了陶瓷材料应用的广度和深度，因此提高陶瓷材料的韧性成为陶瓷材料在高技术领域中应用的关键。

近年来，受自然界高性能生物材料的启发，材料界提出了模仿生物材料结构制备高韧性陶瓷材料的思路。1990 年，Clegg 等制备出了 SiC 薄片与石墨片层交替叠层结构复合材料。与常规碳化硅陶瓷材料相比，其断裂韧性和断裂功提高了几倍甚至几十倍，成功地实现了仿贝壳珍珠层的宏观结构增韧。国内外科研人员在陶瓷基层状复合材料力学性能方面进行了大量的试验研究，取得了很大进展。

陶瓷基层状复合材料力学性能优劣的关键在于界面层材料，能够应用在高温环境下，抗氧化的界面层材料还有待进一步开发；此外，在应用 C、BN 等弱力学性能的材料作为界面层时，虽然能够得到综合性能优异的层状复合材料，但是基体层与界面层之间结合强度低的问题也有待进一步解决。

陶瓷基层状复合材料的制备工艺具有简便易行、易于推广、周期短且廉价的优点，可以应用于制备大的或形状复杂的陶瓷部件。这种层状结构还能够与其他增韧机制相结合，形成不同尺度多级增韧机制协同作用，实现了简单成分多重结构复合，从本质上突破了复杂成分简单复合的旧思路。这种新的工艺思路是对陶瓷基复合材料制备工艺的重大突破，将为陶瓷基复合材料的应用开辟广阔前景。

6.5.3 聚合物(树脂)基复合材料

一、聚合物(树脂)基复合材料概述

以聚合物基复合材料为开端的现代人工复合材料的历史并不很长，这与近代工业和科技的发展有着密切的联系，特别是聚合物基复合材料的发展与塑料和各种人造纤维的发展是分不开的。随着科学的发展和人类的社会活动要求的扩大，19 世纪后半叶，传统的金属、木材、石块、动物的骨头等已不能满足人们的要求。据说，在 1865 年美国南北战争结束以后，美国的上流社会流行打台球，当时台球的球是象牙制成的。由于打台球流行很快，象牙原料很快不够了，由此开发出象牙的替代材料，引起人们的关注。

1868 年，从事印刷工的两兄弟利用硝酸纤维素和樟脑，终于发明出了一种叫“赛璐珞”(又称“假象牙”)的替代材料，因此又称“赛璐珞”为最初的塑料。由此，塑料作为一种与传统的金属、木材、石块等完全不同的新材料引起了人们的注意。20 世纪初期，最初的低分子合成塑料——苯酚塑料诞生了。但是，纯粹的苯酚塑料不够结实，实际使用时要添加木粉、石棉、纸片、细布片等才能制造成实用的各种产品，如电气产品、机械产品、日用品等。因此可以说最初的合成塑料实用化是以复合材料的形式才得以实现的。自此以后，醋酸尿素树脂、丙烯酸树脂等复合材料相继研制成功。1930 年，聚合物学说的完成更是推动了聚合物塑料研究的发展，聚乙烯树脂、尼龙纤维、非饱和聚酯树脂、环氧树脂等相继问世。

随着聚合物塑料的发展，最初的聚合物基复合材料——玻璃纤维不饱和聚酯树脂，即玻璃纤维增强塑料，于 1942 年在美国问世。此后，随着现代工业的发展，高比刚度、高比强度的纤维增强聚合物基复合材料更加引人注目。特别是自 20 世纪 60 年代后期，随着宇宙航空工业的发展，以碳纤维和硼纤维为增强体的高比刚度、高比强度的先进聚合物基复合材料得到很大的发展。至今，以玻璃纤维、碳纤维和硼纤维等各种合成纤维为增强体的聚合物基复合材料已在航空航天、船舶、汽车、建筑体育器材、医疗器械等各方面得到广泛的应用。现在，全世界的所有复合材料的生产量中，聚合物基复合材料占 90%以上。世界的聚合物基复合材料生产量的发展平均增长率为 50%，其中 95%是玻璃纤维增强聚合物基复合材料。以碳纤维、芳香族聚酰胺合成纤维(也有称“芳纶纤维”)、硼纤维等先进聚合物基复合材料的产量虽小，但多用在宇宙航空等高技术产品上。世界的聚合物基复合材料生产量分布中，欧洲国家和美国各占三分之一，日本占有十分之一。由此可见，聚合物基复合材料生产量与国家的科学和工业发展水平是密切联系的。

与传统的金属材料相比，聚合物基复合材料具有高比刚度、高比强度、耐腐蚀、耐疲劳、易成型等优点。但它也具有耐热性差、发烟燃烧、成型速度慢、表面易损伤等缺点。尽管它的历史还很短，但在与传统的金属材料竞争中，聚合物基复合材料的应用范围在不断扩大，从民用到军用，从地下、水中、地上到空中都有应用。例如，聚合物基复合材料在美国的应用范围，33%用于交通运输车辆、工具等；22%用于建筑海洋结构、船舶等；电器产品、化工等各占 10%左右。类似于美国，其在欧洲的应用范围，30%用于交通运输车辆；18%用于建筑；8%左右用于军事装备。其在日本的应用范围，根据不完全统计，40%以上用于基本建筑；18%～20%用于交通运输车辆；10%左右用于化工容器；10%左右用于体育用品；15%用于电器产品等；其余的用于航空等。据预测，聚合物基复合材料在基本建筑(桥梁、高速公路、隧道等)以及高层建筑等的应用将会继续增加。先进的聚合物基复合材料的产量，在整个聚合物基复合材料的产量中虽仅占 5%左右，但其多用在宇宙航空、军事装备等高技术产品上。例如，波音 777 的飞机结构中，先进的聚合物基复合材料的应用占 10%以上，空中客车 A320 中先进的聚合物基复合材料的应用占 15%以上。聚合物基复合材料在民用飞机材料中比例为 15%～20%，各种军用飞机中先进的聚合物基复合材料的应用率就更高了。因此先进的聚合物基复合材料在欧洲及美国、日本仍是主要的研究对象。近年来，聚合物基复合材料在人体医疗上的应用研究也在不断发展。

二、聚合物(树脂)基复合材料的定义和分类

聚合物基复合材料是由一种或多种细小形状(直径为微米级)的材料(分散相或称增强体)分散于聚合物塑料(基本相)中组成的。因此，聚合物基复合材料属微米级复合材料。按分散相的形状，通常可将聚合物基复合材料分为长纤维(连续)增强聚合物基复合材料以及颗粒、晶须、短纤维(不连续)增强聚合物基复合材料。前者以高强度、高刚度的长纤维作为主要承载材料而起到增强作用，后者以增强相来阻止基体材料内部的位错运动、裂纹扩展而起到增强作用。其中，纤维(长纤维或短纤维)增强聚合物基复合材料，特别是长纤维增强聚合物基复合材料应用较多。对纤维增强聚合物基复合材料，通常按增强体的纤维来分类。例如，玻璃纤维增强聚合物基复合材料、碳纤维增强聚合物基复合材料、芳香族聚酰胺合成纤维增强聚合物基复合材料、硼纤维增强聚合物基复合材料等。在许多著作或论文中，通常直接用纤维和聚合物基体材料的材料名或商品名来表示聚合物基复合材料，例如T3002500碳纤维/环氧树脂、IM7/8522碳纤维/环氧树脂、Kevlar49/F934芳香族聚酰胺合成纤维环氧树脂等。

除了按增强体的纤维来分类以外，在讨论基体材料的特点时，往往按基体来分类。聚合物基体主要分为两大类：一类是热固性基体，如常见的环氧树脂、非饱和聚酯树脂；另一类是热塑性基体，如常见的尼龙、聚醚乙醚酮树脂(PEEK)。两类基体材料有许多不同的性质，热固性基体的成型是利用树脂的化学反应(架桥反应)、固化等化学结合状态的变化来实现的，其过程是不可逆的。与此相比，热塑性基体是利用树脂的融化、流动、冷却、固化的物理状态的变化来实现的，其物理状态的变化是可逆的，即成型、加工是可逆的。因此，聚合物基复合材料也可分为热固性聚合物基复合材料和热塑性聚合物基复合材料。

聚合物(树脂)基复合材料具有以下特点：

(1) 比模量、比强度高；

(2) 抗疲劳性好，一般情况下，金属材料的疲劳极限是其拉伸强度的20%～50%，碳纤维增强树脂基复合材料的疲劳极限是其拉伸强度的70%～80%；

(3) 减震性好；

(4) 过载安全性好；

(5) 具有多种功能，耐烧蚀性好，有良好的耐摩擦性能、高度的电绝缘性能、优良的耐腐蚀性能，有特殊的光学、电学、磁学性能；

(6) 成型工艺简单；

(7) 材料的结构、性能具有可设计性。

三、聚合物(树脂)基复合材料的应用

1. 在航空航天工业上的应用

以碳纤维、芳香族聚酰胺合成纤维、玻璃纤维、硼纤维等为增强材料的先进聚合物

基材料在宇宙航空有广泛的应用。例如，在大型民用飞机中，对聚合物基复合材料的使用从主要结构的尾翼垂直稳定板、尾翼水平稳定板、地板梁等到二次结构的活动翼、地板等，应用范围广泛。“波音 77”客机中以碳纤维、芳纶纤维、玻璃纤维等为增强材料的聚合物基复合材料结构的重量已超过结构总重量的 10%，据估测，近几年内在大型民用飞机中，复合材料的使用量将达到总结构材料的 20%～30%。世界上两大大型民用飞机生产厂家波音公司和空中客车公司都积极地利用复合材料，以减轻重量，降低成本，提高飞行性能等。空中客车公司的 A3 系列客机中，聚合物基复合材料结构的重量已占结构总重量的 15%～20%。此外，在各种不同类型的战斗机上，复合材料的应用更多一些，如以碳纤维等为增强材料的聚合物基复合材料的主翼、尾翼、水平翼，以玻璃纤维为增强材料的聚合物基复合材料的外板等，聚合物基复合材料结构的重量已达到结构总重量的 40%以上。

在航天工业中，多段火箭的连接结构和固体火箭壳体、卫星的主结构、太阳能板结构部分，宇宙卫星用广播电视天线，以及宇宙电波望远镜反射板等，都是由碳纤维增强聚合物基复合材料制作的。由此可见，航空航天结构对材料的重量、刚度、强度的要求很高，聚合物基复合材料在航空航天工业上是很有竞争力的。尽管复合材料仍存在着成本高、产品成型自动化程度低等问题，但是，随着复合材料研究和成型技术研究的发展，随着人类社会对航空、宇宙广播、通信要求的增加，相信在未来，复合材料在航空航天工业上的应用将会有更大的发展。

2. 在工业产品上的应用

虽然上述的先进聚合物基复合材料在航空航天工业上的应用很突出，但是，在所有的聚合物基复合材料的应用中它所占比例却很小，仅有 5%左右。可是由此而来的研究成果却大力促进了聚合物基复合材料在其他工业产品上的应用。例如，在汽车工业上，短玻璃纤维增强聚合物基复合材料以及碳纤维增强聚合物基复合材料在汽车的各种外板、车体、板簧上使用很多。由于汽车的产量大，因此，聚合物基复合材料在汽车产品上的使用量也是很大的。除了汽车以外，聚合物基复合材料在其他交通车辆上也有广泛的应用，如高速列车的车头部分，车内底板、顶板以及各种结构、设施等都是由碳纤维增强聚合物基复合材料或玻璃纤维增强聚合物基复合材料制作的。

3. 在船舶工业、海洋工业上的应用

玻璃纤维增强聚合物基复合材料在大型鱼雷快艇、游览小船、客船、渔船、游览船、各种海岸结构中广泛应用。在日本，用于汽车、列车和船舶等交通车辆的聚合物基复合材料占整个聚合物基复合材料总产量的 20%左右。

4. 在建设领域的应用

聚合物基复合材料使用量最大的方面是各种基础建设，包括土木工程、桥梁建设等。在日本，此方面的聚合物基复合材料的使用量约占聚合物基复合材料总产量的 40%，如由玻璃纤维增强聚合物基复合材料建造的人行天桥，在高速公路的钢筋混凝土支柱表面缠绕

碳纤维增强聚合物基复合材料以提高支柱的耐震性能。以碳纤维增强聚合物基复合材料代替钢筋混凝土结构材料，在各种基础建设上的应用近年来增加很快。

5. 在民用产品中的应用

聚合物基复合材料在其他民用产品中的应用也是不能忽视的。在电气、电子工业上，印刷电路的基板，电器产品的外板、外壳，各种天线设施，埋设在地下的电缆管，以及风力发电机的叶片、支柱等都以聚合物基复合材料为主要材料。在化工方面，各种化工用液体的容器、输送管道等也是由玻璃纤维增强聚合物基复合材料制作的。在体育用品方面，聚合物基复合材料的应用也是很广泛的，如由碳纤维增强聚合物基复合材料制作的自行车的车身、滑雪板、网球拍、羽毛球拍、高尔夫球棍及钓鱼竿等。

由于聚合物基复合材料具有高比刚度、比强度、耐冲击等优异的力学性能，其在各个工业方面已有广泛的应用。原则上说，只要使用温度在聚合物基体材料的使用温度范围内，所有的结构物都有可能使用聚合物基复合材料作为其主要结构材料。当然，以碳纤维、芳伦纤维、玻璃纤维、硼纤维与先进的聚合物基体材料组成的先进聚合物基复合材料还存在着原材料成本高和自动化成型程度低等缺点，因此，无论是原材料还是成型技术等的不断研究是很有必要的。事实上，除聚合物基复合材料外，金属基复合材料、陶瓷基复合材料、碳纤维增强碳素复合材料，以及最新引人注目的纳米复合材料等的研究也都是复合材料研究的热门课题。

6.6 国内外杰出人物

➢ 陈祥宝

陈祥宝，江苏省常熟人，中国工程院院士，复合材料专家，从事先进树脂基结构复合材料和结构/功能一体化复合材料研究工作。他成功研发了复合材料的低温固化剂，解决了复合材料成本过高的问题；开展了复合材料增韧技术研究，研制了满足航空应用要求的高韧性环氧树脂、高韧性双马树脂基复合材料，其中部分复合材料的韧性达到国际水平；建立了复合材料预浸带技术标准和自动铺带工艺规范，提升了复合材料构件自动化制造水平。

➢ 李贺军

李贺军，河南确山人，中国工程院院士，碳/碳复合材料专家，主要从事先进碳/碳复合材料、纸基摩擦材料等方面的研究。他首次将人工神经网络应用于碳/碳复合材料涂层制备，使人们可以预测各种因素对涂层厚度及均匀性的影响；制备出最高强度达 320 MPa 的三向碳/碳复合材料，用国产碳纤维制备的二向材料的最高强度达 302 MPa；在抗氧化涂层工艺及抗氧化机理研究方面达到了国际先进水平。

➢ 孙晋良

孙晋良，上海人，中国工程院院士，产业用纺织材料及复合材料专家，主要从事材料科学、复合材料的研究，包括碳/碳复合材料开发应用及特种纺织材料。他研制成功的各类碳/碳复合材料已应用于多种固体火箭发动机喷管系统及防热系统；在特种纤维及特种纺织材料等领域也进行了大量的研究和开发工作；研制的导电性合成纤维、复合材料成型用辅料—吸胶透气材料等成果在劳动防护、航空航天等领域均得到了应用。

1. 什么是复合材料？
2. 请简述复合材料的命名方式。
3. 在设计和制备金属基复合材料时，如何正确合理地选择基体材料？
4. 请简述复合材料的几种成型工艺。
5. 复合材料的分类？
6. 复合材料的用途有哪些？请举例实际生活中的例子说明。

第7章

新 材 料

7.1 新能源材料

7.1.1 能源材料发展趋势

能源是人类生存的物质基础，能源材料广义定义为能源工业及能源利用技术所需的材料。能源结构预测表明，能源应用比例顺序至 2030 年分别为：煤(33.5%)、核能(22.6%)、石油(19.1%)、天然气(17%)、水电(4%)，其他占 3.8%，其中太阳能占 1.3%。发展前景首先是能源的合理利用、节能、减少污染，重视煤炭采掘、加工、燃烧、转换新技术需用的材料，提高热电站热效率，开发磁流体发电、煤基燃料电池等新技术材料；节能新技术用非晶、结构陶瓷、复合材料、储氢、轻型高强材料。其次是依靠非碳能源如快中子增殖堆、聚能堆核能和大规模利用太阳能、风能，提高其可靠性、经济性、转化率。第三是快速发展多样化小型能源及其所需材料，尽量利用再生能源，发挥轻型材料、复合材料、耐蚀材料的性能优势。

自 19 世纪 70 年代产业革命以来，化石燃料的消费急剧增大。初期主要以煤炭为主，进入 20 世纪以后，特别是第二次世界大战以来，石油以及天然气的开采与消费开始大幅度增加，并以每年 2 亿吨的速度持续增长。现在世界能源消费以石油换算约为 80 亿吨/年，按 40 亿人计算，平均消费量为 2 吨/人·年。预测以这种消费速度，到 2040 年，石油将出现枯竭；到 2060 年，核能及天然气也将终结。地球的能源已经无法提供近 116 亿人口的能源需求。而随着世界人口的不断增加，能源紧缺的时期将会提前到来。因此，21 世纪新能源的开发与利用是关系人类子孙后代命运，刻不容缓的一件大事。

新能源的开发与利用必须依靠新材料的开发才能实现，这类材料已成为一种新型材料——新能源材料。以下将介绍最具发展潜力的三种新能源技术及其相关的新能源材料，即太阳能电池材料、锂离子电池材料与燃料电池材料。

7.1.2 太阳能电池材料

一、太阳能电池概述

太阳能是人类取之不尽用之不竭的可再生能源，也是清洁能源，不产生任何的环境污染。在太阳能的有效利用中，太阳能光电利用是近些年来发展最快、最具活力的研究领域，也是最受瞩目的项目之一。为此，人们研制和开发了太阳能电池。所谓太阳能电池是通过光电效应或者光化学效应直接把光能转化成电能的装置。制作太阳能电池主要是以半导体材料为基础，其工作原理是利用光电材料吸收光能后发生光电子转换反应，太阳光照在半导体 P-N 结上形成新的空穴—电子对，样品对光子的本征吸收将产生光生载流子并引起光位效应，在 P-N 结电场作用下，空穴由 n 区流向 p 区，电子由 p 区流向 n 区形成光电势，接通电路后形成光电流。

二、太阳能电池组件构成

太阳能电池组件构成及各部分功能如下：

(1) 钢化玻璃。其作用是保护发电主体(如电池片)。选用要求：透光率高(一般应大于 91%)；需经过钢化处理。

(2) 封装胶膜(EVA)。EVA 是用来黏结固定钢化玻璃和发电主体(如电池片)。透明 EVA 材质的优劣直接影响到组件的寿命，暴露在空气中的 EVA 易老化发黄，从而影响组件的透光率，影响组件的发电质量。除了 EVA 本身的质量外，组件厂家的层压工艺影响也是非常大的，如 EVA 胶黏度不达标，EVA 与钢化玻璃、背板黏接强度不够，都会引起 EVA 提早老化，影响组件寿命。

(3) 电池片。电池片的主要作用就是发电，市场上主流的电池片是晶体硅太阳能电池片和薄膜太阳能电池片，两者各有优劣。晶体硅太阳能电池片的设备成本相对较低，光电转换效率也高，在室外阳光下发电比较适宜，但其消耗大，电池片成本很高；薄膜太阳能电池的消耗和电池成本很低，弱光效应非常好，在普通灯光下也能发电，但相对设备成本较高，光电转化效率相对晶体硅电池片较低，如计算器上的太阳能电池。

(4) 背板。背板的作用是密封、绝缘、防水，一般采用耐老化的 TPT、TPE 等材质。

(5) 铝合金保护层压件。铝合金保护层压件起一定的密封、支撑作用。

(6) 接线盒。接线盒保护整个发电系统，起到电流中转站的作用。如果组件短路，接线盒则会自动断开短路电池串，以防止烧坏整个系统。接线盒中最关键的是二极管的选用，根据组件内电池片的类型不同，对应的二极管也不相同。

(7) 硅胶。硅胶起密封作用，用来密封组件与铝合金边框、组件与接线盒交界处。国内普遍使用硅胶，因其工艺简单、方便、易操作，且成本很低。

三、太阳能电池材料的分类

太阳能电池材料按在电池中的功能不同可将其分为：p 型半导体材料，n 型半导体材料和电池封装材料等。

按化学组成不同又可分为：硅材料，多元无机化合物，有机化合物等。

根据所用材料的不同，太阳能电池还可分为：硅太阳能电池，多元化合物薄膜太阳能电池，聚合物多层修饰电极型太阳能电池，纳米晶太阳能电池，有机太阳能电池，塑料太阳能电池等。其中，硅太阳能电池是发展最成熟的，目前在市场应用中居主导地位。

7.1.3　锂离子电池材料

一、锂离子电池材料概述

锂离子二次电池作为一种重要的能源储存与转化装置，凭借电压高、能量密度大、循环寿命长、大电流放电性能好以及无污染等优势，在移动电话、笔记本电脑、电动汽车等领域得到广泛应用。

锂电池是用金属锂作负极，而锂离子电池则用可容纳(插入)锂离子(Li^+)的材料作负极，且锂离子电池具备充电的功能。前者虽能量密度大(300 W・h/kg)，但活性过高使用不安全，故只能采用后者——锂离子电池。锂离子电池的结构组成为阳极(即负极)用 Li_yC_5，阴极(即正极)用 Li_2CoO_2(该材料是一种插层化合物)，在阳极和阴极中间为微孔隔板含锂电解质，可让锂离子(Li^+)导通，具体放电反应如下：

负极：Li_yC_6(碳中插入 Li^+)→$C6 + yLi^+ + ye^-$

正极：$Li_xCoO_2 + yli^+ + ye^- \rightarrow Li_{x+y}CoO_2$

充电反应则相反。锂离子电池最大特点是重量能量密度(W・h/kg)和体(积)能量密度(W・h/L)都很大，优于NiCd和Ni-H电池。使用性能还包括电池容量(mA・h)、功率密度(W/kg)和循环寿命(次)，其用于混合动力电动车(HEV)与小功率电池(EV)的性能要求见表 7-1。

表 7-1　不同类型锂电子电池的使用性能要求

类型	能量密度/(W・h/kg)	功率密度/(W/kg)	循环寿命/次
HEV	60～70	1000～1500	5 万～15 万
EV	100	150～200	600

应该指出锂离子电池容量的提高有赖于研制新的正极和负极材料，如 SnO、Sn_2Fe 等，$LiFePO_4$ 比容量可达 160 mA・h/g，纳米 SbSn 合金钉扎的碳小球的比容量高达 500 mA・h/g(石墨为 372 mA・h/g)。采用新材料后，锂离子电池的能量密度预计可达 250 W・h/g。

由于空间和军用的需要以及电子技术的迅速发展，对体积小、质量轻、比能量高、使用寿命长的电池要求日益迫切，对电池的各项性能要求越来越高。锂离子二次电池正是在这一形势下发展起来的一种新型电源。与传统的铅酸和镉镍等电池相比，锂离子电池具有比能量高、使用寿命长、污染小和工作电压高等特点。因此锂离子电池应用十分广泛，市场潜力巨大，是近年来备受关注的研究热点之一。

二、锂离子电池的工作原理、特点及发展

1) 锂离子电池的工作原理

锂离子电池是在锂二次电池基础上发展起来的一种新型充电电池，它的正负极材料都

是能发生锂离子嵌入—脱出反应的物质。在充电状态时，负极处于富锂态，正极处于贫锂，随着放电的进行，锂离子从负极脱嵌，经过电解质嵌入正极，放电时则以相反过程进行。在充放电过程中，锂离子在正负极间摇来摇去，而无金属锂的析出，因此，锂离子态电池又被称为“摇椅电池”，其充放电原理如图 7-1 所示。

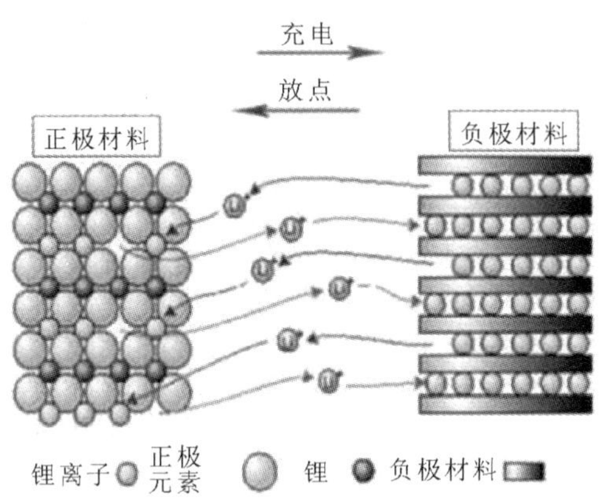

图 7-1　锂离子电池充放电原理

这种电池的工作电压与构成电极的锂离子嵌入化合物的浓度有关，用作电极的材料主要是过渡金属(钴、镍、锰)的锂离子嵌入化合物和锂离子嵌入碳化合物。

2) 锂离子电池的特点

锂离子电池的特点可归纳为以下几点：体积及质量比能量高；单电池的输出电压高，约为 4.2 V；自放电率小；能在较高的温度下使用；对环境污染小。

尽管锂离子电池具有以上优点，但是其仍然存在以下不足：原料成本高，需要保护电路以防因温度过高而造成爆炸。

3) 锂离子电池的发展

以金属锂为负极的电池统称为锂电池，分为一次锂电池和二次锂电池。和传统电池相比，锂电池具有工作电压高、能量密度大、工作温度范围宽放电电压平稳、储存性能好、自放电小等特点。从 20 世纪 50 年代就开始了锂电池的研究开发工作。

锂一次电池的开发非常成功，自 20 世纪 80 年以来，以 Li/MnO_2 为代表的各种类型的锂一次电池广泛进入市场，标志着锂一次电池技术和生产工艺已基本成熟。目前，锂一次电池大量应用于从军事到民用的许多领域中。

二次锂电池的开发却遇到很大的困难，这是因为二次锂电池在充放电过程中容易形成锂枝晶，存在充放电效率低、循环寿命短及安全性能差的缺点。从 20 世纪 70 年代开始，人们试图优化电解液组成，或者采用固体电解质，或者采用铝锂合金，来克服二次锂电池存在的缺点，但是，这些措施只能在一定程度上提高二次锂电池的性能，而不能从根本上解决金属锂阳极存在的问题。所以，二次锂电池的发展长期处于试验性小批量商品生产阶段。

1980 年 Armand 首先提出用嵌锂化合物代替二次锂电池中的金属锂负极的新构想，并称之为摇椅式电池，此后，Bruno Scrosati 等人组装出了以 $LiWO_2$ 或 Li_6FeO_3 作为负极，以

TiS_2、WO_3、NbS_2 或 V_2O_5 作为正极的试验型摇椅电池。研究者们首先从实验上证明了这种设想的可行性，但是，这种电池需要二次装配，即先组装 Li/$LiPF_6$-PC/WO_2(FeO_3)电池，放电后，再用 TiS_2 替代 Li。1987 年，JJ. Suborn 和 Y. L. Barberio 报道了 MoO_2(或 WO_2)/$LiPF_6$-PC/$LiCoO_2$ 型的摇椅式电池，这种电池避免了二次装配。

与用金属锂作为电池负极的二次锂电池相比，摇椅式电池的安全性大为改善，并具有良好的循环寿命；但是，由于负极材料($LiMoO_2$，$LiWO_2$ 等)的嵌锂电位较高，嵌锂容量偏低，失掉了二次锂电池的高电压、高比能的优点，因此上述电池只是停留在实验室研究阶段，未能实用化。

1990 年日本索尼(Sony)能源技术公司首先推出 $Li_xC6PC + EC + LiClO_4/Li_{(1-x)}CoO_2$ 实用型摇椅式电池，并称之为“二次锂离子电池”。其最突出的特点是用可以嵌锂的碳材料替代了金属锂作负极，该电池既克服了二次锂电池循环寿命低、安全性差的缺点，又较好地保持了二次锂电池高电压、高比能的优点。因此该种二次锂离子电池一提出，就立刻引起了人们的极大兴趣和关注，在世界范围内掀起了二次锂离子电池的研究热潮。人们主要围绕锂离子电池中能在充放电过程中嵌入和脱出锂离子的正负极材料以及选用合适的电解质材料展开研究。

三、锂离子电池电极材料的研究

1. 碳负极材料

用碳取代金属锂或锂合金作为负极材料，在充放电过程中不会形成锂枝晶，从而大大提高了电池的安全性和循环性能。根据材料的石墨化难易程度，可以将其分为石墨、硬碳和软碳三类。硬碳是在很高的温度下进行热处理也不能石墨化的碳；软碳是通过热处理容易转变成为石墨的碳。用作锂离子电池负极材料的碳材料主要是石墨和硬碳。

2. 非碳负极材料

目前，除已广泛应用于工业生产的碳材料外，科学家先后围绕锡的氧化物、锡基复合氧化物、含锂过渡金属氮化物和纳米级负极材料等展开研究。

1) 锡的氧化物

日本用氧化锡制造出了高性能锂离子电池。经研究发现，该锂离子电池以锡的氧化物作为负极材料，在反应过程中，有体积变化大、首次不可逆容量较高、循环性能不理想等问题，因此未能实现商品化。

锡的氧化物包括氧化锡(SnO_2)和氧化亚锡(SnO)。氧化锡和氧化亚锡都具有一定的储锂能力，其混合物也具有储锂能力。与碳材料的理论比容量(372 mA•h/g)相比，锡氧化物的比容量要高得多，可达到 500 mA•h/g 以上，不过其首次不可逆容量也较大。

2) 锡基复合氧化物

为了解决锡的氧化物负极材料体积变化大，首次充放电不可逆容量较高，循环性能不理想等问题，人们在锡的氧化物中加入一些金属或非金属氧化物，如 Fe、Ti、Ge、Si、Al、

P、B 等元素的氧化物，再通过热处理生成锡基复合氧化物。XRD 分析表明锡基复合氧化物具有非晶体结构，在充放电过程中没有遭到破坏。在结构上，锡基复合氧化物由活性中心 Sn-O 键和周围的无规则网格结构组成。无规则网格由加入的金属或非金属氧化物组成，它们使活性中心相互隔离开来，因此可以有效储锂，而容量大小和活性中心有关。另外，加入的氧化物使混合物形成一种无定形的玻璃体。锡基复合氧化物可用通式 $SnM_xO_y(x\geqslant1)$ 表示，其中 M 表示形成玻璃体的一组金属元素(可以为 1～3 种)，通常为 B、P、Al 等的混合物。

3) 纳米级负极材料研究

负极材料纳米化是目前锂离子电池负极材料研究领域的热点。大量研究表明，纳米碳材料、纳米硅基负极材料、纳米碳基复合材料、纳米合金以及在碳材料中形成纳米级孔穴与通道，都可实现提高锂的嵌入/脱出量，显著提升锂离子电池的倍率性能和循环性能。如纳米碳管和碳硅纳米复合材料作为锂离子电池的负极材料的比容量均可达到 500mA•h/g 以上，且循环性能良好。

3. 锂离子电池正极材料

正极活性物质是决定锂离子电池性能的重要因素之一。为电池业普遍接受的正极活性物质包括层状结构的锂钴氧化物和锂镍氧化物，以及尖晶石结构的锂锰氧化物，其性能特点见表 7-2。

表 7-2 锂离子电池三种正极材料性能的比较

性 能	$LiCoO_2$	$LiNiO_2$	$LiMn_2O_4$
晶型	α-$NaFeO_2$ 型	α-$NaFeO_2$ 型	立方晶系
开发程度	已使用	开发中	开发中
合成	容易	困难	一般
理论比容量/(mA • h/g)	275	274	148
实际比容量/(mA • h/g)	130～140	170～180	110～120
密度	5.00	4.78	4.28
价格比	3	2	1
特点	性能稳定，体积比能量高，放电平稳，安全性较差	高比容量，热稳定性差，价格较低，合成困难	低成本，比容量较低，高温循环和存放性能较差，安全性好

锂离子电池由平衡电极电位(相对于 Li/Li^+)不同的材料作为电池正负极，电极电位较高的材料作为正极材料，电位较低的材料作为负极材料，正负极之间的电位差越大，电池的电动势越高。目前，锂离子电池所用的正极材料主要是锂与过渡金属元素形成的嵌入式化合物，主要有层状 Li_xMO_2 结构和尖晶石型 $Li_xM_2O_4$ 结构的氧化物(其中包含 M=Co、Ni、

Mn、V、Cr、Fe 等过渡族金属)。目前的研究主要集中在锂钴氧化物、锂镍氧化物和锂锰氧化物上，此外，纳米电极材料和其他一些新电极材料的研究也已开展起来。

7.1.4 燃料电池材料

一、燃料电池材料概述

燃料电池(Fuel Cell，FC)是一种新兴的化学电源，其具有能量转换效率高，燃料使用和场址选择灵活，洁净、噪声低等优点。其是一种将存在于燃料与氧化剂中的化学能直接转化为电能的发电装置，组成与一般电池相同。其单体电池是由正负两个电极(负极为燃料电极，正极为氧化剂电极)以及电解质组成，像蓄电池。不同的是，一般电池的活性物质储存在电池内部，而燃料电池的正负极本身不包含活性物质，只是个催化转化元件，因此燃料电池是名副其实的把化学能转化为电能的能量转换机器。

燃料电池用途广泛，既可应用于军事、空间、发电厂等领域，也可应用于电动车、移动设备、居民家庭等领域。美国、日本、加拿大等国家和欧洲、澳洲等地区在燃料电池的研究和应用领域处于世界前沿，我国早在20世纪50年代起就开始了燃料电池的理论研究，70年代达到高潮，后来曾一度中断。90年代起，受到国际能源紧张和环境恶化两大趋势的影响，燃料电池的开发与研究又再次成为热门。

二、燃料电池的发展

燃料电池的历史可以追溯到19世纪英国科学家William Robert Grove爵士的工作。1839年，Grove 所进行的电解实验——使用电将水分解成氢和氧，是人们后来称之为燃料电池的第一个装置。

Grove 推想到，如果将氧和氢反应就有可能使电解过程逆转产生电。为了证实这一理论，他将两条白金带分别放入两个密封的瓶中，一个瓶中盛有氢，另一个瓶中盛有氧。当这两个盛器浸入稀释的硫酸溶液时，电流开始在两个电极之间流动，盛有气体的瓶中生成了水。为了升高所产生的电压，Grove 将几个这种装置串联起来，终于得到了他所叫作的“气体电池”。他指出，强化在气体、电解液与电极三者之间的相互作用是提高电池性能的关键。

“燃料电池”一词是1889年由Ludwig Mond和Charles Langer二位化学家创造的，他们当时试图用空气和工业煤气制造第一个实用的装置，他们采用浸有电解质的多孔非传导材料为电池隔膜，以铂黑为电催化剂，以钻孔的铂或金片为电流收集器组装出燃料电池。该电池以氢与氧为燃料和氧化剂。当工作电流密度为3.5 mA/cm^2时，电池的输出电压为0.73 V。他们研制的电池结构已接近现代的燃料电池了。

此后，奥斯瓦尔德(W. Ostwald)等人想采用煤等矿物作燃料，利用燃料电池的原理发电。由于矿物燃料的电化学反应速度过低，实验没有取得成功。

人们很快发现，如果要将这一技术商业化，必须克服大量的科学技术障碍。因此，人们对 Grove 的发明的兴趣开始淡漠了。

1923 年，施密特(A. Schmid)提出了多孔气体扩散电极的概念。

1932 年，剑桥大学的工程师 Francis Thomas Bacon 博士想到了 Mond 和 Langer 发明的装置，并对其原来的设计作了多次修改，包括用比较廉价的镍网代替白金电极，以及用不易腐蚀电极的碱性氢氧化钾代替硫酸电解质。他提出了双孔结构电极的概念，并开发成功了中温(200℃)培根型碱性燃料电池(AFC)。Bacon 将这种装置叫作 Bacon 电池，它实际上就是第一个碱性燃料电池(Alkaline Fuel Cell，AFC)。

1959 年，Bacon 才真正制造出能工作的燃料电池，他生产出一台能足够供焊机使用的 5 kW 机器。不久，Ali-Chalmers 公司的农业机械生产商 Harry Karl Ihrig 也在这一年的晚期制造出第一台以燃料电池为动力的车辆。他将 1008 块燃料电池连在一起，这种能产生 15 kW 的燃料电池组便能为一台 20 马力的拖拉机供电。上述发展为燃料电池的商业化奠定了基础。

20 世纪 60 年代初期，美国国家航空和宇宙航行局(NASA)正寻找为其即将进行的一系列无人航天飞行提供动力的方法。由于使用干电池太重，太阳能价格昂贵，而核能又太危险，NASA 也已排除这几种现有的能源，正着手探索其他解决办法。燃料电池正好吸引了他们的视线，NASA 便资助了一系列的研究合同，从事开发实用的燃料电池设计。

这种研究获得了第一个质子交换膜(Proton Exchange Membrane，PEM)。1955 年，就职于通用电气公司(简称 GE)的化学家 Willard Thomas Grubb 进一步改进了原来的燃料电池设计，使用磺化的聚苯乙烯离子交换膜作为电解质。三年后，另一位 GE 的化学家 Leonard Niedrach 发明了一种将白金存放在这种膜上的方法，从而制造出人们所知的“Grubb Niedrach 燃料电池”。此后，GE 继续与 NASA 合作开发这一技术，终于使其在 Gemini 空间项目中得到应用。这便是第一次商业化使用燃料电池。

20 世纪初期，飞机制造商 Pratt&Whitney 获得 Bacon 碱性燃料电池的专利使用权，并着手对原来设计进行修改，试图减轻其重量。之后，Pratt&Whitney 成功地开发了一种电池，其使用寿命比 GE 的质子交换膜的寿命长得多。正因如此，Pratt&Whitney 获得了 NASA 的几项合同，为其阿波罗航天飞机提供这种燃料电池。从此，这种碱性电池便用于随后的大多数飞行任务，包括航天飞机的飞行。作为能源，使用燃料电池的另一好处就是它能产生可饮用水作为副产品。燃料电池尽管在空间应用方面获得了令人感兴趣的发展，然而截至目前在地面应用方面却有鲜为人知的进展。

1973 年，石油禁运重新引发了人们对燃料电池在地面应用的兴趣，因为许多政府期望降低对石油进口的依赖性。不计其数的公司和政府部门开始认真地研究解决燃料电池大规模商业化的方法。在 20 世纪 70 年代至 80 年代，大量的研究工作致力于开发所需的材料，探索最佳的燃料源以及迅速降低燃料电池的成本。

20 世纪 90 年代，一种廉价的、清洁的、可再生的能源最终变成了事实。在这十年中，技术上的突破包括加拿大公司 Ballard 在 1993 年推出的第一辆以燃料电池为动力的车辆。两年后，Ballard 和 Daimler benz 公司都生产出每升 1 kW 的燃料电池组。

在过去几年中，许多医院和学校都安装了燃料电池。大多数汽车公司也已设计出以燃料电池为动力的原型车辆，并开始量产，逐步投放市场。在未来的几十年中，鉴于人们对耗竭现有自然资源的担心，以及越来越多的人意识到大量焚烧矿物燃料对环境的破坏，必将促使燃料电池蓬勃发展。

三、燃料电池的基本原理、特点与分类

1. 燃料电池的基本原理

燃料电池是一种电化学装置，简单来讲，是反应物燃料与空气中的氧发生电化学反应而获得电能和热能的装置。其能量的转化过程为化学能直接转化成电能和热能，形成的电能为低压直流电能。燃料和氧化剂分别由两侧经过两极，燃料电池的工作过程相当于电解水的逆反应过程，电极是燃料和氧化剂向电、水和能量转化的场所，燃料(以氢气为主)在阳极上放出电子，电子经外电路传到阴极并与氧化剂结合，通过两极之间电解质的离子导体，使得燃料和氧化剂分别在两个电极/电解质界面上进行的化学反应构成回路，产生电流。以碱性燃性电池为例，所发生的电化学反应如下：

燃料(如氢)在阳极发生氧化反应：

$$H_2 + 2OH^- \rightarrow H_2O + 2e^-$$

标准电极电位为 −0.828 V。

氧化剂(如氧)在阴极发生还原反应：

$$\frac{1}{2}O_2 + H_2O + 2e^- \rightarrow 2OH^-$$

标准电极电位为 0.401 V。

整个电池的反应：

$$\frac{1}{2}O_2 + H_2 \rightarrow H_2O$$

电池理论标准电动势：

$$V = 0.401 - (-0.828) = 1.229\ V$$

单电池的输出电压为 1.229 V。

为了得到所需的电压和电流，可以通过电池的串联和并联，使其组成具有一定发电能力的电池组。由于用燃料电池发出的电为直流电，在现实使用时，可以通过变电装置使其变为交流电。

如图 7-2 所示，氢离子在将两个半反应分开的电解质内迁移，电子通过外电路定向流动、做功，并构成总电的回路。氧化剂发生还原反应的电极称为阴极，其反应过程称为阴极过程，对外电路按原电池定义为正极。还原剂或燃料发生氧化反应的电极称为阳极，其反应过程称阳极过程，对外电路定义为负极。燃料电池与常规电池不同，它的燃料和氧化剂不是贮存在内，而是贮存在电池外部的贮罐中。当它工作(输出电流并做功)时，需要不间断地向电池内输入燃料和氧化剂，并同时排出反应产物。因此，从工作方式上看，它类

似于常规的汽油或柴油发电机。

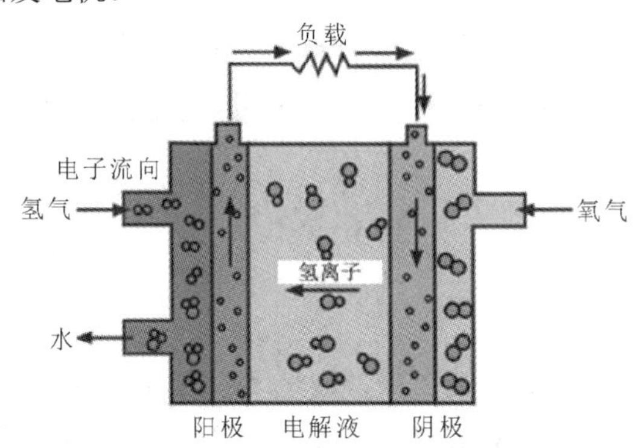

图 7-2　燃料电池工作原理示意图

由于燃料电池工作时要连续不断地向电池内送入燃料和氧化剂，所以燃料电池使用的燃料和氧化剂均为流体(即气体和液体)。最常用的燃料为纯氢、各种富含氢的气体(如重整气)和某些液体(如甲酸水溶液)。常用的氧化剂为纯氧、净化空气等气体。

2. 燃料电池的特点

燃料电池有其他化学电池和其他发电方式不可比拟的特点和优势：

1) 污染小

与传统的火力发电相比较，燃料电池减少了大气污染，同时，由于它自身不需要用水冷却，可以减少传统发电带来的废热污染。另外，燃料电池发电时噪声很小，实验表明，距离 40 kW 磷酸燃料电池电站 4.6 m 的噪声水平是 60 dB，而 4.5 MW 和 11 MW 的大功率磷酸燃料电池电站的噪声水平已经达到不高于 55 dB 的水平。在反应产物方面，对氢氧燃料电池来说，它的唯一产物是水，在载人宇宙飞船等航天器中可兼作宇航员的饮用水，相比较传统火力发电造成的粉煤灰污染，燃料电池可以称得上极其环保。

2) 能量转化效率高

火电厂或者原子能发电都是把化学能或原子核能转变为热能，再由热能转变为电能；而燃料电池是直接把化学能转变为电能，不经过热机过程，不受卡诺循环的限制，因而转化效率特别高。目前，汽轮机或柴油机的效率最大值仅为 40%和 50%。当用热机带动发电机发电时，其效率仅为 35%～40%；而燃料电池理论上能量转化率在 90%以上，而在实际应用中，其综合利用效率亦可达 80%以上。

3) 对系统负荷变动的适应能力强

火力发电的调峰问题一直是个难题，其发电输出能力的变动率最大为 5%，且调节范围窄，而燃料电池发电输出能力变动率可达每分钟 66%，对负荷的应答速度快，启停时间很短。另外，燃料电池即使负荷频繁变化，电池的能量转化效率并无大的变化，运行平稳。

4) 燃料来源广

燃料电池可以使用多种多样的初级燃料，包括火力发电厂不宜使用的低质燃料。燃料电池的燃料来源不仅可以是可燃气体，还可以是燃料油和煤。煤炭是我国的主要能源，煤炭的利用存在着污染大、效率低、资源不能充分合理利用的紧迫问题。通过煤制气的方式为燃料电池提供原料气而得到电能，是解决上述问题的有效手段。

5) 易于建设

燃料电池具有组装式结构，不需要很多辅机和设施。由于电池的输出功率由单电池性能、电池面积和单电池数目决定，因而燃料电池电站的设计和制造也是相当方便的。

3. 燃料电池的分类

目前，燃料电池主要分为以下几大类：碱性燃料电池(AFC)、磷酸型燃料电池(PAFC)、熔融碳酸盐燃料电池(MCFC)、固体电解质燃料电池(SOFC)及固体高分子燃料电池(PEFC)。其中，燃料电池从第一代碱性燃料电池(AFC)开始已经发展到今天的第五代离子膜燃料电池(PEMFC)。除了 AFC 电池外，第二代磷酸电池(PAFC)，第三代熔融碳酸盐电池(MCFC)，第四代固体氧化物电池(SOFC)和第五代 PEMFC 电池各有其优点，目前都正在向商业化发展。各种电池的组成详见表 7-3。

表 7-3　燃料电池的分类

燃料电池种类	AFC	PAFC	MCFC	SOFC	PEMFC
燃料气	纯 H_2	H_2、天然气、甲烷、石脑油	H_2、天然气、煤制气、甲醇、蒸馏油	H_2、CO、天然气、煤制气、蒸馏油	H_2、天然气、煤制气、石脑油、甲烷
氧化气	纯 O_2	纯 O_2	纯 O_2、空气	空气	纯 O_2、空气
电解质	NaOH/KOH	高纯度 H_3PO_4	雷尼镍、氧化镍	ZrO_2/Y_2O_3	离子交换膜
催化剂	铂系金属	铂系金属	无	无	铂系金属
工作温度	50～150℃	190～220℃	600～700℃	900～1000℃	60～120℃

7.2　纳米材料

Material Science

纳米(nanometer)是一个长度单位，简写为 nm，1 nm = 10^{-9} m，氢原子的直径为 0.1 nm，所以 1 nm 等于 10 个氢原子一个挨一个排起来的长度。而在材料领域，通常把相组分或晶粒结构控制在 100 nm 以下长度尺寸的材料称为纳米材料。广义地说，纳米材料是指在三维空间中至少有一维处于纳米尺度范围或由它们作为基本单元(Building Blocks)所构成的材料。如果按维数，纳米材料的基本单元可以分为三类。

(1) 零维，指在空间三维尺度均在纳米尺度，如纳米尺度颗粒、原子团簇等。

(2) 一维，指在空间有两维处于纳米尺度，如纳米丝、纳米棒、纳米管等。

(3) 二维，指在三维空间中有一维在纳米尺度，如超薄膜、多层膜等。

纳米材料可由晶体、准晶、非晶所组成。纳米材料的基本单元可由原子团簇、纳米微粒、纳米线或纳米膜等所组成，它既可包括金属材料，亦可包括无机非金属材料和聚合物材料。

7.2.1 纳米材料发展历程

在长期的晶体材料研究中，人们视具有完整空间点阵结构的实体为晶体，该实体是晶体材料的主体；而把空间点阵中的空位、置换原子、间隙原子、相界、位错和晶界等看做晶体材料中的缺陷。那么，如果从逆向思考问题，把“缺陷”作为主体，研制出一种晶界占有相当大体积比的材料，那么世界将会是怎样？德国萨尔布吕克大学的格兰特(Gleiter)教授的这一构想很快变成了现实。经过 4 年的不懈努力，他领导的研究组终于在 1984 年首次用惰性气体凝聚法制备了具有清洁表面的黑色纳米金属(Fe、Cu、Au)粉末粒子，然后在真空室中原位加压成纳米固体材料(Nanometer Sized Materials)，并提出纳米材料界面结构模型。随后发现 CaF_2 纳米离子晶体和纳米陶瓷在室温下表现出良好的韧性，使人们看到陶瓷增韧新的战略途径。

继格兰特(Gleiter)之后，1987 年美国 Argonne 国家实验室的西格尔(Siegel)等采用同样方法又成功地用气相冷凝法制备了纳米陶瓷材料 TiO_2，并观察到纳米陶瓷在室温和低温下具有很好的韧性。这一实验结果引起了科技界的震动，尤其对正在苦苦探索解决陶瓷脆性问题的科学家们是一个极大的鼓舞，并激起了纳米材料的研究热潮。从而使纳米材料从研究到应用又迈出了一大步。

1990 年 7 月，国际第一届纳米科学技术学术会议在美国巴尔的摩召开，该会议正式把纳米材料科学作为材料科学的一个新的分支公布于世，这标志着纳米材料学作为一个相对比较独立学科的诞生。会议还正式提出纳米材料学、纳米生物学、纳米电子学和纳米机械学的概念，并决定出版纳米结构材料、纳米生物学和纳米技术的正式学术刊物，这些术语已广泛应用在国际学术会议、研讨会和协议书中。从那以后，纳米材料引起了世界各国材料界和物理界的极大兴趣和广泛重视，很快形成了世界性的“纳米热气”。同年，研究人员发现纳米颗粒硅和多孔硅在室温下的光致可见光发光现象。1994 年在美国波士顿召开的 MRS 秋季会议上正式提出纳米材料工程，它是纳米材料研究的新领域，是在纳米材料研究的基础上通过纳米合成、纳米添加发展新型的纳米材料，并通过纳米添加对传统材料进行改性、扩大纳米材料的应用范围，开始形成了基础研究和应用研究并行发展的新局面。

于是在全世界范围内刮起了一阵强劲的“纳米科技”风暴，科技界、企业界、舆论界乃至政界都在大谈特谈纳米科技。2001 年 1 月当时的美国总统克林顿签署并发表了一份历史上罕见的“美国国家纳米技术倡议”，他将纳米技术称之为领导下一次工业革命的技术，克林顿说：“设想一下，强度是钢的 10 倍而重量很小的材料；国会图书馆的所有资料被储存在一块方糖大小的物质上；在癌症只有几个细胞时就能发现它们”。自 2000 年起，纳米材料受到世界各国的重视，德、美、日、俄、英和法国都大力开展研究，甚至一些发展中国家如印度、巴西等也开始了研究工作。

随后，围绕纳米材料的研究内涵不断扩大，其种类也从纳米颗粒、纳米晶体发展到纳米非晶态材料、纳米膜材料和纳米复合材料，并已发展形成了一个学科分支即纳米材料科学。同期，我国也高度重视纳米材料的研究工作，纳米材料科学已作为国家基础性研究重大关键项目列入国家“八五”攀登计划。国家自然科学基金、国家 863 计划、973 计划和国防科技研究规划也都列入了纳米材料研究项目，取得了相当快的发展进程。

7.2.2　纳米材料的特殊效应

当粒子尺寸进入纳米量级(1～100 nm)时，其本身具有量子尺寸效应、小尺寸效应、表面效应和宏观量子隧道效应，因而展现出许多特有的性质，尤其是在催化、滤光、光吸收、医药、磁介质等领域有广阔的应用前景。由于金属超微粒子中电子数较少，因而不再遵守费米统计。小于 10 nm 的纳米微粒强烈地趋向于电中性，这就是“久保效应”。该效应对材料的比热容、磁化强度、超导电性、光和红外吸收等性能均有显著影响。正因为如此，科学家们认为原子族和纳米微粒是由微观世界向宏观世界的过渡区域，许多特殊效应由此产生和发展。

一、表面效应

纳米粒子的表面原子数与总原子数之比，随着纳米粒子尺寸的减小而大幅度地增加，粒子的表面能及表面张力也随之增加，从而引起纳米粒子性质的变化。纳米粒子的表面原子所处的晶体场环境及结合能，与内部原子有所不同，存在许多悬空键，并具有不饱和性质，因而极易与其他原子相结合而趋于稳定，所以具有很高的化学活性。

球形颗粒的表面积与直径平方成比例，其体积与直径的立方成正比，故其比表面(表面积体积)与直径成反比，即随着颗粒直径变小，其比表面积会显著增大。假设原子间距为 3×10^{-4} μm(0.3 nm)，表面原子仅占一层，粗略估算表面原子百分比如表 7-4 所示。由表 7-4 可见，对直径大于 100 nm 的颗粒，表面效应可忽略不计；当直径小于 10nm 时，其表面原子数激增。

表 7-4　粒子的大小与表面原子数的关系

直径/nm	1	5	10	100
原子总数/N	30	4000	30 000	3 000 000
表面原子百分比/%	100	40	20	2

超微粒子表面活性很高，利用其表面活性的特点，金属超微粒子有望成为新一代高效催化剂及储氢材料等。纳米粒子的表面吸附特性也引起了人们极大的兴趣，尤其是在一些特殊的制备工艺中，例如氢电弧等离子体法，在纳米粒子的制备过程中就有氢存在的环境。纳米过渡金属具有储存氢的能力，随着氢含量的增加，纳米金属粒子的比表面积或活性中

心的数目也大大增加。

二、特殊的力学性质

当材料的晶粒尺度达到纳米级时，材料的力学性能发生很大的变化，金属材料将变强变硬，而陶瓷材料韧性提升，并具有超塑性特征。这种变化主要是由材料的微观结构决定的。由于纳米超微颗粒制成的固体材料具有很大的界面，晶界原子排列混乱，且晶界上的原子将占到总原子数的 50%左右，使其原子密度、配位数远远偏离了完整的晶体结构。因此，纳米材料是一种非平衡态结构，其中存在大量的晶体缺陷。

图 7-3 为纳米晶铜(25 nm)与多晶铜(50 μm)的真应力—真应变曲线比较，其屈服强度 σs 从原先的 83 MPa 提高至 185 MPa，说明对于金属材料而言，纳米级的力学性能远高于多晶状态。但是需要注意的是，霍尔—佩奇公式的强度与晶粒尺寸关系并不适用于纳米材料。对于陶瓷材料而言，其通常不具有延展性，但纳米级 TiO_2 在室温下能够发生塑性变形，且在 180℃时形变量达到 100%。

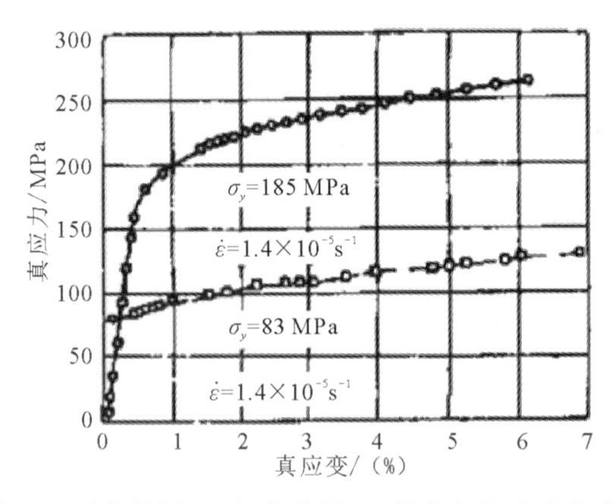

图 7-3　纳米晶铜(○)与多晶铜(□)的真应力-真应变曲线

三、特殊的热学性质

纳米材料特殊的热学性质主要表现为熔点、烧结温度、晶化温度降低等，以上显著变化主要由于其特殊的表面效应所致。例如，平均粒径为 40 nm 的纳米铜粒子熔点由 1053℃下降到 750℃，降低约 300℃；银的熔点 690℃，而超细银熔点仅为 100℃。采用银超细粉制成的导电浆料，可在低温下烧结，元件基片不必再采用传统高温陶瓷，可用塑料替代；日本川崎制铁公司将 0.1～1 μm 的铜、镍超微粒制成导电浆料，可代替钯、银等贵金属超微粒；对于粉末冶金行业，在钨颗粒中加入 0.1%～0.5wt%的纳米镍粉，可将烧结温度从 3000℃降为 1200～1300℃。

四、特殊的光学性质

块状金属具有各自的特征颜色，但当其晶粒尺寸减小到纳米量级时，所有金属都呈黑色，且粒径越小，颜色越深，这表明纳米材料的吸光能力越强，对光的反射率极低。因此，利用块状金属的这一特性可将纳米材料应用于红外敏感元件、红外隐身材料、高效光热、光电转换材料等。

五、特殊的磁性

磁性微粒是一个生物罗盘，生活在水中的趋磁细菌依靠它游向营养丰富的水底。研究表明这些生物体内的磁颗粒大小为 20 nm 的磁性氧化物，小尺寸超微粒子的磁性比大块材料强许多倍，20 nm 的纯铁粒子的矫顽力是大块铁的 1000 倍，但当尺寸再减小时(到 6 nm 时)，其矫顽力反而又下降到零，表现出所谓超顺磁性。利用超微粒子具有高矫顽力的性质，已做成高储存密度的磁记录粉，用于磁带、磁盘、磁卡及磁性钥匙等；利用超顺磁研制出应用广泛的磁流体，用于密封等。纳米粒子或团簇的磁性同样可能与块材不同，例如，钯、铑、钠、钾团簇是铁磁的，而它们的块材是顺磁的；小尺寸铁、钴、镍团簇是超顺磁性的。

六、化学性质

与传统材料相比，具有高比表面积的纳米材料的化学活性相当惊人，随着纳米粒子尺寸的减少，其比表面积明显增大，化学活性也明显增强。

七、量子效应

当粒子尺寸下降到某一值时，金属纳米能级附近的电子能级会由准连续变为离散的现象，纳米半导体微粒存在不连续被占据的最高分子轨道能级，并且存在未被占据的最低的分子轨道能级，且能隙变宽，由此导致的纳米微粒的催化、电磁、光学、热学和超导等微观特性和宏观性质，表现出与宏观块体材料显著不同的特点。

对于纳米超微颗粒而言，大块材料中的连续的能带将分裂为分立的能级，能级间的距离随颗粒尺寸减小而增大。当热能、电场能或磁场能比平均的能级间距还小时，超微颗粒就会呈现一系列与宏观物体截然不同的反常特性，称为量子尺寸效应。如导电的金属在制成超微粒子时，就可以变成半导体或绝缘体；磁矩的大小和颗粒中电子是奇数还是偶数有关，比热容亦会发生反常变化；光谱线会产生向短波长方向的移动。催化活性与原子数目有奇妙的联系，多一个原子活性很高，少一个原子活性很低，这就是量子尺寸效应的客观表现。

当微电子器件进一步微小化时，必须考虑上述量子效应，如制造半导体集成电路时，当电路的尺寸接近电子波长时，电子就会通过隧道效应而溢出器件，使器件无法工作。经典电路的极限尺寸大约为 0.25 μm。

7.2.3　纳米材料的制备

一、气相法制备纳米微粒

采用气相法制备纳米微粒，具体技术包括低压气体蒸发法(气体冷凝法)、活性氢—熔融金属反应法、溅射法、流动液面上真空蒸发法、通电加热蒸发法、混合等离子法、激光诱导化学气相沉积(LICVD)等，可实现制备金属超微粒和化合物超微粒。

二、液相法制备纳米微粒

液相法制备纳米微粒即在包含一种或多种离子的可溶性盐溶液中，当加入沉淀剂(如OH^-、$C_2O_4^{2-}$、CO_3^{2-}等)后，或于一定温度下使溶液发生水解，形成不溶性的氢氧化物或盐类从溶液中析出，并将溶液中原有的阴离子洗去，经热分解即得到所需的氧化物粉料。通常可用共沉淀法，即含多种阳离子的溶液中加入沉淀剂后，所有离子完全沉淀的方法；均向沉淀法，即通过控制溶液中的沉淀剂浓度，使之缓慢地增加，则使溶液中的沉淀处于平衡状态，且沉淀能在整个溶液中均匀地出现的方法，此法克服了由外部向溶液中加沉淀剂而造成沉淀剂的局部不均匀性；金属醇盐水解法，即利用一些金属有机醇盐能溶于有机溶剂发生水解，生成氢氧化物或氧化物沉淀的特性，制备细粉料的一种方法，该方法所得氧化物纯度高。

三、固相法制备纳米微粒

固相法制备纳米微粒通常采用高能球磨法，即利用球磨机的转动或振动，使硬球对原料进行强烈的撞击、研磨和搅拌，把金属或合金粉末粉碎为纳米级微粒的方法。如果将两种或两种以上金属粉末同时放入球磨机的球磨罐中进行高能球磨，粉末颗粒经压延，压合，又碾碎，再压合的反复过程(反复进行冷焊→粉碎→冷焊)，最后获得组织和成分分布均匀的合金粉末。由于这种方法是利用机械能达到合金化，而不是用热能或电能，因此称为机械合金化。

采用该技术可将相图上几乎不互溶的几种元素制成固溶体，这是用常规熔炼方法无法实现的。但该技术的主要缺点是：所得纳米微粒的晶粒尺寸不均匀，易引入某些杂质，但是高能球磨法制备的纳米金属与合金结构材料产量高、工艺简单，并能制备出用常规方法难以获得的高熔点金属或合金纳米材料。

另外，采用非晶晶化法，主要是针对某些成核激活能小的非晶合金；晶粒长大、激活能大的非晶合金采用该技术可获得塑性较好的纳米晶合金。

7.2.4 纳米材料的应用

一、以力学性能为特征的应用

碳纳米管的强度是钢的百倍，而重量仅是钢的1/6，这是目前发现的最高强度或比强度的材料，其应用前景十分诱人；在实际生产中，常选用无机纳米超微粉添加到高分子材料(例如橡胶、塑料、胶粘剂)中，可以发挥增强、增塑、抗冲击、耐磨耐热、阻燃、抗老化及增加黏结性能等作用；将纳米金属铜粉加入到润滑油中，可制得具有自修复作用的润滑油，不仅使润滑性能大幅度提高，而且纳米金属可“修复”已有的微小蚀坑，从而使零件的使用寿命大为提高。

二、以表面活性为特征的应用

纳米催化剂具有高比表面积和表面能，活性点多，因而其催化活性和选择性大大高于传统催化剂。如用 Rh 纳米粒子作光解水催化剂，产率比常规催化剂提高 2～3 个数量级；粒径为 30nm 的镍可使加氢和脱氢反应速度提高 15 倍；在火箭发射用的固体燃料推进剂中，添加 1%纳米 Ni 粉，燃烧热可增加 1 倍；纳米 TiO_2 对汽车尾气中的去硫能力比常规 TiO_2 高 5 倍；另外，利用纳米材料表面的吸附特性和光催化特性，可用于清除空气中的有害气体，清除海上油污，还可用于制作自洁功能涂料及具有杀菌能力的瓷砖等。

三、以光学性能为特征的应用

利用纳米金属微粒具有特强的光吸收特性和电磁波吸收特性。在军事上纳米金属微粒可用于设计制造隐身材料，用于隐形飞机、隐形坦克等；在民用上用于减小电磁波的污染等。采用如 TiO_2，ZnO_2 等具有特别强的紫外线吸收能力的纳米材料，可用于提高高分子材料的抗老化性能改进外墙涂料的耐候性，也可用于制作防晒用具、服装和护肤霜等；利用纳米材料对红外线的吸收和转换能力，可用于红外吸收与探测，也可用于保温或保暖以及保健品；利用纳米材料的尺寸效应可实现光过滤器的波段调整。纳米阵列体系还是很有前途的新型光过滤器。

四、以磁学性能为特征的应用

制备纳米微晶软磁材料，具有更高的饱和磁化强度和更优良的高频特性；制备纳米微晶永磁材料，具有较高的磁化强度和矫顽力，同时有更好的热稳定性；制备纳米磁记录材料，使磁记录密度大为提高，且可降低噪声，提高信噪比，矫顽力高，因此可靠性和稳定性好，广泛用于磁带、磁盘、磁卡、磁性钥匙等；将纳米材料用于磁疗治病，如将纳米磁性材料(如氧化铁)注入到患者的肿瘤里，外加一个交变磁场，使纳米磁性颗粒升温至 45℃，在这个温度下癌细胞可被消灭；纳米磁性药物“导弹”，是更吸引人的目标。

五、以热学性能为特征的应用

利用纳米材料的高比热容可作为热交换材料；利用其高表面能的特性，降低陶瓷材料的烧结温度，对于粉末冶金和陶瓷的制备具有重要的应用价值；将钎焊用的焊料细化到纳米尺度，可在更低的温度下熔化并焊接，一旦熔化及再凝固后，其晶粒长大，熔点又恢复到较高的温度，这在某些特殊要求的场合是很有用的；使用纳米超细原料，在较低的温度快速熔合，可制成在常规条件下得不到的非平衡合金，为新型合金的研制开辟了新的途径。

六、以电学性能为特征的应用

纳米电子浆料、导电胶、导磁胶已广泛应用于微电子工业中的布线、封装、连接等方面，对微电子器件的小型化有重要作用；将纳米材料制作为高性能电极材料，具有巨大表面积的电极，可大幅度提高充、放电效率；利用纳米颗粒的大比表面积制成超小型、高灵敏度的气敏、湿敏、光敏等传感器，并可做成多功能的复合传感器；将纳米材料用于量子器件，可通过控制电子波动的位相来实现某种功能，使其具有更高的响应速度和更低的功率消耗，性能比原来提高 1000～10 000 倍。量子器件为纳米尺度，结构简单、可靠性高、成本低，通过使用纳米材料可使集成度大幅度提高，将使电子工业技术推向更高的发展阶段。

七、以生物医学为特征的应用

用纳米材料做成的骨水泥和牙填充材料，能与原骨及牙齿结合更紧密，并具有优良的性能，目前已经有了临床应用的实例；纳米无机抗菌材料具有优异的抑制和杀灭细菌的能力，其可净化环境、防止病菌的交叉感染；纳米药物的研发，不仅将药物细化至纳米级，便于传输到人体的任何部位，也便于药物被人体吸收和提高疗效。而且将纳米药物直接注射至病变处，更直接地杀灭有害病菌或肿瘤细胞。另外通过纳米材料的包裹作成智能型药物，进入人体后可主动搜索并攻击癌细胞或修补损伤组织；用纳米材料制成独特的功能膜，可以过滤筛出有害成分，消除药物的污染，减轻药物的事故。

以上是从性能的特征上广泛列举了纳米材料的用途，其中一部分已进入应用阶段，也有一些还处于实验室研究阶段，纳米材料的用途很难全面地展示，但无论如何已可以看到纳米材料应用的美好前景。

7.3 超导材料

Material Science

物质在超低温下，失去电阻的性质称为超导电性；相应地具有这种性质的物质称为超导材料。超导体在电阻消失前的状态称为常导状态；在某一温度下，电阻降为零的状态称为超导状态。超导技术是 21 世纪具有战略意义的综合性高新技术，可广泛应用于能源、信息、医疗、电力工业、交通、国防、科学研究等重大工程方面。

7.3.1 超导材料的发展历程

1911 年，昂尼斯(Onnes)带领学生进行纯水银(汞)在低温下电阻行为的研究，发现当冷却到低温氦的沸点时(4.2 K)，电阻突然降为零(电阻降到该仪器无法测量的程度)，当升温到 4.2 K 以上时，这种现象消失，再冷时又出现零电阻现象，而且在 4.2 K 附近汞的电阻下降是突变。这一发现立即引起全世界范围的震动。后来在 Sn、Pb 及不纯汞等金属中也发现了电阻消失的现象。昂尼斯由于该项具有历史意义的发现而获得 1913 年度诺贝尔物理学奖。

昂尼斯在诺贝尔领奖演说中指出：低温下金属电阻的消失“不是逐渐的，而是突然的”，水银在 -269℃“进入了一种新状态”，由于它的特殊导电性能，可以称为“超导态”。因此，人们把这种现象就叫超导现象，具有超导性质的材料就称为超导体。超导体从此问世于人间。我们称超导体开始失去电阻的温度为超导临界转变温度(简称临界温度)T。超导体的直流电阻率在一定的低温下突然消失，被称为零电阻效应。导体没有了电阻，电流流经超导体时就不发生热损耗，电流可以毫无阻力地在导线中流动。这样就能以极小的功率在线圈中通过巨大的电流，从而产生高达几特以至几十特的超强磁场，这是人们长期以来梦寐以求的。

为什么低温下的超导态汞会在弱磁场中失去超导能力呢？1933 年，荷兰的 W 迈斯纳(Meissner)和 R・奥克森菲尔德(Ochsenfeld)两位科学家在测定金属锡和铅在磁场中冷却到超导温度下的内外磁通量分布时，共同发现了超导体的一个极为重要的性质：当金属处在超导状态时，这一超导体内的磁感应强度为零，即能把原来存在于体内的磁场排挤出去。他们对围绕球形导体(单晶锡)的磁场分布进行了实验测试，结果惊奇地发现：锡球过渡到超导态时，锡球周围的磁场都突然发生了变化，磁力线似乎一下子被排斥到超导体之外去了。于是，人们将这种当金属变成超导体时磁力线自动排出金属之外而超导体内的磁感应强度为零的现象，称为“迈斯纳效应”，如图 7-4 所示。

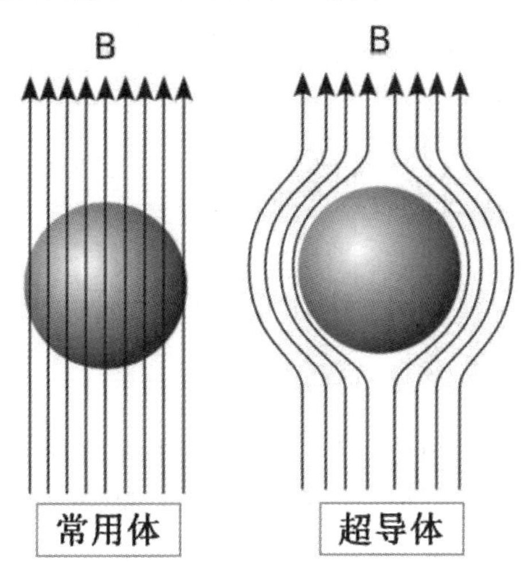

图 7-4　迈斯纳效应(Meissner)示意图

由于早期的超导体存在于液氦极低温度条件下，极大地限制了超导材料的应用，所以人们一直在探索高温超导体。1986 年，高温超导体的研究取得了重大的突破，掀起了以研究金属氧化物陶瓷材料为对象，以寻找高临界温度超导体为目标的“超导热”。

全世界有 260 多个实验小组参加了这场竞赛。1986 年 1 月，美国国际商用机器公司的两名科学家柏诺兹和缪勒，首先发现钡镧铜氧化物是高温超导体，他们将超导温度提高到 -243℃。1987 年更是取得了惊人的进展：1987 年 1 月，中国科学院物理研究所由赵忠贤、陈立泉领导的研究组，获得了 -225℃的锶镧铜氧系超导体，并看到这类物质有在 -203℃发生转变的迹象；2 月 15 日，美国华裔科学家朱经武、吴茂员获得了-175℃超导体；2 月 20 日，中国宣布发现 -173℃以上超导体；3 月 3 日，日本宣布发现 -150℃超导体；3 月 12 日，中国北京大学成功地用液氮进行超导磁悬浮实验；3 月 27 日，美国华裔科学家又发现在氧化物超导材料中有转变温度为 -33℃超导迹象；之后日本鹿儿岛大学工学部又发现由镧、锶、铜、氧组成的陶瓷材料在 14℃温度下存在超导迹象。

高温超导体理论研究的巨大突破，以液态氮代替液态氦作超导制冷获得超导体这一技术的成熟，使超导走向大规模开发应用。氮是空气的主要成分，液氮制冷机的效率比液氦至少高 10 倍，所以液氮的价格实际仅相当于液氦的 1%。因此，现有的高温超导体虽然还必须用液态氮来冷却，但它仍被认为是 20 世纪科学上最伟大的发现之一。

7.3.2　超导材料的特征值

超导材料是指在一定温度以下，材料电阻为零，物体内部失去磁通而成为完全抗磁性的物质。超导性和抗磁性是超导材料的两个主要特征。实验所得电阻率 ρ，所加磁场强度 H，导体的电流密度 J 与温度 T 的关系，如图 7-5 所示。由图 7-5 可知，超导体的几个特征值为临界温度 T_c，临界磁场强度 H_c，临界电流密度 J_c。

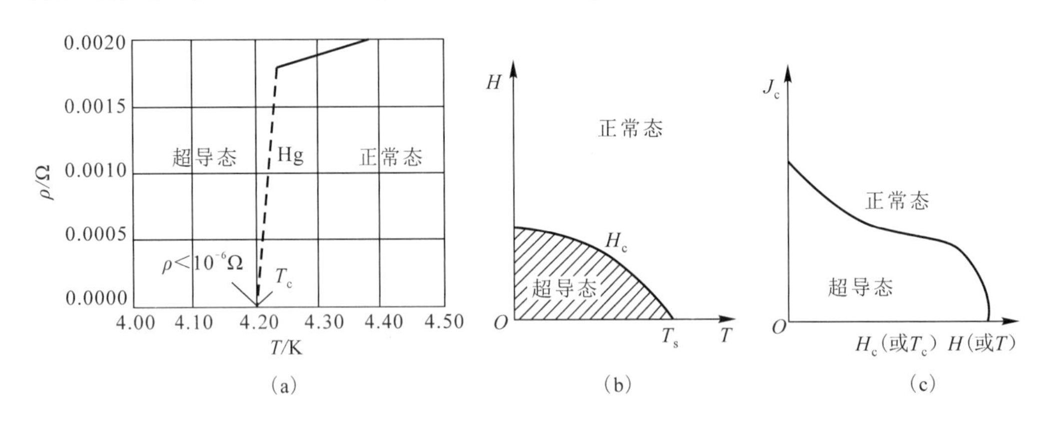

图 7-5　ρ、H、J 与温度 T 关系示意图

如图 7-5(a)所示，T 有一特征值 T_c。当 $T<T_c$ 时，导体的 $\rho=0$，具有超导性。当 $T\geqslant T_c$ 时，导体的 $\rho\neq0$，即失去超导性。图中汞的 $T_c=4.20$ K。某些金属、金属化合物及合金，当温度低到一定程度时，电阻突然消失，把这种处于零电阻的状态称为超导态，有超导态存在的导体叫作超导体。超导体从正常态(电阻态)过渡到超导态(零电阻态)的转变叫作正常——超导转变，转变时的温度 T 称为这种超导体的临界温度。显然当温度变高时，有利于超导体的应用。

除温度外，足够强的磁场也能破坏超导态。使超导态转变成正常态的最小磁场 $H_c(T)$ 叫作此温度下该超导体的临界磁场。

7.3.3　超导材料的类型

超导材料是在一定条件(温度、磁场、电流)下具有超导电性和实用价值的材料。目前已经发现的超导体有三类材料，即金属超导体，如 Hg(4K)、Pb(7K)；金属间化合物超导体，如 Nb-Ti(一代)、NbSn、V_3Ga(二代)、Nb_3Ge、$PbMo_6S_8$(三代)；高温陶瓷氧化物超导体，如 YBCO、BSCCO、T1BCCO 等。该类型的超导材料也可根据需要制备成体、带、片、丝、膜材，供不同使用对象(强电、弱电)选择使用，满足不同使用性能要求。

一、低温超导材料

低温超导材料是指具有低临界转变温度(T_c < 30K)，在液氦温度条件下工作的超导材料，主要包括金属超导材料和金属间化合物超导材料。目前已有 28 种超导元素在常压下发现均具有一定超导电性，例如，典型金属 α-Hg(T_c = 4.15K，H_c = 412Oe)、Pb(T_c = 7.2 K，H_c = 803Oe)、Nb(T_c = 9.26 K，H_c = 1950Oe)，其中以 Nb 的临界温度最高。高压下 Cs、Ba、Bi、Y、Si、Ge 等才表现出超导电性。

另外，目前经测试发现具有超导特性的合金及化合物多达五千余种，但真正能够应用的并不多。其中临界温度最高的是材料为 Nb_3Ge(T_c = 23.2 K)，其次为 Nb_3Sn(T_c = 18.1 K，H_c = 24.5 kOe)，Nb-60Ti(T_c = 9.3 K，H_c = 115 kOe)具有更高的临界磁场强度 H_c 和优良的加工性能。

低温超导材料由于临界转变温度低，必须在液氦温度下使用，运转费用昂贵，故其应用受到限制。

二、高温超导材料

高温超导材料临界温度 T_c 高于液氮温度(77K)的超导材料。1987 年初，美国、中国、日本相继独立发现 $YBa_2Cu_3O_7$、Bi-Sr-Ca-Cu-O、Ta-Ba-Ca-Cu-O 系高 T_c 氧化物超导材料，T_c > 92 K。此类氧化物冷却到低温时，其电阻突然变为零，同时内部失去磁通，成为完全抗磁的一类氧化物，具有完全导电性和完全抗磁性，临界温度越高，临界磁场越大，临界电流密度越大，性能越好。高温超导材料的制备方法有干法和湿法，包括高温烧结法、离子溅射法、蒸发法、等离子法和分子束晶体生长法、熔融生长法、沉积法等。

7.3.4　超导材料的应用

超导材料的突破性进展，将促进超导技术的突飞猛进，预示着一个崭新的电气化时代的到来。实际上，超导技术的应用遍及能源、运输、基础科学、资源、信息和医疗等科学技术的广泛领域。

一、超导磁体

图 7-6 为未来电力系统中超导发电、变电和输电系统的示意图，它由超导发电机、超导磁流体发电机、超导磁场控制的核聚变发电装置产生巨大的电能，通过由超导输电电缆和超导变电站组成的输电系统，将电流源源不断地送到各个用户，这是一幅充满魅力的未

来电力系统的壮丽画卷。

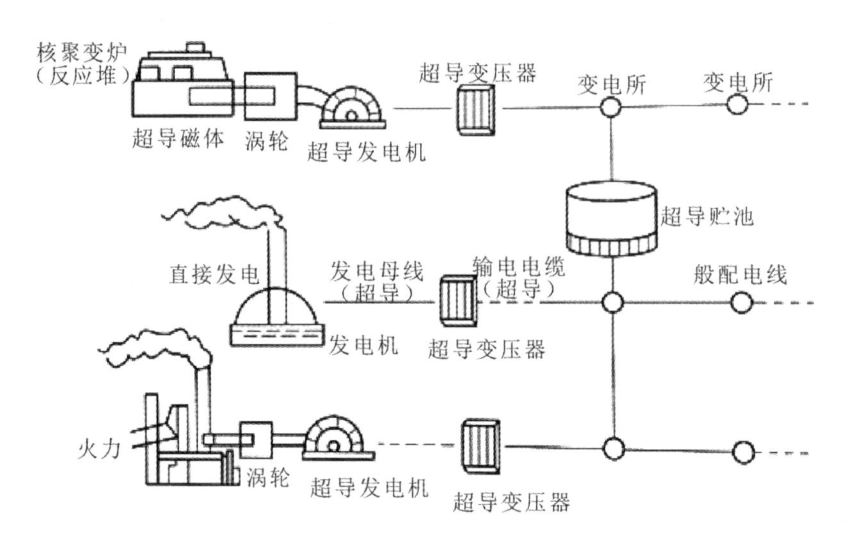

图 7-6　未来电力系统超导发电、变电和输电系统示意图

二、超导发电机与电动机

在大型发电机或电动机中，一旦由超导体取代铜材则有望实现电阻损耗极小的大功率传输。在高强度磁场下，超导体的电流密度超过铜的电流密度，这表明超导电机单机输出功率可以大大增加。在同样的电机输出功率下，电机重量可以大大下降。小型、轻量、输出功率高、损耗小等超导电机的优点，不仅对于大规模电力工程是重要的，对于航海、航空的各种船舶、飞机特别理想。2009 年，美国超导公司研发的 36.5 MW、120 r/min 高温超导电机通过海军验收试验，该电机作为美国海军新一代电力战舰 DDG1000 推进电机候选电机之一，标志着超导电机的发展已接近工程应用阶段。日本川崎重工于 2013 年 6 月宣布完成船舶电力推进用 3 MW 高温超导电机。2019 年，我国中国船舶集团有限公司第七一二研究所成功研制出国内首台 2 MW、20 r/min 高温超导直驱风力发电机的研制，使得我国超导电机技术跻身于世界前列。

三、无损耗变压器

发展超导变压器，可提高电力变压器的性能。从经济上看，超导材料的低阻抗特性有利于减小变压器的总损耗，高电流密度可以提高电力系统的效率，采用超导变压器将会大大节约能源，减少其运作费用；从绝缘运行寿命上看，超导变压器的绕组和固体绝缘材料都运行于深度低温下，不存在绝缘老化问题，即使是在超额定功率超两倍的条件下运行也不会影响运行寿命；从对电力系统的贡献来看，正常工作时超导变压器的内阻很低，增大了电压调节范围，有利于提高电力系统的性能；从环保角度看，超导变压器采用液氮进行冷却，取代了常规变压器所用的强迫油循环冷却或空冷，降低了噪声，避免了变压器可能引起的火灾危险和由于泄露造成的环境污染。

四、超导输电

美国物理学家波恩特•特奥•马梯阿斯指出：“电能的输送是超导体最重要的应用之一。”发电站输出电能常用铝线和铜线。由于电阻的存在，一部分电力在输出过程中转变为热能而消失，存在着严重的损耗。而利用超导材料输电，由于导线的电阻消失，线路损耗也就降为零，用超导材料可制作高效率、大容量的动力电缆，并且可减少导体的需求量，节约大量有色金属资源。目前，国际上对高温超导交流电缆的研究已取得了很大的进展，技术较成熟，相继建成多条超导电缆示范工程。我国于 2020 年，由国家电网在上海兴建的国内首条 35 千伏公里级高温超导电缆示范工程，正式启动了电缆试拉试验环节，并获得了成功。

超高压输电带来的介质损失，在大容量的电缆中是十分可观的。超导材料出现以后，人们首先想到的就是利用超导体的零电阻特性实现远距离大功率输电。超导电缆线已有多种，比较成功的超导电缆线有圆筒式和多芯式两种。圆筒式超导电缆由三根管状超导芯线组成，超导芯线安装在具有隔热层的管内。冷却液氮在超导芯线内外同时循环流动，保证超导电缆处于超导电性状态。多芯式超导电缆的结构与普通电缆类似。直径为 100 μm 以下的超导线均匀分布在电绝缘层中，并套上铜管，铜管直径为 2 mm，在外冷却液氮的作用下，电缆处于超导状态，即为超导电缆。

五、超导磁悬浮列车、超导船

利用超导体具有完全抗磁性的特点，在车厢底部装备上超导线圈，并在路轨上沿途安放金属环，这样就能构成磁悬浮列车。当列车启动时，由于金属环切割磁力线，将产生与超导磁场方向相反的感生磁场。根据同性相斥原理，列车受到向上推力而悬浮。超导磁悬浮列车具有许多的优点：由于它悬浮于轨道上行驶，导轨与机车间不存在任何实际接触，所以没有摩擦，时速可达几百公里；磁悬浮列车可靠性大，维修简便，成本低，能源消耗仅是汽车的一半，飞机的四分之一；噪声小，时速达 300 km/h，噪声只有 65 dB；以电为动力，不排放废气，无污染，是一种绿色的交通工具；可通过改变铝线圈中电流的大小来控制列车的运行速度，十分方便。

利用超导技术设计的电磁推进船，完全改变了现有船舶的推进机构，既没有回转部分，又无须使用螺旋推进机构，只需改变超导磁场的磁感应强度或电流强度，就可以变换船舶的航行速度。另外，还具有结构简单、操作方便、噪声小等优点，有希望成为改进船舶工业的重要方向。第一艘由日本船舶和海洋基金会建造的超导船“大和 1 号”已于 1992 年 1 月 27 日在日本神户下水试航。超导船由船上的超导磁体产生强磁场，船两侧的正负电极使水中电流从船的一侧向另一侧流动，磁场和电流之间的洛仑兹力驱动船舶高速前进。这种高速超导船直到目前尚未进入实用化阶段，但实验证明，这种船舶有可能引发船舶工业爆发一次革命，就像当年富尔顿发明轮船最后取代了帆船那样。

六、超导储能

人类对电力网总输出功率的要求是不平衡的，即使一天之内，也难以达到均匀。由于超导体可以达到非常高的能量密度，可以无损耗贮存巨大的电能，所以利用超导体，可制成高效储能设备。这种装置把输电网络中用电低峰时多余的电力储存起来，在用电高峰时释放出来，解决用电不平衡的矛盾。美国已设计出一种大型超导储能系统，可储存 5000 MW·h 的巨大电能，充放电功率为 1000 MW，转换时间为几分之一秒，效率达 98%，它可直接与电力网相连接根据电力供应和用电负荷情况从线圈内输出，不必经过能量转换过程。

七、在核能开发中的应用

若想利用热核反应来发电，首先必须解决大体积、高强度的磁场问题。产生这样磁场的磁体能量极高，结构复杂，电磁和机械应力巨大，常规磁体无法承担这一任务，只有通过超导磁体产生强大的磁场，将高温等离子体约束住，并且达到一个所要求的密度，这样才可以实现受控热核反应。

八、磁悬浮轴承

轴承是器件内高速转动的部位，由于受轴承摩擦的限制，所以其转速无法进一步提高。利用超导体的完全抗磁性可制成无摩擦悬浮轴承。磁悬浮轴承是采用磁场力将转轴悬浮。由于它无接触，因而避免了机械磨损，降低了能耗，减小了噪声，进而具有免维护、高转速、高精度和动力学特性好的优点。磁悬浮轴承可适用于高速离心机、飞轮储能、航空陀螺仪等高速旋转系统。

九、电子束磁透镜

在通常的电子显微镜中，磁透镜的线圈是用铜导线制成的，从而导致场强不大，磁场梯度也不高且时间稳定性较差，使得分辨率难以进一步提高的问题。运用超导磁透镜后，以上缺点得到了克服。目前超导电子显微镜的分辨率已达 30nm，可以直接观察晶格结构和遗传物质的结构，已成为科学和生产部门强有力的工具。

十、超导微波器件在移动通信中的应用

移动通信业蓬勃发展的同时，也带来了严重的信号干扰，频率资源紧张，系统容量不足，数据传输速率受限制等诸多难题。高温超导移动通信子系统在这一背景下应运而生，它由高温超导滤波器、低噪声前置放大器以及微型制冷机组成。高温超导子系统给移动通信系统带来的好处可以归纳为以下几个方面：提高了基站接收机的抗干扰能力；可以充分利用频率资源，扩大基站能量；减少了输入信号的损耗，提高了基站系统的灵敏度从而扩大了基站的覆盖面积；改善通话质量，提高数据传输速度；超导基站子系统带来了绿色的

通信网络。

当然，超导材料的用途还有很多，它的优点也十分突出，但是它必须工作在比 T_c 低的温度，目前 T_c 为 100K，这无疑限制了它的应用。随着高温超导材料的开发成功，必将引起能源、交通、工业、医疗、生物、电子和军事等领域的重大变革。

7.4　生物医用材料

7.4.1　生物医用材料的发展历程

生物医学材料是用于与生命系统接触和发生相互作用，并能对其细胞、组织和器官进行诊断治疗、替换修复或诱导再生的一类天然或人工合成的特殊功能材料，称为生物材料。由于生物医学材料具有重大的社会效益和巨大的经济效益，近十年来，已被许多国家列为高技术材料发展计划，并迅速成为国际高技术的制高点之一，其研究与开发得到了飞速发展。此外，生物医学材料是材料科学与生命科学的交叉学科，代表了材料科学与现代生物医学工程的一个主要发展方向，是当代科学技术发展的重要领域之一。

生物医学材料的发展经历了漫长的历史。古代人就知道用天然材料治病和修复创伤：公元前 3500 年，古埃及人用棉花纤维和马鬃缝合伤口；中国和埃及在公元前 2500 年的墓葬中发现有假牙、假鼻和假耳；人类很早就开始用黄金修补牙齿，并且一直沿用至今。

1936 年，有机玻璃被发明，并很快被用于制作假牙和人工骨。1943 年，纤维素薄膜首次用于血液透析，即人工肾。特别是 20 世纪 60 年代以后，各种具有特殊功能的聚合物材料不断涌现，为人工器官领域的研究提供了性能优异的新型材料。例如，制作人工心脏用的聚氨酯和硅橡胶，人工肾的中空纤维等。聚合物材料不仅促进了医学和人工器官的飞速发展，还使医用金属材料、生物陶瓷都得到了蓬勃发展。到 20 世纪 70 年代后期，医用复合材料的研究开发成为生物医学材料发展中最活跃的领域之一。

进入 20 世纪 90 年代，借助于生物技术与基因工程的发展，生物医学材料已由无生物存活性的材料领域扩展到具有生物学功能的材料领域，其基本特征为具有促进细胞分化与增殖、诱导组织再生和参与生命活动等功能。这种将材料科学与现代生物技术相结合，使无生命材料生命化，并通过组织工程实现人体组织与器官再生及重建的新型生物材料成为现代材料科学新的研究前沿。

7.4.2　生物医用材料的用途、基本特性及分类

一、生物医学材料的用途

随着医学水平和材料性能的不断提高，生物医学材料的种类和应用不断扩大。不夸张

地说，从头到脚、从皮肤到骨头、从血管到声带，生物材料已应用于人体的各个部位。生物医学材料的用途主要有以下三个方面：替代损害的器官或组织，典型材料有人工心脏瓣膜、假牙、人工血管等；改善或恢复器官功能的材料，典型材料有隐形眼镜、心脏起搏器等；用于治疗过程，典型材料有介入性治疗血管内支架、用于血液透析的薄膜、药物控释载体材料等。

二、对生物医学材料的基本要求

由于生物材料与生物系统直接结合，除了应满足各种生物功能等理化性质要求外，生物医学材料都必须具备生物学性能，这是生物医学材料区别于其他功能材料的最重要的特征。生物材料植入机体后，材料与机体组织的直接接触与相互作用会产生两种反应：一是材料反应，即活体系统对材料的作用，包括生物环境对材料的腐蚀、降解、磨损和性质退化，甚至破坏；二是宿主反应，即材料对活体系统的作用，包括局部和全身反应，如炎症、细胞毒性、凝血、过敏、致癌、畸形和免疫反应等，其结果可能导致对机体的中毒和机体对材料的排斥。因此，生物医学材料应满足以下基本条件：

1) 生物相容性

生物相容性具体包括：对人体无毒，无刺激，无致畸、致敏、致突变或致癌作用；生物相容性好，在体内不被排斥，无炎症，无慢性感染，种植体不致引起周围组织产生局部或全身性反应，最好能与骨形成化学结合，具有生物活性；无溶血凝血反应等。

2) 化学稳定性

化学稳定性具体包括：耐体液浸蚀，不产生有害降解产物；不产生吸水膨润、软化变质；自身不变化等。

3) 力学条件

生物医学材料植入体内替代一定的人体组织，因此它还必须具有一定的力学条件，包括：足够的静态强度，如抗弯、抗压、拉伸、剪切等；具有适当的弹性模量和硬度；耐疲劳、摩擦、磨损、有润滑性能。其他生物医学材料还应具有：良好的空隙度，以方便体液及软硬组织易于长出；易加工成形，使用操作方便；热稳定好，高温消毒不变质等性能。

三、生物医学材料的分类

生物医学材料的分类有多种方法，最常见的是按材料的物质属性来划分，按此方法可将生物医学材料分为医用金属材料、生物陶瓷、医用聚合物材料和医用复合材料等四类。另外，近来一些天然生物组织，如牛心包、猪心瓣膜、牛颈动脉、羊膜等，通过特殊处理，使其失活，消除抗原性，并成功应用于临床。这类材料通常称为生物衍生材料或生物再生材料。

另外，也可按材料的用途进行分类，如口腔医用材料、硬组织修复与替换材料(主要用于骨骼和关节等)、软组织修复与替代材料(主要用于皮肤、肌肉、心、肺、胃等)、医疗器械材料等。后面将按材料物质属性的分法介绍各类生物医学材料。

7.4.3　生物医学金属材料

最先应用于临床的金属材料是金、银、铂等贵重金属，原因是其均具有良好的化学稳定性和易加工性能。早在 1829 年人们就通过对多种金属的系统动物实验，得出了金属铂对机体组织刺激性最小的结论。生物医用金属材料必须是一类生物惰性材料，除应具有良好的力学性能及相关的物理性质外，还必须具有优良的抗生理腐蚀性和组织相容性。已应用于临床的医用金属材料主要有不锈钢、钴基合金和钛基合金等三大类。它们主要用于骨和牙等硬组织的修复和替换，以及心血管和软组织修复和人工器官制造中的结构元件。

一、不锈钢

按不锈钢显微组织的特点，可将它分为奥氏体不锈钢、铁素体不锈钢、马氏体不锈钢、沉淀硬化型不锈钢等类型。

铁素体不锈钢和马氏体不锈钢中的主要成分是 Fe、Cr、C，其中 Cr 具有扩大铁素体(α)相区的作用，而 C 具有扩大奥氏体(γ)相区的作用。当 C 含量较低而 Cr 含量较高时，可使合金从低温到高温都为单相 α，故称为铁素体不锈钢。当 C 含量较高而 Cr 含量较低时，合金在低温时为 α 相，在高温时为 γ 相，因此可通过加热到高温的 γ 相区后快速冷却的淬火过程实现 γ 转变为 α，这一转变属马氏体相变，这种不锈钢称为马氏体不锈钢。铁素体不锈钢和马氏体不锈钢的耐蚀性随碳含量的降低和 Cr 含量的增加而提高。提高碳含量，形成马氏体组织则有利于提高合金的硬度。目前铁素体不锈钢和马氏体不锈钢主要用于制作医疗器械，其中，刀剪、止血钳、针头等的材料主要是 3Cr13 和 4Cr13 型不锈钢。

奥氏体不锈钢的主加合金元素是 Cr 和 Ni，Ni 具有扩大奥氏体相区的作用，$W_{Cr}=18\%$、$W_{Ni}=8\%$是奥氏体不锈钢最典型的成分，俗称 18-8 不锈钢。与铁素体不锈钢和马氏体不锈钢相比，奥氏体不锈钢除了具有更良好的耐蚀性能外，还具有塑性好、易于加工变形制成各种形状、无磁性等特点。因此，奥氏体不锈钢长期以来在医疗上有广泛的临床应用。1926 年，18-8 不锈钢首先用于骨科治疗，随后在口腔科也得到了应用。1934 年，研制出高铬低镍单相组织的 AISI 302 和 304 不锈钢(注：302 和 304 为美国牌号，与我国的 0Cr18N9 接近)，使不锈钢在体内生理环境下的耐腐蚀性能明显提高。1952 年，耐蚀能力更强的 AISI 316(与我国的 00Cr17Ni14Mo2 接近)不锈钢在临床获得应用，并逐渐取代了 AISI 302 不锈钢。随着冶炼技术的提高，奥氏体不锈钢中的碳含量可进一步降低，从而发展出了超低碳不锈钢。20 世纪 60 年代，超低碳不锈钢如 00Cr18Ni10 被研制出，有效地解决了不锈钢的晶间腐蚀问题。奥氏体不锈钢的生物相容性和综合力学性能较好，得到了大量的应用。在骨科，奥氏体不锈钢常用来制作各种人工关节和骨折内固定器，如人工髋关节、膝关节、肩关节；还用作各种规格的皮质骨与松质骨加压螺钉、脊椎钉、哈氏棒、鲁氏棒、颅骨板等。在口腔科，奥氏体不锈钢常用于镶牙、矫形和牙根种植等各种器件的制作，如各种牙冠、固定支架、卡环、基托、正畸丝等。在心血管系统，奥氏体不锈钢常用于传感器的外壳与导线、介入性治疗导丝与血管内支架等各种器件的制作。

二、钴基合金

与不锈钢相比，钴基合金的钝化膜更稳定，耐蚀性更好，且其耐磨性是所有医用金属材料中最好的，因而钴基合金植入体内不会产生明显的组织反应。相对不锈钢而言，医用钴基合金更适用于体内承载苛刻条件的长期植入件。最先在口腔科得到应用的是铸造钴铬钼合金，其在 20 世纪 30 年代末又被用于制作接骨板、骨钉等固定器械，到了 20 世纪 50 年代又被成功地制成人工髋关节。20 世纪 60 年代，为了提高钴基合金的力学性能，又研制出锻造钴铬钨镍合金和锻造钴铬钼合金，并应用于临床。为了改善钴基合金抗疲劳性能，20 世纪 70 年代人们又研制出锻造钴铬钼钨铁合金和具有多相组织的 MP35N 钴铬钼镍合金，并在临床中得到应用。需要注意的是，铸造钴基合金中易于出现铸造缺陷，其性能低于锻造钴基合金。

三、钛基合金

当重金属元素离子(如 Ni、Cr 离子)在人体组织内含量过高时，会对人体组织产生一定的毒性。例如，Cr 能与机体内的丝蛋白结合；机体过量富积 Ni 有可能诱发肿瘤的形成。当合金植入人体内，其合金元素会通过生理腐蚀和磨蚀而导致金属离子溶出，在一般情况下人体中只能容忍微量的金属离子存在，如果不锈钢在肌体中发生严重的腐蚀可能会引起水肿、感染、组织坏死或过敏反应。采用钛基合金则有利于进一步提高植入金属材料的性能。钛(Ti)属难熔稀有金属，熔点达 1762℃，且具有密度小、比强度高、耐蚀性好等特性。在生理环境下，钛合金的均匀腐蚀很小，不会发生点蚀、缝隙腐蚀和晶间腐蚀。但钛合金的磨损与应力腐蚀较明显。从总体上看，钛合金对人体毒性小，密度小，弹性模量接近于天然骨，是较佳的金属生物医学材料。在 20 世纪 40 年代，钛合金已用于制作外科植入体，到 20 世纪 50 年代，纯钛制作的接骨板与骨钉已用于临床。随后，一种强度比纯钛高，而耐蚀性和密度与纯钛相仿的 Ti6A14V 合金研制成功，有力地促进了钛合金作为生物医用材料的应用，现已将钛合金广泛用于制作各种人工关节、接骨板、牙根种植体、牙床、人工心脏瓣膜、头盖骨修复等多方面。

7.4.4 生物陶瓷材料

生物陶瓷是指主要用于人体硬组织修复和重建的生物医学陶瓷材料。与传统陶瓷材料不同的是，它不是单指多晶体，还包括单晶体、非晶体生物玻璃和微晶玻璃、涂层材料、梯度材料、无机与金属复合的复合材料、无机与有机或生物材料复合的复合材料。它不是药物，但它可作为药物的缓释载体；其特殊的生物相容性、磁性和放射性，能有效治疗肿瘤。生物陶瓷在临床上已用于髋关节、膝关节、人造牙根、额面重建、心脏瓣膜、中耳听骨等方面，从而在材料学和临床医学上确立了“生物陶瓷”这一术语。生物陶瓷在临床上的应用主要包括以下方面：能承受负载的矫形材料，用在骨科、牙科及颌面上；种植齿、牙齿增高；耳鼻喉代用材料；人工肌腱和韧带；人工心脏瓣膜；可供组织长入的涂层(心血管、矫形、牙、额面修复)；骨的充填料；脊椎外科和义眼等。

根据生物陶瓷材料与生物体组织的效应，将生物陶瓷分为三类：惰性生物陶瓷，即在生物体内与组织几乎不发生反应或反应很小的一类生物陶瓷材料；活性生物陶瓷，即在生理环境下与组织界面发生作用，形成化学键结合，系骨性结合的材料；可被吸收的生物降解陶瓷，即在生物体内可被逐渐降解，被骨组织吸收，是种骨的重建材料。

一、惰性生物陶瓷材料

常见的惰性生物陶瓷材料包括氧化铝、氧化锆和碳素材料等。其中氧化铝是一种最实用的生物材料，其具有生物相容性良好，在人体内稳定性高，摩擦系数小、耐磨损、抗疲劳、耐腐蚀等优点。根据制造方法的不同，用于生物医学的氧化铝可分为单晶氧化铝、多晶氧化铝和多孔质氧化铝三种。但是，必须指出的是氧化铝存在以下问题：① 与骨不发生化学结合，时间一长，与骨的固定会发生松弛；② 机械强度不高；③ 杨氏模量过高(380 GPa)；④ 摩擦系数变大磨耗速度快。

部分稳定化的氧化锆和氧化铝一样，生物相容性良好，在人体内稳定性高，而且比氧化铝的断裂韧性值更高，耐磨性也更为优良，用作生物材料有利于减小植入物的尺寸和实现低摩擦、磨损，因而在人工牙根和人工髋关节制造方面的应用引人注目。对于承受负载的生物医用氧化铝陶瓷、氧化锆陶瓷等材料，国际标准化组织(ISO)对其组织、力学性能、物理性能已制定了相应的标准，如表 7-5 所示。

表 7-5　Al_2O_3 及 ZrO_2 生物陶瓷物理性能

	高纯 Al_2O_3	ISO Al_2O_3	PZT	皮质骨
质量分数 w/%	＞99.8	＞99.5	＞97	—
密度/(g・cm^{-3})	＞3.93	≥3.90	5.6～6.12	1.6～2.1
晶粒尺寸/μm	3～6	＜7	1	—
表面粗糙度/μm	0.02	—	0.008	—
硬度/HV	2300	>2000	1300	—
抗压强度/MPa	4500	—	—	—
抗弯强度/MPa	550	400	1200	50～150
杨氏模量	380	—	200	7～25
断裂韧性/MPa・$m^{\frac{1}{2}}$	5～6	—	15	2～12

注：PZT：部分稳定的氧化锆。

碳素材料在 1967 年被开发并用做生物材料，虽历史不长，但因其独特的优点，发展迅速。碳素材料质轻而且具有良好的润滑性和抗疲劳特性，弹性模量与致密度与人骨的大致相同。碳素材料的生物相容性好，特别是抗凝血性佳，与血细胞中的元素相容性极好，不影响血浆中的蛋白质和酶的活性。在人体内不发生反应和溶解，生物亲和性良好，耐蚀，对人体组织的力学刺激小，因而是一种优良的生物材料。碳素材料是用于心血管系统修复的理想材料，至今世界上已有近百万患者植入了 LTI 碳材的人工心脏瓣膜。另外，碳纤维与聚合物相复合的材料可用于制作人工肌腱、人工韧带、人工食道等。玻璃碳、热解碳可用于制作人工牙根和人工骨等。碳素材料的缺点是在机体内长期存在会发生碳离子扩散，对周围组织造成染色，但至今尚未发现由此而引发的对机体的不良影响。

二、生物活性陶瓷材料

生物活性陶瓷材料包括各种生物活性玻璃及羟基磷灰石等磷酸盐材料。羟基磷灰石的分子式为$Ca_{10}(PO_4)_6(OH)_2$，简称 HA，因为 HA 占人体骨组成的 70%～97%，所以修复骨组织 HA 较金属和聚合物具有更好的效果。生物活性陶瓷的突出特点在于随着修复时间的延长，种植体表面发生动态变化，表面形成与骨组织能够发生化学键结合的生物羟基磷灰石(HCA)，这种羟基磷灰石中的部分 PO_4^{3-} 被 CO_4^{2-} 取代，还含有其他矿物质和微量元素，其化学式可以表示为$(Ca，M)_{10}(PO_4，CO_3，X)_6(OH，F，C)_2$。其中 M 代表 Mg、Na、K 及微量元素 Sr、Pb、Ba 等，X 为 HPO_4^{2-}、SO_4^{2-}、硼酸盐和矾酸盐等。在种植体上形成的 HCA、矾酸盐等在化学组成和微观结构上与骨的无机组成相同，在与骨的界面结合中发挥作用，在生物体中，与骨组织形成紧密的化学键结合层，这种键结合层能阻挡种植体材料被腐蚀，具有极好的耐久力和抗疲劳性能。

三、可吸收生物陶瓷材料

生物吸收材料是一种暂时性的骨代替材料。植入人体后材料逐渐被吸收，同时新生骨逐渐长入并进行替代，这种效应称为降解效应，具有这种降解效应的陶瓷材料称为可吸收生物陶瓷。生物降解可吸收生物陶瓷在生物医学上的主要应用为脸部和额部的骨缺损，填补牙周的空洞，还可作为药物的载体。

最早应用的生物降解材料是石膏，石膏的相容性虽好，但吸收速度太快，通常在新骨未长成就消耗殆尽而造成塌陷。目前广泛使用的生物降解陶瓷材料为 β-磷酸三钙，其化学式为 $Ca_3(PO_4)_2$，简称 β-TCP。β-TCP 的结构属于三方晶系。β-TCP 的制备通常是先用沉淀法合成钙磷原子比为 1∶5 的磷酸钙盐，然后在 800～1200℃的温度范围内焙烧，使磷酸钙盐转变成 β-TCP，最后将 β-TCP 粉体成型制坯后在 1200℃烧结即可制得可吸收的 β-TCP 陶瓷植入体。β-TCP 的降解过程与材料的溶解过程及生物体内细胞的新陈代谢过程相联系。一般来说，降解过程主要分为以下几个方面：材料的晶界被侵蚀，使其变成粒子被吸收；材料天然溶解形成新的表面相；新陈代谢的因素，如吞噬细胞的作用，导致材料的降解。依据材料物理化学原理，控制 β-TCP 的成分组成和微观结构，可以制备出不同降解速度的可吸收生物陶瓷材料。

7.4.5 生物医用聚合物材料

生物医用高分子材料是指用于生物体或治疗过程的聚合物材料。生物医用聚合物材料按来源可分为天然聚合物材料和人工合成聚合物材料。由于聚合物材料的种类繁多、性能多样，生物医用聚合物材料的应用范围十分广泛。它既可用于硬组织的修复，也可用于软组织的修复；既可用作人工器官，又可作各种治疗用的器材；既有可生物降解的，又有不降解的。与金属和陶瓷材料相比，聚合物材料的强度与硬度较低，作软组织替代物的优势是前者不能比拟的，聚合物材料也不发生生理腐蚀；从制作方面看，聚合物材料易于成型。但是聚合物材料易于发生老化，可能会因体液或血液中的多种离子、蛋白质和酶的作用而导致聚合物断链、降解；聚合物材料的抗磨损、蠕变等性能也不如金属材料。

1. 用于药物释放的聚合物材料

药物在体内或血液中的浓度对于充分发挥药物的治疗效果有重要的作用，按一般方式给药，药物在人体内的浓度只能维持较短时间，而且波动较大。浓度太高，易产生毒副作用；浓度太低又达不到疗效。比较理想的方式是在较长的时间段维持有效浓度。药物释放体系(简称 DDS)就是能够在固定的时间内，按照预定的方向向体内或体内某部位释放药物，并且在一段时间内使药物的浓度维持在一定的水平。

药物释放的方式有多种，常见的有储存器型 DDS 和基材型 DDS。前者是将药物微粒包裹在高分子膜材里，药物微粒的大小可根据使用的目的调整，粒径可从微米到纳米。基材型 DDS 则是将药物包埋于高分子基材中，此时药物的释放速率和释放分布可通过基材的形状、药物在基材中的分布以及聚合物材料的化学、物理和生物学特性控制。例如通过聚合物的溶胀、溶解和生物降解过程可控释在基材内的药物。图 7-7 是存储器型微包裹 DDS 的示意图。

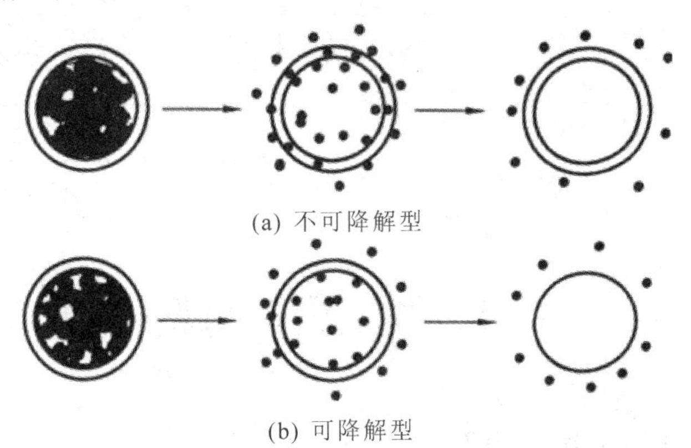

图 7-7 存储器型微包裹 DDS

药物释放体系中常用的聚合物材料有水凝胶、生物降解聚合物、脂质体等。水凝胶是制备 DDS 的重要材料。常见的水凝胶有聚甲基丙烯酸羟乙酯、聚乙烯醇、聚环氧乙烷或聚乙二醇等合成材料及一些天然水凝胶，如明胶、纤维素衍生物、海藻酸盐等。水凝胶的生物相容性好，孔隙分布可控，能实现溶胀控制释放机理。

2. 用于人工器官和植入体的聚合物材料

在医学上聚合物材料不仅被用来修复人体损伤的组织和器官，恢复其功能，而且还可以用来制作人工器官来取代人体受损的器官的全部或部分功能。例如，用医用聚合物材料制成的人工心脏(又称人工心脏辅助装置)，可在一定时间内代替自然心脏的功能，成为心脏移植前的一项过渡性措施。又如人工肾可维持肾病患者几十年的生命，病人只需每周去医院 2～3 次，利用人工肾将体内代谢毒物排出体外就可以维持正常人的活动与生活。又如用有机玻璃修补损伤的颅骨已得到广泛采用；用聚合物材料制成的隐形眼镜片，既矫正了视力又美观方便。用可降解聚合物材料制作的骨折内固定器植入体内后不需再取出，这可使患者避免二次手术的痛苦。医用聚合物材料的种类繁多，应用范围很广。表 7-6 列出了聚合物材料在医学上的部分应用和所选用的聚合物材料。

表 7-6　医学上应用的部分聚合物材料

用 途	材　料	用 途	材　料
肝脏	PHEMA、赛璐珞	心脏	嵌段聚醚氨脂弹性体、硅橡胶
肺	硅橡胶、聚烷砜、聚丙烯空心纤维	人工红血球	全氟烃
胰脏	丙烯酸酯共聚物	胆管	硅橡胶
肾脏	醋酸纤维素、聚甲基丙烯酸酯立体复合物、聚丙烯腈	关节、骨	超高分子量聚乙醚、高密度聚乙烯、尼龙、硅橡胶
肠胃片段	硅氧烷类	皮肤	火棉胶、涂有聚硅酮的尼龙织物、聚酯
人工血浆	羟乙基淀粉	血管	聚酯纤维、聚四氟乙烯
角膜	PMMA、硅橡胶	耳及鼓膜	硅橡胶、聚乙烯、聚烯酸基有机玻璃
玻璃体	硅油(PVC、聚亚胺酯)	喉头	聚四氟乙烯、聚硅酮、聚乙烯
气管	聚四氟乙烯、聚硅酮、聚乙烯、聚酯纤维	面部修复	聚烯酸基有机玻璃
食道	聚硅酮、聚氯乙烯(PVC)	鼻	硅橡胶、聚乙烯
尿道	硅橡胶、聚酯纤维	缝合线	聚亚安脂

7.5　形状记忆材料

Material Science

7.5.1　智能材料形状记忆效应

美国科学家在 20 世纪 50 年代偶然发现，某些金属合金具有“形状记忆”的功能。它们能在某一温度下成型为一种形状，而在另一温度下则又变回到原始的形状，其晶体结构的变化如图 7-8 所示。这种奇特的“形状记忆”功能可以保持相当长的时间，并且重复千万次都准确无误。

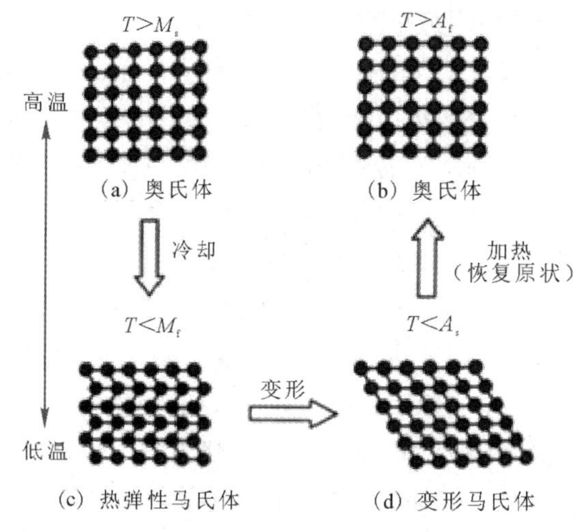

图 7-8　SME 中晶体结构的变化

那么，什么是 SME(形状记忆效应)呢？它是指具有一定形状的合金材料在一定条件下经一定塑性变形后，当加热至一定温度时又完全恢复到原来形状的现象，即它能记忆母相的形状。具有 SME 的合金材料，称为形状记忆合金(SMA)；而具有 SME 的陶瓷与聚合物材料则分别称为形状记忆陶瓷与形状记忆聚合物(SMP)材料。

现以图 7-9 中的铆钉为实例，进一步说明 SME。这个铆钉是用 SMA 制作的，首先在较高温度下($T>M$)把铆钉做成铆接以后的形状，如图 7-9(a)所示；然后把它降温至 M 以下的温度，并在此温度下把铆钉的两脚扳直(产生形变)，如图 7-9(b)所示；然后顺利地插入铆钉孔，如图 7-9(c)所示；最后把温度回升至工作温度($T>A_f$)，这时，铆钉会自动地恢复到初始形状，即完成铆接的程序，如图 7-9(d)所示。显然这个铆钉可以用于手或工具无法直接去操作的场合。图 7-9 中，M_s 表示冷却时开始产生热弹性马氏体的转变温度，M_f 表示冷却时转变终了温度，A_s 表示升温时开始逆转变的温度，A_f 表示逆转变完全的温度。

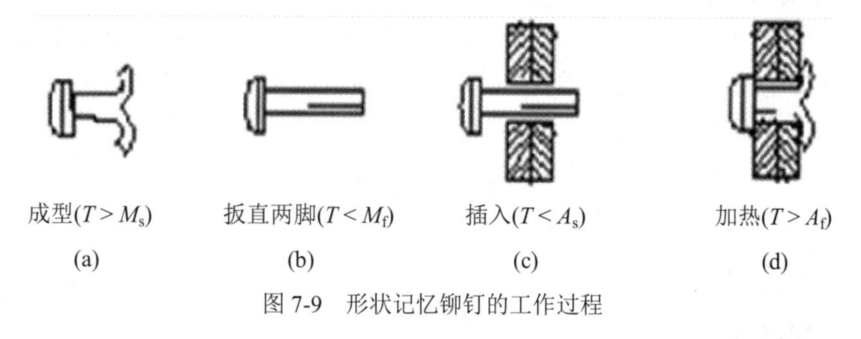

图 7-9　形状记忆铆钉的工作过程

7.5.2　Ni-Ti 系形状记忆合金

Ni-Ti 系形状记忆合金具有优异的形状记忆和超弹性性能，良好的力学性能，耐蚀性和生物相容性以及高阻尼特性，是目前应用最为广泛的形状记忆材料，其应用范围已涉及航天航空、机械、电子、交通、建筑、能源、生物医学及日常生活等领域。

等原子比的 Ni-Ti 合金是应用最早的形状记忆合金，其中 Ni 元素的质量分数为 55%～56%。根据使用目的不同可选用适当的合金成分。由于合金成分不同，相变可以有不同路径。在材料使用过程中，表征材料记忆性能的主要参数包括记忆合金随温度变化所表现出的形状恢复程度、恢复应力、使用中的疲劳寿命，即晶粒在一定热循环或应力循环后出现记忆特性的衰减情况。此外，相变温度及正逆相变的温度滞后更是关键参数。而上述这些特性又与合金的成分、成型工艺热处理条件及使用情况密切相关。

Ni-Ti 记忆合金的相变温度对成分最敏感。Ni 含量每增加 0.1%，相变温度会降低 10℃。第三元素对 Ni-Ti 合金相变温度影响也极为引人注目。Fe、Co 等过渡族金属的加入均可引起相变温度下降，其中 Ni 被 Fe 置换后，扩大了 R 相稳定的温度范围，使 R 相变更为明显。以 Cu 替代 Ni 时，相变温度变化不明显，但形状记忆效应却十分显著，因而可以节约合金成分，并且由于减少相变滞后，使该类合金具有一定的使用价值。部分 Ni-Ti 系形状记忆合金及其转变温度如表 7-7 所示。

表 7-7　部分 Ni-Ti 系形状记忆合金及其转变温度

合金	成分	M_s/℃	A_s/℃
NiTi	Ti-50Ni	60	78
	Ti-51Ni	−20	−12
Ti-Ni-Cu	Ti-20Ni-30Cu	80	85
Ti-Ni-Fe	Ti-47Ni-3Fe	−90	−72

7.5.3　铜基形状记忆合金

铜基材料中的形状记忆效应大多在 20 世纪 70 年代以后发现。尽管铜基合金的某些特性不及 Ni-Ti 合金，但由于其加工容易，成本低廉，而受到青睐，在某些动作频次要求不是很高的场合获得了广泛的应用，特别适用于制作各种热保护元件，如淋浴器防烫阀门、消防防火阀门、通信器材防雷击器材等装置中的热驱动元件。铜基形状记忆合金主要分为 Cu-Zn 和 Cu-Al 两大类，其中最具实用价值的是 Cu-Zn-Al 系和 Cu-Al-Ni 系，近年来又发展了 Cu-Al-Mn 系。针对铜基形状记忆合金易出现沿晶开裂的问题，目前常通过添加 Ti、Zr、V、B 等微量元素，或者采用急冷凝固法或粉末烧结等方法使得合金晶粒细化，以达到改善合金性能的目的。

7.5.4　铁基形状记忆合金

早期发现的铁基形状记忆合金 Fe-Pt 和 Fe-Pd 等由于价格昂贵而未得到应用。直到 1982 年，有关 Fe-Mn-Si 形状记忆合金研究论文的发表，才引起材料研究工作者的极大兴趣。由于铁基形状记忆合金成本低廉、加工容易，如果能在回复应变量小、相变滞后大等问题上得到突破，有望在未来的开发应用上有很大的进展。铁基形状记忆合金的最大回复应变量为2%，超过此形变量将产生滑移变形，导致ε-马氏体与奥氏体界面的移动困难。

目前应用潜力较大的首推价廉、并易于加工的Fe-Mn-Si基合金，由于这类合金的伪弹性较差，双程记忆效应甚小，很适合用于管接头(水管、油管及气管接头)。形状记忆合金用于管接头，便于安装，并可避免焊接缺陷。但这类合金的可回复应变小(2%～3%)，由于其易变诱发并对残余应变较为敏感，所以对其连接的紧固性尚有疑问。

7.5.5 形状记忆合金的应用

1. 连接紧固件

利用形状记忆合金优良的形状记忆效应，可制成各种连接紧固件，如管接头、紧固圈、连接套管和紧固铆钉等。记忆合金连接件结构简单、重量所占空间小，安全性高、拆卸方便、性能稳定可靠，已被广泛用于航天航空、电子和机械工程等领域。

形状记忆合金作为管接头是其最成功的应用之一，自20世纪70年以来，在美国各种型号飞机上已成功使用数百万只，至今无一例失效，现在美国军方已规定记忆合金管接头作为军用飞机液压管路连接的唯一许用系统。NiTiNb宽滞后形状记忆合金经适当变形处理相变滞后高达150℃，用其制成管接头可以在常温下储存和运输。

形状记忆合金作为紧固铆钉使用，将铆钉在干冰中冷却后把尾部拉直，插入被紧固件的孔中，温度上升产生形状恢复，铆钉尾部叉开实现紧固。可用于不易用通常方法实现铆接的地方。

2. 驱动元件

利用记忆合金在加热时形状恢复的同时其恢复力可对外做功的特性，能够制成各种驱动元件。这种驱动机构结构简单，灵敏度高，可靠性好。对只需一次性动作的驱动元件，要求记忆合金具有较大的恢复力和良好的记忆效应；对于需多次使用的温控元件，则要求记忆合金具有优良稳定的记忆性能、疲劳性能和较窄的相变滞后，以保证动作安全可靠，响应迅速。

最成功的案例是1970年美国将Ni-Ti形状记忆合金用于宇宙飞船天线。在宇宙飞船发射之前，在室温下，将经过形状记忆处理的NiTi合金丝折成直径为5 cm以内的球状放入飞船，飞船进入太空轨道后，通过加热或者是利用太阳热能，升温到77℃，被折成球状的合金丝就完全打开，成为原先设定的抛物面形状天线，解决了大型天线的携带问题。

另外，在汽车冷却风扇上安装铜基形状记忆合金的螺旋弹簧，随发动室的温度变化它也会发生形状记忆，在温度高到一个规定值时，离合器接触，风扇转动，温度降低时，离合器分离，风扇停止转动，可降低汽车噪声和油耗。

3. 医学上的应用

在医学上应用记忆合金的关键是合金与生物体的相容性，而Ni-Ti形状记忆合金具有优良的生物相容性、耐蚀耐磨性、高抗疲劳性，且其弹性模量与人体骨头相近，因此是医学领域一种理想的生物工程材料，可广泛应用于口腔、骨科、神经外科、心血管科、胸外科、肝胆科、泌尿外科及妇科等。例如可用于矫正牙齿前后不齐，啮合不正的畸形；用于脊柱矫形，发挥在人体内持续矫形的目的；用于骨折固定，有利于骨折愈合，减小固定后骨质疏松，为长骨骨折提供了一种新的、简单、有效治疗手段。

7.6 国内外杰出人物

Material Science

➢ 戴尅戎

戴尅戎，1934 年 6 月 13 日出生，福建漳州人，骨科学和骨科生物力学专家，中国工程院院士，法国国家医学科学院外籍通信院士，中国医学科学院学部委员，上海交通大学医学院终身教授。戴尅戎院士通过医工结合的方式有特色地发展了骨科学。在国际上，他首先将形状记忆合金用于医学领域，发明了多种内固定和人工关节制品，并将这些制品应用于人体内部，推动了形状记忆合金的医学应用。戴尅戎院士在关节外科，特别是人工关节方面做出了创造性贡献，即发展出多种具首创性的人工关节和骨折内固定装置，设计出计算机辅助个体化人工关节并将其实现产业化。在国内医院中，他率先建立骨科生物力学研究室，开展步态分析和骨结构、内固定等方面的生物力学研究。他先后荣获国家发明二等奖、国家科技进步二、三等奖、国家教委、卫生部、上海市科技进步一、二、三等奖等 28 项奖励，获得授权及申请专利 11 项。

➢ 张立德

张立德，1939 年 2 月出生于辽宁营口，主要从事纳米材料与纳米结构的研究，是我国国家纳米科学首席科学家。1987 年，张立德教授率先在国内开展纳米材料研究，创建了中国科学院固体所纳米材料与纳米结构研究室和纳米材料应用发展中心。1994 年，他撰写出版了我国第一部纳米材料专著——《纳米材料学》，此后又出版专著《纳米材料和纳米结构》《材料新星：纳米材料科学》《纳米材料》，以主编的身份编写了《超微粉体材料制备和应用技术》。这些专著得到国内同行的广泛引用。

张立德教授无论是在纳米材料的科研计划立项、科学研究，还是在纳米材料的技术创新与产业化方面都做出了杰出的贡献。他领导的研究小组发展了多种合成准一维纳米材料及其有序阵列体系的技术，开展了关于纳米固体光学和物理性质的研究，并取得重要突破。张立德教授长期致力于发展纳米粉体产业以及纳米材料和技术在传统产业升级中的应用，先后建成了三条年产 20 吨以上的生产线，这不仅实现了我国纳米材料产业化零的突破，而且为我国纳米粉体材料的进一步产业化奠定了坚实的基础。

➢ 迈克尔 • 格兰泽尔

迈克尔 • 格兰泽尔(Michael Gratzel)教授，国际著名的光电科学家，德国科学院院士，染料敏化太阳能电池之父，获得了 2010 年芬兰技术研究院的千年科技奖(Millennium Technology Prize)、2009 年国际巴仁奖(Balzan Prize)等多项国际大奖。他长期从事有机太阳能电池研究，率先研究介观材料中的能量和电子传输反应及其在能量转换系统中的应用。迈克尔·格兰泽尔教授发明了一种基于染料敏化纳米晶体氧化膜的新型太阳能电池，其具三维互穿网络结构的“本体”异质结器件。该电池成功模拟了植物在自然光合作用过程中发生的光反应，即通过吸附在半导体氧化物纳米晶上的染料分子或半导体量子点来实现光的吸收。这种新型太阳能电池是唯一一种将光吸收与电荷分离和载流子输运过程相分离的光伏电池。该类太阳能电池由于在成本、效率、稳定性以及环境相容性的优势，所以它成为了传统光伏器件的有力竞争者，展示出良好的应用前景。

➢ 马丁•格林

马丁·格林(Martin Green)，出生于 1948 年，澳大利亚人，现任澳大利亚新南威尔士大学教授，澳大利亚科学院院士、澳大利亚科学院院士，兼任超高效光电学研究中心兼任执行研究主任，还是工程技术学院及国际电工委员会的委员，被誉为“世界太阳能之父”。格林教授发表了六部有关太阳能电池的论著，多篇有关半导体、微电子、光电子和太阳能电池的论文。在过去的 15 年里，马丁·格林教授经过不懈的努力将晶硅电池的转换效率提高了 50%。由于在太阳能领域的杰出成就，马丁·格林教授获得了诸多的国际荣誉，如 1990 年荣获国际电工委员会的 R.Cherry 奖，1999 年荣获国际电工委员会的 J.J.Ebers 奖，1999 年荣获澳大利亚国家奖，2002 年荣获正确生活方式奖(亦被称为诺贝尔环境奖)。

思 考 题

1. 什么是纳米材料？如何对纳米材料进行分类？
2. 纳米材料有哪些基本的效应？试举例说明。
3. 简述纳米材料的主要合成材料与制备方法，并举例说明其应用范围。
4. 什么是超导现象、超导材料？
5. 试说明超导材料特征值 T、H、IC 与 Meissner(迈斯纳)效应。
6. 什么是生物医学材料？对生物医学材料的基本要求是什么？
7. 试举例说明生物医学材料的分类与应用。
8. 试说明生物陶瓷的特点、分类与应用范围。

第 8 章

材料与环境

8.1 材料的环境协调性评价

由于世界范围内人口总量不断增加，生活水平不断提高，人类对资源的开发利用强度愈来愈高，造成了资源与能源的逐渐匮乏与枯竭的后果。

煤、石油和天然气均是目前全球经济发展的基础能源，但都是不可再生的化石燃料。对它们的获得和利用能力，在很大程度上决定了一个国家在当今世界上的经济地位。当今社会对能源资源迅速增加的巨大需求，更加剧了其耗竭速率，这将为人类社会发展带来极大的影响。

如果合理开发利用可更新资源，其就可以恢复、更新、再生产甚至不断增长；但如果开发利用不合理，其可更新过程就会受阻，使蕴藏量不断减少，以至耗竭。

除化石燃料以外，不可更新资源主要包括金属矿产、非金属矿产、特种非金属矿产等，绝大部分矿物的储量都非常有限，而且在 20 世纪中还在迅速减少。在可预见的未来，经济上和技术上可供开采的矿产资源十分有限，而人类的需求却持续增加，这种矛盾终将导致资源的耗竭，而且资源耗竭的状况已迫在眉睫。

面对资源和能源枯竭的威胁以及日益严重的全球性环境污染，人类逐渐重视这些问题并开始加以控制。从最初的有害废物单项治理，发展到综合治理，又经过从污染控制向污染预防转变，开始发展少废无废技术，推行清洁生产技术。为了实现清洁生产与全过程环境保护，系统评价产业活动的环境影响，开展预防污染的系统再设计，从而指导工业生产和企业组织的环境管理和产品开发，现代环境协调性评价分析 LCA(Life Cycle Assessment 或 Life Cycle Analysis，LCA)方法迅速发展起来。

8.1.1 LCA 方法的起源与发展

环境协调性评价(LCA)方法已有三十多年的研究发展历史，最早可追溯至 20 世纪 60 年代时的“燃料循环”(fuel cycle)之类的研究。将 LCA 思想首先用于资源、能源和环境影响综合评价的是美国可口可乐公司。1969 年，该公司开展了一项对饮料包装进行从原材料开采到产品最终废弃的全过程分析研究，将所有的原材料消耗、能源消耗和污染物排放情况都进行量化，其目的在于了解各种材料使用中能耗之间的内在联系以及不同包装材料的使用所带来的总体影响。该项研究具体由美国中西研究所(Midwest Research Institute)负责完成。这种正式的分析方案便是 LCA 方法的起源和基础。

之后，随着环境问题渗透到国际政治、经济、贸易和文化各个领域，LCA 得到显著发展，其中国际环境毒理与化学学会(SETAC)和国际标准化组织(ISO)起着举足轻重的作用。

SETAC 是第一个认识到 LCA 潜在价值的国际组织。在 20 世纪 90 年代早期，SETAC 就成立了一个 LCA 顾问组，专门负责 LCA 方法论和应用方面的工作。1990 年 8 月在美国佛蒙特(Vermono)召开的 SETAC 研讨会中，与会者就 LCA 的概念和理论框架取得了广泛的一致，并确定使用 Life Cycle Assessment (LCA)这个术语，从而统一了国际 LCA 研究。1993 年 SETAC 出版《LCA 指南:实践准则》(Guidelines forLife-cycle assessment: A Code of practice)，获得了 ISO 组织和欧洲标准化委员会(CEN)的共识，为环境材料的研究和材料环境协调性评价的规范化提供了重要的依据，对 LCA 方法论的发展、完善及应用作出了巨大贡献。

ISO 组织于 1993 年 6 月正式成立了环境管理标准技术委员会，即 TC-207，负责环境管理工具及体系的国际标准化工作，其中 SC5 分委员会专门负责 LCA 标准的制定。TC-207 在 ISO 14000 系列标准中为 LCA 预留了 10 个标准号，包括 ISO 14040(原则和框架)、ISO 14041(编目分析分析)、ISO 14042(影响分析)、ISO 14043(结果解析)和 ISO 14048(LCA 评价指标格式)等，这些标准将成为 ISO 14000 系列标准中产品评价标准的核心和确定环境标志和产品环境标准的基础。

1996 年，国际上正式出版有关 LCA 评价的专业期刊 *The International Journal of Life Cycle Assessment*，表明环境协调性评价研究在国际上已占有很重要的位置。

8.1.2　LCA 方法的概念与框架

1. LCA 的基本概念

在 1997 年 ISO 修订的 LCA 标准(ISO 14040)中，给出 LCA 的基本定义是：LCA 是对产品系统在整个寿命周期中的(能量和物质的)输入输出和潜在的环境影响的汇编和评价。这里的产品系统是指具有特定功能的、与物质和能量相关的操作过程单元的集合。在 LCA 标准中，“产品”既可以指(一般制造业的)产品系统，也可以指(服务业提供的)服务系统；寿命周期是指产品系统中连续的和相互联系的阶段，它从原材料的获得或者自然资源的产生一直到最终产品的废弃为止。

2. LCA 的技术框架

根据 1997 年 ISO 14040 标准定义的技术框架，LCA 评价过程包含目标与范围定义、编目分析、环境影响评价和评价结果解释等 4 个组成部分(如图 8-1 所示)。

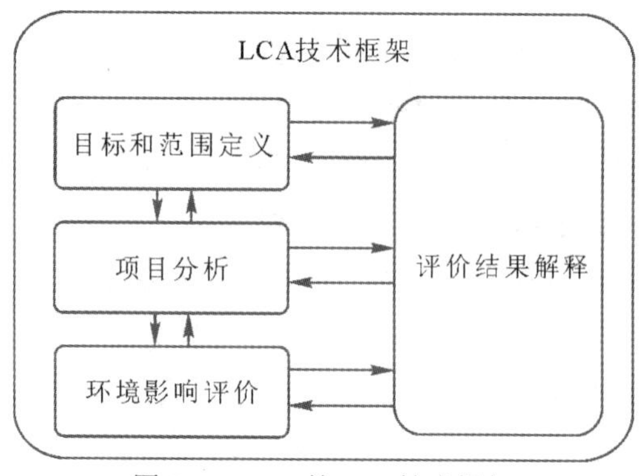

图 8-1　LCA 的 ISO 技术框架

8.1.3　LCA 评价过程

1. 目标和范围定义

在开始进行 LCA 评价之前，必须明确地表述评价的目标和范围定义，这是编目分析、环境影响评价和评价结果解释所依赖的出发点和立足点。范围定义必须保证足够的评价广度和深度，以符合对评价目标的定义。在评价过程中，范围定义是一个反复的过程，必要时可以进行修改。

2. 编目分析

编目分析是收集产品系统中定量或定性地输入输出数据、计算并量化的过程。环境影响评价就是建立在编目分析的数据结果基础上的。另外，LCA 实践者也可以直接从编目分析中得到评价结论，并做出解释。编目分析是 LCA 四个组成部分中研究最成熟、理解最深入和应用最充分的一个，通常包含功能单元确定、系统内部流程表述、编目数据收集与处理等几个过程和步骤。

3. 环境影响评价

环境影响评价建立在编目分析的基础上，其目的是更好地理解编目分析数据与环境的相关性，评价各种环境损害造成的总体环境影响的严重程度。与其他的环境影响评价方法相比较，LCA 环境影响评价方法通常具有以下特点：

(1) 由“从摇篮到坟墓”的角度出发，考虑产品或生产的全过程；

(2) 运用多种方式的分析手段，涉及资源利用和污染物排放的各个方面；

(3) 利用功能单位的方式对各种环境影响项目进行标准化。

实际评价过程中主要是建立特征数学模型，将编目分析提供的数据和其他辅助数据转译成描述环境影响严重程度的量化指标。目前国际上使用的特征化模型主要有负荷模型、当量模型、固有化学特性模型、总体暴露效应模型及点源暴露效应模型等。

4. 评价结果解释

评价解释是用环境影响评价所得到的结果来回答在目标和范围界定时提出的问题。如果说系统边界设定和编目分析是 LCA 中比较客观且技术性强的部分，那么从环境影响评价开始到结果解释部分，LCA 分析的主观性成分开始加大，难度也变大。为了简化分析并得到更为明确的答案，往往需要在环境影响评价完成时根据其结果重新调整目标和范围界定。如果更进一步，还可以进行环境改善评价，即识别、评价并选择能减少研究系统整个生命周期内能源和物质消耗以及环境污染释放的机会的过程。这些机会包括改变产品设计、原材料的选择、工艺流程、消费者使用方式及废物管理等方面。

8.1.4　LCA 方法的发展现状

1. 国外现状

在 LCA 方法的研究方面，由 ISO 组织制定的环境管理标准(ISO 14000 系列)中的相关研究最有影响，它体现了世界范围内 LCA 研究的共识。目前，LCA 方法的研究主要包括编目分析方法和环境影响评价方法两个方面。

其中，编目分析方法包括制定数据收集规范、整理各工业编目内容、建立统计模型、用统计方法和输入输出法整理数据等。由于有关 LCA 的基本原则(ISO 14040)和编目分析的标准(ISO 14010)已经基本定型，所以该研究方向的理论方法趋于完善，侧重结合工业应用要求而对数据进行规范化。

环境影响评价方法研究包括指标体系研究(包括分类方法、表征方法研究)、评价结果解释及案例分析、评价结果的报告形式规范化等。这是最容易引起争论的研究方向，国际上对环境影响评价的实施提出了多种方法，如单位消耗的物质强度方法(MIPS)、环境分数方法(Eco-points)、环境指数方法(Eco-Indicator)和环境优先级方法(EPS)等。其主要进展体现在系列环境损害类型的提出和寿命损害数学模型的建立，以及污染物对人体健康和生态系统毒性的衡量与确定等方面。

LCA 方法的进一步发展后，仍可分为理论研究和应用实践两大方向。理论研究包括，解决环境影响尚未考虑或难以考虑的类型并建立其数学物理模型；完善流向分析和环境损害分析数学物理模型，以得到更大范围内的统计数据，解决不同影响类型综合评价之间相互关系的问题；根据理论模型给出更多物质的环境影响标准值等。实践方面包括收集完整的数据，以 LCA 指导产品的绿色设计等。

2. 国内现状

我国 LCA 研究起步较早，发展也非常迅速，现已成为学术界的关注焦点和研究热点。在政府的引导和支持下，国内大量研究人员围绕 LCA 方法开展了卓有成效的研究工作，包括编目分析分配方法研究、环境影响类型分配体系研究、中国环境影响特征因子和权重因子的确定等。其中，材料环境协调性评价(MLCA)方面的研究及应用是目前国内 LCA 最主要的研究方向，同时也一直是环境材料研究中的重要组成部分。

自 1998 年起，国家高技术研究计划(863 计划)支持了首项“材料的环境协调性评价研究”，由北京工业大学负责，重庆大学、北京航空航天大学、清华大学、西安交通大学和四川大学等六所重点大学联合承担，对国内几大类主要基础材料进行了全面的MLCA评价。该项目对我国钢铁、水泥、铝、工程塑料、建筑涂料、陶瓷等七类量大面广的代表性材料进行了LCA评价研究，初步获得了以上代表性材料的环境负荷基础数据。研究者们在大量系统性研究工作的基础上，总结了材料环境负荷的分析方法，创新地提出了上述典型材料LCA评价的新方案和定量方法，并在应用实践中进行了分析与改进。

8.2 材料和产品的生态设计

Material Science

8.2.1 生态设计的基本概念和内涵

1. 生态设计的定义

生态设计是一种全新的设计思想，即从产品的孕育阶段就开始自觉地运用生态学原理，使产品生产进行物质合理转换和能量合理流动，让产品生命阶段的每个环节结合成有机的整体，着重考虑产品或材料在整个生命周期的环境性能(可拆卸性、可回收性、可维护性、可重复利用性等)，使之不断改进并达到经济、环境和社会效益的统一。

近年来，有关的设计组织及学者在工业生态设计方面的研究有了很大进展，逐步形成了生态设计的概念。生态设计(Eco-design，ED)是指产品在整个生命周期设计中充分考虑对资源和环境的影响，设法使其性能，包括安全性、实用性、美观性和寿命等趋于最大；使其成本和对生态环境的影响趋于最小，故又称为生命周期工程设计(Life Cycle Engineering Design，LCED)、绿色设计(Green Design，GD)，或称为环境而设计(Design For Environment，DFE)。

2. 生态设计的内涵

生态设计涉及面很广，所有的东西都应该成为生态设计的对象，它是关于自然、社会与人的关系的思考在产品设计、生产、流通领域的表现。

狭义的生态设计是以环境友好技术为前提的工业产品设计。其运用主体是企业或组织里的设计者和决策者，其研究和改进的对象则是企业或组织提供的产品及其采用的技术，其核心是分析并改善为提供单位数量的使用价值所造成的总的环境影响。而广义的生态设计，则从产品制造业延伸到与产品制造密切相关的产品包装、产品宣传及产品营销各个环节，从而进一步扩大到全社会的生态环境服务意识、环境友好的文化意识等。

著名的生态设计学家德国德尔夫特理仁大学的HanBrezet教授把生态设计区分为4个动态阶段：产品改进、产品再设计、功能创新、系统创新。

(1) 第一阶段为产品改进。产品改进就是应用污染预防与清洁生产观念来调整和改进现有产品，而总的产品技术基本维持现状，如组织轮胎回收系统、改变某产品零件的原材料等。

(2) 第二阶段为产品再设计，即产品概念将保持不变，但该产品的组成部分被进一步开发或用其他东西代替。从污染预防和清洁生产角度对现有产品结构和零部件进行重新设计。

(3) 第三阶段为功能创新，即改变满足产品功能的方式，如用 E-mail 代替纸张传递信息等。

(4) 第四阶段为产品系统创新，出现了新的产品和服务，即需要改变产品有关的基础设施和组织。系统创新涉及整个产品与服务的创新，要求相关的基础设施与社会观念发生变化，如用生态建材取代传统建材等。

8.2.2　生态设计和传统设计的关系

传统设计是生态设计的基础。因为任何产品首先都必须具有所需要的功能、质量、寿命和经济性，否则即使其绿色程度再高也是没有实际意义的。生态设计则是对传统设计的补充和完善，生态设计必须在原有设计的基础上将环境属性也列为产品设计的目标之一，才能使设计的产品满足绿色性能要求，具有市场竞争力。生态设计和传统设计在设计依据、设计人员、设计工艺和技术、设计目的等方面都存在着极大的不同。表 8-1 为传统设计与生态设计的比较。

表 8-1　传统设计与生态设计的比较

比较因素	传统设计	生态设计
设计依据	依据用户对产品提出的功能、性能、质量及成本要求来设计	依据环境效益和生态环境指标与产品功能、性能、质量及成本要求来设计
设计人员	设计人员很少或没有考虑到有效的资源再生利用价值以及产品对生态环境的影响	要求设计人员在产品构思和设计阶段，必须考虑降低能耗、资源重复利用和保护生态环境等问题
设计技术或工艺	在制造和使用过程中很少考虑产品回收的问题，用完后就被抛弃	在产品制造和使用过程中可拆卸、易回收、不生产毒害和其他副作用并保证产生最少废弃物
设计目的	为需求而设计	为需求和环境而设计，满足可持续发展要求
产品	传统意义上的产品	绿色产品或具有绿色标志的产品

传统设计是依据技术、经济性能、市场需求和相应的设计规范，注重追求生产效率、保证质量、生产自动化等以制造为中心的设计思想，将使用的安全、对环境的影响和废弃后的回收处理留给用户和社会。生态设计的基本思想是在设计过程中考虑材料和产品的整个生命周期对生态环境的副作用，将其控制在最小范围之内或最终消除；要求材料减少对生态环境的影响，同时做到材料设计和结构设计相融合，将局部的设计方法统一为一个有机整体，达到最优化。

8.3 各类材料在环境治理中的应用

Material Science

8.3.1 纳米技术及纳米材料在环境治理中的应用

一、纳米材料在水污染治理中的应用

由于传统的水污染处理方法效率低，成本高，存在二次污染等问题，污水治理问题一直没有得到有效的解决，而纳米技术的发展和应用则有望解决这一难题。

1. 有机废水的处理

随着我国工业的飞速发展，一些工厂排放的高浓度有机物废水已成为一个突出的问题。目前，国内常用的高浓度有机废水处理方法难以达到有效的治理，应用纳米光催化技术将能有效解决这一问题，该技术以其特有的广泛适应性、较强的降解效率，日益引起各国环境科学与材料科学工作者的关注。二氧化钛(TiO_2)具有高活性、稳定、安全、无毒、价廉等优点，成为当前最有前途的光催化剂。与传统方法相比，用纳米 TiO_2 光催化降解高浓度有机废水的处理技术具有明显的优势，该技术不仅无二次污染，除净度也高。纳米材料具有巨大的表面积，可将有机物最大限度地吸附在其表面。同时，该材料具有较强的紫外光吸收能力，所以其具有较强的光催化降解能力。不过，由于 TiO_2 的电子能级较高，需要高频光才能激发，在废水处理时，需要大功率的高压汞灯，该设备价格昂贵、耗能大，对人体有害。因此，采用这种表面活性很强的纳米 TiO_2 作为光催化剂时，可以考虑利用更经济的太阳辐射源来代替高压汞灯电源。另外，采用低能级并具有光催化特性的物质来代替 TiO_2 也是解决这一问题的一种方法，目前已知的这类物质有 Cu_2O 和 $CuFeO_2$。用 Cu_2O 作光催化剂，可在阳光下将水分解为 H_2、O_2。利用这一原理，可制成可见光催化的污水处理剂。稀土钙钛矿型复合氧化物 ABO_3 作催化剂也可用于有机污染物的催化降解。天津大学王俊珍等研究者制备的纳米级 $SrFeO_3$ 悬浮体可使不同水溶性染料的溶液催化降解脱色。

2. 无机污染废水的处理

无机污染废水处理的主要目的是将水中含有的对人体有害的无机阴离子、重金属及贵金属等物质去除。汞是水中的主要重金属污染物，对人体脑神经系统危害极大；铬污染能引起局部肉瘤，使肺癌发病率升高；铅污染也有可能导致呼吸系统癌变。利用光催化技术可以将这些有害的无机污染物除去。例如，把亚硝酸盐氧化成硝酸盐，亚硫酸盐和硫代硫酸盐转化为硫酸盐，把氰化物转化为异氰化物或氮气或硝酸盐。

在水污染物的去除方面，纳米技术是最有希望的应用技术之一，许多有毒水污染物，无论是有机的还是无机的，通过纳米粒子的光催化作用都可以完全矿物化或氧化成无害的最终化合物。

二、纳米技术及纳米材料在大气污染治理的应用

空气中超标的 SO_2、CO 和 NOx 等都是影响人类健康的有害气体，纳米技术及纳米材料的应用将为解决这些气体的污染问题提供了全新的途径。

1. 空气净化中的应用

1) 脱硫催化剂

工业生产中使用的燃料油及作为汽车燃料的汽油、柴油等，在燃烧时会产生 SO_2 气体，所以会在石油提炼工业中增加一道脱硫工艺以降低其硫的含量，纳米钛酸钴($CoTiO_3$)及钛酸锌($ZnTiO_3$)粉体就是一种非常好的石油脱硫催化剂。煤燃烧也会产生 SO_2 气体，如果在燃烧的同时加入一种纳米级助燃催化剂，不仅可以使煤充分燃烧，提高能源利用率，还会使硫转化成固体的硫化物，不产生二氧化硫气体，从而杜绝有害气体的产生。

2) 净化汽车尾气

汽车尾气排放直接污染人们的生活空间，对人体健康影响极大。开发替代燃料或研究用于控制汽车尾气对大气污染的材料，对净化环境具有重要的意义。用纳米复合材料制备与组装的汽车尾气传感器，通过汽车尾气排放的监控，可及时对超标排放进行报警，并调整合适的空燃比，减少富油燃烧，达到降低有害气体排放和燃油消耗的目的。如用 ZnO、SnO、WO_3 等纳米材料制成的气敏传感器，可用于对氧化氮(NOx)、硫化氢(H_2S)、氨气(NH_3)、氢气(H_2)等气体的监测。纳米稀土钛矿型复合氧化物 ABOS 对汽车尾气所排放的 NO、CO、HC 具有良好的催化转化作用，把它作为活性组分负载于蜂窝状堇青石载体上，制成的汽车尾气催化剂三元催化效果好、价格便宜，可以替代昂贵的重金属催化剂。复合稀土化物的纳米粉体有极强的氧化还原性，它的应用可以彻底解决汽车尾气中一氧化碳和氮氧化物(NOx)的污染问题。而更新一代的纳米催化剂，将在汽车发动机汽缸里发挥催化作用，使汽油在燃烧时就不产生 CO 和 NOx，无需进行尾气净化处理。

3) 室内空气净化

调查表明，新装修房间的空气中有机物浓度高于室外，甚至高于工业区。研究表明，光催化剂可以很好地降解甲醛、甲苯等污染物，其中纳米 TiO_2 的降解效果最好。纳米 TiO_2 经光催化产生的空穴和形成于表面的活性氧化能与细菌细胞或细胞内组成成分进行生化反应，使细菌头单元失活而导致细胞死亡，并且使细菌死亡后产生的内毒素分解，即利用纳米 TiO_2 的光催化性能不仅能杀死环境中的细菌，还能同时降解由细菌释放出的有毒复合物。在医院的病房、手术室及生活空间安放纳米 TiO_2 光催化剂可具有杀菌、除臭的作用。近年来，不断研究开发出含有超细等微粉的抗菌除臭纤维，不仅用于医疗，而且还可制成抑菌防臭的高级纺织品、衣服、围裙及鞋袜等。

2. 噪声的控制及防止电磁辐射

经检测，飞机、车辆、船舶等运输工具的主机工作时的噪声容易对人体造成干扰和危害。当机器设备等器械被纳米技术微型化以后，其互相撞击、摩擦产生的交变机械作用力

大为减少，噪声污染便可得到有效控制。运用纳米技术开发的润滑剂，既能产生极好的润滑作用，大大降低机器设备运转时的噪声，又能延长它的使用寿命。

近年来，有关电磁场对人体健康的影响问题已众所周知，若在强烈辐射区工作并需要电磁屏蔽时，可以在墙内加入纳米材料层或涂上纳米涂料，以提高遮挡电磁波辐射性能。将 TiO_2 或表面包裹 SnO_2 或 SnO(含 PbO)的 TiO_2 加入导电粉末中，不仅使导电粉末颜色变浅，而且还可以降低成本。将纳米 TiO_2 粉体加入树脂中，可用于电器的静电屏蔽，防止电器信号受外部干扰。

三、固体废物处理

纳米技术及纳米材料应用于城市固体垃圾处理，主要表现在两个方面：一方面是可以将橡胶制品、塑料制品、废印刷电路板等制成超微粉末，除去其中的异物，成为再生原料回收；另一方面，利用纳米 TiO_2 催化技术可以使城市垃圾快速降解，其降低的速度是大颗粒 TiO_2 的 10 倍以上，可以缓解大量城市垃圾给城市环境带来的压力。

8.3.2 多孔陶瓷材料及其在环境工程中的应用研究

多孔陶瓷是近代才被发现的环境治理材料，其属于多孔材料的一种，主要是在一系列无孔隙的材料基础上提取而来的。多孔陶瓷材料上存在大量的孔隙，具有十分优异的力学性能与物理性能。

多孔陶瓷材料本身具有较强的吸附性，并且因为其自身结构的原因，能够产生准确的过滤功能，所以多孔陶瓷在环境治理工程中可获得良好的结果。与传统的陶瓷材料相比，多孔陶瓷的性能方面有着极大的优势，如硬度高、耐热性强、抗腐蚀性等。因为这些性能，多孔陶瓷材料可以长时间地在污染环境当中进行工作，有效地缩减了环境治理工程的成本投入。

一、废气治理工程中多孔陶瓷的应用

现代工业的废弃排放与汽车的尾气排放是我国废气的主要来源。对废气排放的治理，多采用泡沫陶瓷材料。泡沫陶瓷属于多孔陶瓷的一种，其具备比表面积高、热稳定性好、耐磨、抗侵蚀性好等优点。以汽车尾气排放为例，目前多采用泡沫陶瓷制成的净化器，净化器安装于汽车排气管内，当汽车排气时，其废气经过泡沫陶瓷净化器，此净化器能够对废气中的 CO、NO_2、碳氢化合物进行净化，使其转化为 CO_2、H_2O、N_2，转化率高达 90%。此外，工业废气同样可以采用泡沫陶瓷净化器来净化。当然废气中的污染成分更加复杂，所以在净化效果方面还存在一定的不足，需要继续进行发展。

二、固体污染治理工程中多孔陶瓷的应用

固体污染涉及面十分广泛，既会对地质环境造成污染，也会对水域环境造成污染。目

前，在治理工程当中，主要采用以固体污染物为原料制作多孔陶瓷的方法，此举即可实现固体污染物的再利用。以赤泥为例，赤泥是一种较具有代表性的固体污染物，其主要来自工业排放，赤泥的传统处理方式为筑坝湿法堆存，而这样的方式不但没有彻底处理赤泥，还会因为不断增加的治理工作导致占地面积增加，在达到一定程度之后，可能还会导致更大规模的污染。赤泥当中所包含 SD_2、CaO 等成分十分适用于多孔陶瓷的制作，所以将赤泥用于制作多孔陶瓷，不但实现了对赤泥的治理，还能够通过赤泥多孔陶瓷来对其他污染工程进行治理，因此此举具有十分重大的推广意义。

三、噪声污染治理工程中多孔陶瓷的应用

噪声污染的严重程度虽然低于污水、废气、固体污染，但也是现代公认的四大公害污染之一，对于人群的生活有着巨大的影响。因为多孔陶瓷的结构是相互贯通的，具有一定的机械强度，将多孔陶瓷应用于噪声污染治理方面，能够获得良好的吸声效果。

具体而言，当噪声声波进入多孔陶瓷内部，就会在孔隙之内振动，进而会引发孔隙内空气的振动，并同时与陶瓷结构面进行摩擦，基于粘滞原理，噪声声波会转化为热能并在短时间内被消耗掉，从而实现噪声污染的治理效果。噪声污染治理工程所应用的多孔陶瓷，在参数方面与其他工程的多孔陶瓷有一定的区别，其孔隙径较小，一般为 20～150μm，气孔率达到了 60%以上。目前多孔陶瓷对噪声污染治理主要应用于地铁、隧道等建筑当中。

四、热污染治理工程中多孔陶瓷的应用

热污染属于轻度污染现象，其并不会直接对人体造成太大损害，但是会对人群生活环境造成负面影响。

多孔陶瓷是一种具有良好的热污染治理能力的环保材料，因为多孔陶瓷的孔隙率较高，其密度和热导系数相对较小，能够形成很大的热阻与热容，隔热效果好，可以有效地对热污染进行治理。

8.4　国内外杰出人物

Material Science

➢ 钱易

钱易(1935 年 12 月 27 日—)江苏苏州人，现为清华大学环境学院教授，曾任中国科协副主席，全国人大环境与资源保护委员会副主任委员，世界工程组织联合会副主席，世界资源研究所理事会成员，清华大学学术委员会主任等职务。1994 年当选为中国工程院院士。

钱易教授数十年来致力于研究和开发适合我国国情的高效率、低能耗的废水处理新技术，对难降解有机物生物降解特性、处理机理及技术进行了卓有成效的工作，曾获国家科技进步二等奖 3 次、三等奖 1 次、国家科技发明三等奖 1 次、部委级科技进步一等奖 2 次、

二等奖 2 次、中国科学院自然科学一等奖 1 次。近年来，她致力于推行清洁生产、污染预防和循环经济，累计培养硕士 31 名，博士 47 名，这些优秀人才在我国的环境保护管理、教学、科研、产业等方面发挥着重要的作用。钱教授曾应邀赴美国、荷兰、英国等地区的多所大学进行讲学，2000 年她曾被选为富尔布赖特杰出学者，积极参与环境保护的国际合作与交流。她主编或与他人合编了 7 种著作，主要有《工业性污染的防治》《城市可持续发展与水污染防治对策》《环境工程手册：水污染防治卷》《环境保护与可持续发展》等。

➢ 张全兴

张全兴(1938 年 12 月 10 日—)，江苏常州人，我国环境工程和高分子材料专家，中国工程院院士，中国离子交换与吸附技术的主要开拓者之一，树脂吸附法治理有毒有机工业废水及其资源化领域的开创者。1962 年，张全兴院士毕业于南开大学化学系，自大学毕业至 1985 年，师从南开大学何炳林院士，在国内率先开展了大孔离子交换与吸附树脂的合成与应用研究，研制成功系列大孔离子交换树脂和超高交联吸附树脂，广泛应用于工业水处理、有机催化、铀和贵金属提取、药物提取分离、人体血液灌流以及环境保护等领域。1985 年后，他到常州大学和南京大学任教，主要在水污染防治方向从事复合功能等特种树脂的合成与性能研究以及树脂吸附理论、吸附新技术、新工艺的研究及其工程应用，引领和推动了我国高浓度难降解有机工业废水治理与资源化，为工业水污染治理与节能减排和重点流域水环境安全做出了突出贡献。2010 年以来，他针对我国“白色污染”控制的难题，组织团队开展绿色聚乳酸系列环境友好材料的研发与产业化，取得了重要进展，为我国高等教育和环境保护事业的发展做出了突出贡献。

➢ 三本良一

山本良一，1946 年出生于日本茨城县水户市，日本东京大学名誉教授，曾任日本东京大学生产技术研究所教授，日本文部科学省科学官、日本材料学会会长、日本通产省 LCA 项目执行委员会委员长、“Ecoproducts’99～2012”博览会执行委员会委员长兼组织委员会副委员长、ISO/TC207/SC3(环境标准)日本国内委员会委员长、历届“Eco-materials”国际会议组织委员会主席、历届“Eco-design”和“Eco-Balance”两个系列国际会议组织委员会主席、DIAMOND 出版社 DMN 生态设计研究会顾问。山本良一是 21 世纪世界生态设计的学术带头人之一，研究领域为材料科学、可持续产品开发理论与生态设计，是清华大学、北京大学、上海交通大学、南京大学、浙江大学、中南大学等 30 余所国内知名大学的客座教授、名誉教授。他访问中国 60 余次，对促进中日交流合作做出了重要贡献。

➢ 刘斌

刘斌教授毕业于南京大学，获学士和硕士学位，后在新加坡国立大学获得化学博士学位，现任新加坡国立大学化学与生物分子工程系主任。2005 年，她加入新加坡国立大学担任助理教授，并于 2016 年晋升为教授。目前，刘斌教授是新加坡工程院院士、新加坡国家科学院院士、亚太材料科学院院士和英国皇家化学学会院士。2022 年 2 月，她入选了美国国家工程院外籍院士。刘斌教授将有机电子材料引入水介质中，为生物医学、环境监测、传感器和电子设备开辟了新方向。她为高分子化学和有机纳米材料在生物医学研究、环境监测和能源设备方面的应用所做的贡献得到了广泛认可。科睿维安(Clarivate)推举全球最具影响力科学家与材料科学领域中顶尖 1%高引研究学者名单中，刘斌均榜上有名。

1. 什么是材料的环境协调性评价？其基本技术框架有哪些组成部分？
2. 与传统设计相比，生态设计有哪些特点？
3. 纳米技术及纳米材料在环境治理中有哪些具体应用？

第9章

材料的比较与选择

9.1 从设计到材料选择

设计人员完成产品设计时必须符合一定的要求，这种要求或来自上级部门，或出自设计人员本身。设计要求是设计本身要达到的目标，但从何处开始设计，如何得到所设计的产品，并使之达到预期的服务期限呢？第一步应是坐下来认真思考，当然思考并不是苦思冥想，而是产生设计“点子”的过程。通过查阅文献、建立模型、勾画草图、与用户交换意见等方法产生创意，一旦产生成熟的点子，或云设计方案已经成熟，就可以进入设计的第二步，即画出设计草图。在这一阶段应考虑的问题是，这个装置如何行使它的功能？产品的价格能否控制在预定的范围之内？能否达到预期的生产效率？最重要的是，用户是否喜欢这一设计方案？如果上述问题都能有满意的答案，就能够进入设计的第三步，即画出装配图。从装配图中就能够看出，脑子里的设计方案能否实现。如果发现方案可行，就可以进而考虑一系列工程问题，如应力分析、振动问题、摩擦问题、润滑问题、操作环境、个别零部件失效对整体的影响等。接下来的步骤就是拆零部件图，与此同时要提出对每一零件的要求。除尺寸公差、形位公差要求之外，还必须考虑零件的受力情况，使用环境的腐蚀问题等。这就涉及材料的选择问题以及对材料加工与处理的要求。

设计人员的图纸完成之后，紧接着就是材料的选择问题。当用户享受着各式各样的产品时，决不会想象到设计人员置身于材料海洋时的苦恼。面对上百万种金属、几万种聚合物与几千种陶瓷，它们从弱到强，从轻到重，从便宜到昂贵，从透明到不透明，令人眼花缭乱。如何能从中迅速、准确地选择最佳的材料，又要根据什么标准选择理想的材料呢？

理想材料应具备下列特征：

(1) 现货供应，货源充足；

(2) 价格低廉，加工方便；

(3) 节能；

(4) 强度高，刚度大，尺寸稳定；

(5) 质量轻；

(6) 耐腐蚀；

(7) 对人体、环境无不利影响；

(8) 可生物降解。

为一个具体产品找到一种理想材料是很困难的事情，一种材料往往符合一条要求但又不符合另一条要求。多数情况下理想材料只能是个理想，所以材料选择的原则是折中。例如，我们常说的空间材料石墨/环氧与芳香尼龙/环氧复合材料的比强度要高出钢 3～5 倍，为什么不用它们制造又轻又节能的小汽车呢？用空间材料制造的小汽车一定非常节能，但价格却比钢贵约 40 倍，一辆夏利汽车要卖 280 万元，节能还有什么意义？

材料可以分作两类。一类是经典材料，或称标准材料。材料的成分、规格、尺寸在政府或行业的标准中都有明确的规定，可以直接从标准中选择适当的材料。有些标准材料是与标准件结合在一起的，如螺钉、螺母、垫圈、齿轮、凸轮等零件一般都直接使用标准件。根据标准选择材料一般不会出什么问题。当然标准材料也在不断进步，要尽量选择最新的标准，同时也要注意价格。

第二类是先进材料或称高技术材料。这些材料都是伴随航天、电子、核技术、医药等领域的发展而诞生的。在这些高技术领域应用的材料也逐渐转向民用领域，最直接的民用领域是运动领域，如将高技术材料用于滑雪、高尔夫球、网球、钓鱼、赛艇等项目的器械。

通常情况下，设计人员在设计的同时就可以知道将使用标准材料还是先进材料。但无论哪一类材料都可以说浩如烟海，不掌握适当的方法会感到无从下手。大多数情况下，所设计的产品有先例可以借鉴，即使材料选择不完全得当，也不会出现太大的差错。但如果产品是没有先例的，材料的选择就显得特别重要了。

材料选择要注意许多方面，性能、货源、价格、可靠性甚至社会等因素都要考虑。性能中又有多种类别，如力学性能、物理性能、化学性质等。众多因素交织在一起，使问题变得更加复杂化。为此人们开发出了材料数据库与材料专家系统，在专家系统中采用加权因子法对各种材料进行评估。根据所设计产品的用途，专家系统会根据该产品的使用要求以及使用环境列出最重要的几项性能，同时给出各项性能以及价格等因素的权重因子。例如切削工具与涡轮叶片的权重因子如表 9-1 所示。

表 9-1　切削工具与涡轮叶片的权重因子

切 削 工 具		涡 轮 叶 片	
操作温度下的硬度	0.40	比断裂强度	0.27
室温硬度	0.25	耐热疲劳	0.23
韧性	0.15	比强度	0.20
断裂可靠性	0.10	抗氧化性	0.13
价格	0.15	价格	0.17
$\sum$	1.00	$\sum$	1.00

将不同的性能按档打分，就能够对材料进行量化评估。尽管有专家系统，也不可能对众多的材料进行一一打分。在材料选择的初期总要先对材料进行粗略的筛选，集中到几种或十几种后再依靠专家系统做最后的决定。

9.2 性能比较与选择

材料初选应考虑的因素按顺序应为性能、可靠性、价格、货源、社会因素。性能显然是第一位的，因为价格再便宜，性能不合格的材料即使其他方面再好也不能使用；可靠性是与性能紧密联系在一起的，高性能的材料如果可靠性不高就等于低性能；价格的重要性是明显的，是制约使用高性能材料的主要因素，有时候只能舍弃部分性能而迁就价格；货源与价格有密切关联，往往是现货价格较高而期货价格较低，规格的不当也会造成价格上升；社会因素主要是环境问题和政策问题等，有些情况下会否决对材料的选择，这是在材料选择的最后阶段应考虑的。在这一系列因素中，最复杂的自然是材料的性能。而从筛选的角度，我们自然希望每一步都能淘汰最多的不合格者而尽快缩小选择的范围。按下列次序考虑各项性能指标，可获得最快的筛选速度。

1. 使用温度

如果产品在高温下使用(例如高于 500℃)我们可以快速地缩小选择范围，即整个聚合物家族可以被排除在外，所有的低熔点合金也可以排除。但如果使用温度是室温，就可以优先考虑聚合物，因为在相同密度的材料中，聚合物是最便宜、加工最方便的。不同使用温度下所考虑的机械性能也是不相同的，室温下我们重点考虑的是屈服强度、延伸率、韧性等；而在高温下主要考虑的是蠕变与断裂应力等性能。

2. 强度

首先要弄清楚所需要的是什么强度，是极限强度还是屈服强度，是拉伸强度还是压缩强度。室温下我们考虑屈服强度，高温下考虑极限强度。如果使用拉伸强度应当考虑较韧的材料，如果是压缩强度，反而应考虑脆性材料如铸铁、陶瓷、石墨等。这些脆性材料都是化学键比较强的物质，在拉伸过程中，这些材料容易产生裂缝而断裂。而在压缩应力下倾向于弥合裂缝，反而是这些脆性材料具有较高的压缩强度。如果是在动态应力下工作，屈服强度就失去意义，必须考虑疲劳强度。四类材料的极限拉伸强度见图 9-1。

3. 延展性

延展性常与强度同时考虑，因为一般情况下，强度越高的材料延展性越低。如果二者都很重要，就要采取折中的办法。对金属材料而言，降低晶粒尺度能够显著提高强度而使延展性降低不大；在复合材料中，通过改变纤维的体积分数与排列，可以提高延展性而使强度降低不大。在聚合材料中，强度与延展性的折中办法更多。独有陶瓷材料尚无办法兼顾强度与延展性，因此至今还没有一种延展性的陶瓷。图 9-2 为四种材料的延展性。

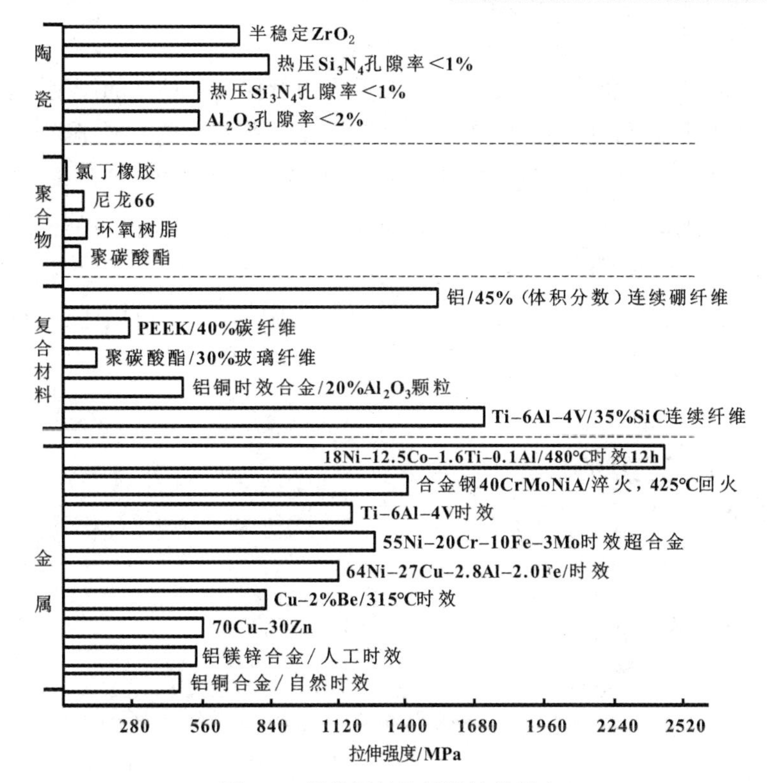

图 9-1　四类材料的极限拉伸强度

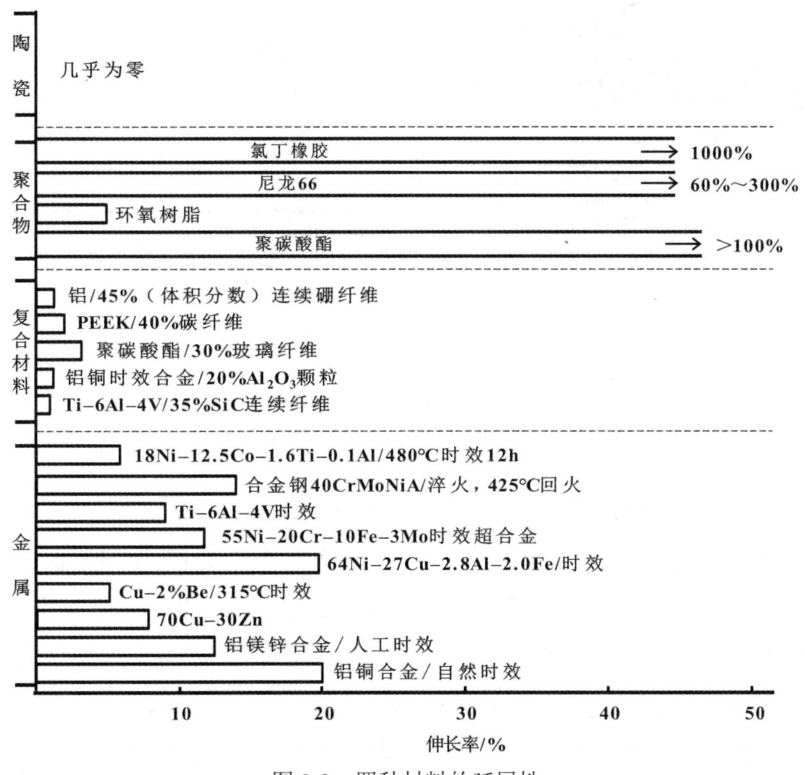

图 9-2　四种材料的延展性

4. 韧性

如果操作过程中发生震动或冲击，就必须考虑断裂韧性。韧性的测定可以采用冲击强度进行测定，但更科学的方法是测定断裂韧性 K_{1C}，K_{1C} 是真正的材料函数。但目前大多数聚合物材料的韧性仍是用冲击强度测定的，只有少数使用 K_{1C} 的数据。聚合物的断裂韧性普遍较低，只有用玻璃纤维增强的塑料才有较高的断裂韧性，但那已经是复合材料的范畴了。陶复合材料中 SiC/SiC 材料的韧性最高，可达 25 MPa • $M^{1/2}$。金属具有最高的断裂韧性。根据热处理条件的不同，韧性可以有很大的变动。中碳钢最高可以达到 200 MPa • $M^{1/2}$。四类材料的断裂韧性见图 9-3。

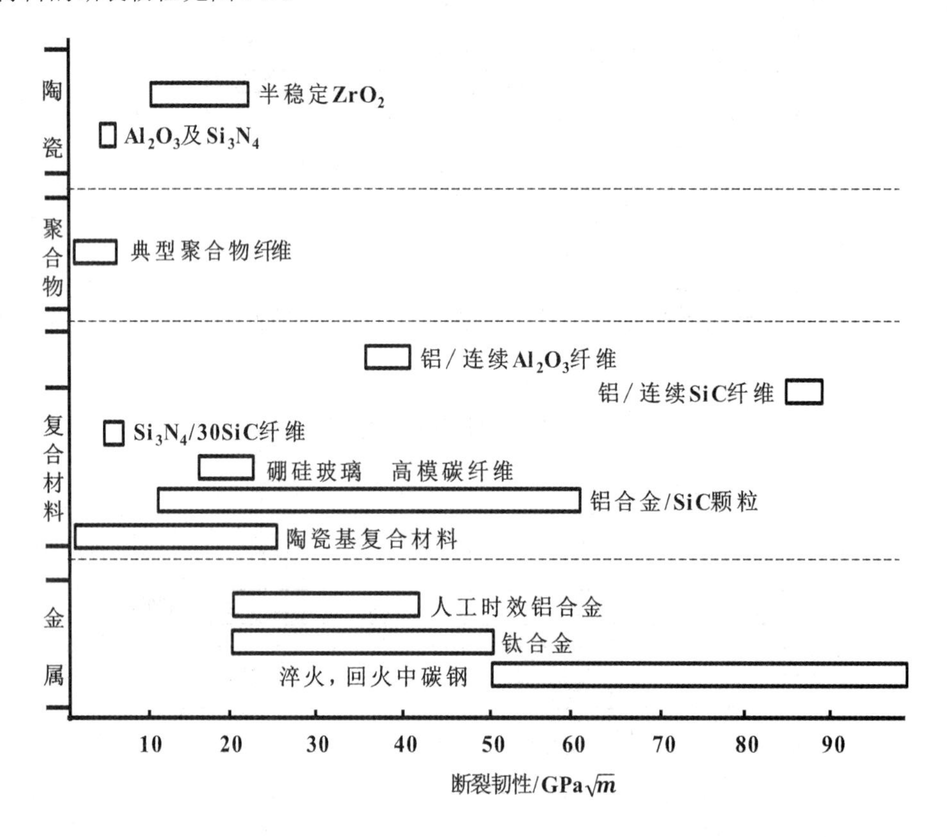

图 9-3　四种材料的断裂韧性

5. 弹性模量

弹性模量比密度所得的比模量这个参数更有用。模量是与化学组成相关的。不改变化学组成只用物理方法(如热处理)不能改变模量。例如钢铁的冷加工强化只能提高强度，而不能改变模量。合金的时效强化能够将强度提高几十倍，但由于加入的合金元素仅为百分之几，所以对提高模量的作用也不大。由此可以看到复合材料在提高模量方面的优势。由于将基体材料与高模量的纤维混合，使材料的化学组成有了显著的改变，就能够大幅度提高材料的模量，尤其是聚合物基的复合材料，基体本身的模量很低。与高模量纤维复合后，就能使弹性模量得到几十倍乃至上百倍的提高。从图 9-4 就可以看到这种复合的作用。对于陶瓷材料，复合对提高模量的贡献并不大，主要目的是提高韧性。

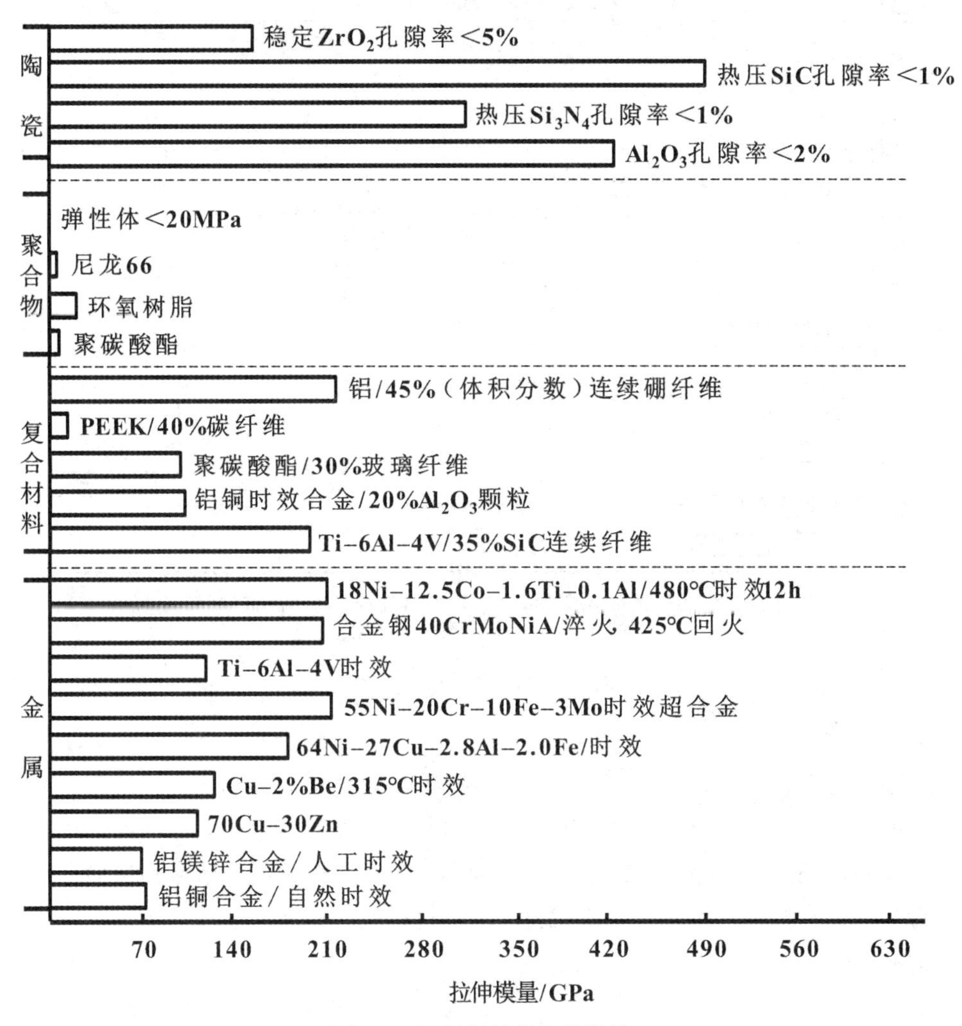

图 9-4　四种材料的拉伸模量

6. 物理性质

热导率、热胀系数与电导率是最重要的物理性质。这些性质都是温度的函数，必须注意在使用温度下的物理性质，图 9-5 为四种材料的热导率。在设计产品时主要在三种情况下要考虑热导率：

(1) 设计导热设备时，如散热器、暖气片等，希望材料的热导率尽可能大；

(2) 选择保温材料时，希望材料的热导率尽可能小；

(3) 考虑陶瓷材料的抗热冲击性能时，此时应同时考虑陶瓷的热导率与热胀系数。为了获得较高的抗热冲击性能，热导率越大越好，热胀系数越小越好。同时，材料的弹性模量也是越小越好。

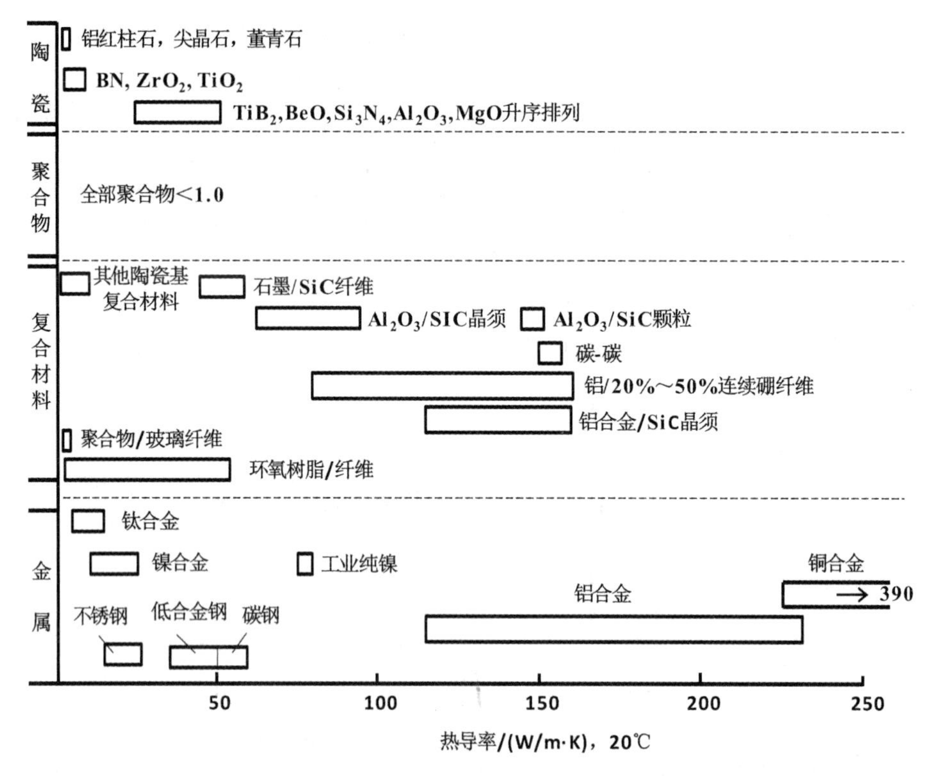

图 9-5　四种材料的热导率

7. 耐腐蚀能力

耐腐蚀能力是设计产品时必须考虑的一种性能，也是最难预测的一种性能，因为设计人员对材料的使用场合不一定完全了解。金属材料的腐蚀问题最为突出，无论是水下环境还是大气环境，还是酸、碱、氧化剂等，对金属材料都会有影响。聚合物材料存在着老化问题，有些会被有机溶剂溶胀并导致开裂。陶瓷材料最为稳定，但有些陶瓷也存在氧化或酸碱侵蚀的问题。

假如单纯从防腐角度虑，如果能够在金属与非金属材料之间作出选择的，一般选择非金属材料；如果能够在陶瓷与聚合物之间做选择，一般选择陶瓷材料。如果必须使用金属材料，就要向腐蚀数据库寻求帮助。在腐蚀数据库中开列了多种金属材料在许多环境下的腐蚀行为，在查阅腐蚀数据库时，必须先要知道腐蚀剂的具体类型及浓度、使用环境的温度、应力状态等信息。从数据库中可以了解到具体材料在具体环境中的腐蚀速率，单位可以是 mm/a(年)，μm/a 等。这些数据可以作为材料选择的依据，但如果材料比较特殊或使用条件比较特殊，数据库不能提供必要的信息，而又无经验可供参考时，就必须在实验室中进行一些简单的腐蚀实验，以决定其耐腐蚀能力。

8. 可靠性

可靠性的定义原为器件在预定时限内保持所设计功能的几率。在此，我们指的是以上各种性能的可靠性，而器件的可靠性则为各种性能可靠性的综合。低温下的金属性质有较高的精度，设一个安全因子可以保证性能的可靠性。但高温下金属的性能精度不如低温，尤其是蠕变与应力断裂性质。由于这些性质的测试都需要很长时间，一般不作实际测试，而是在更高温度下进行加速实验，再外推到所关心的温度，这样便降低了性能的精度。聚合物与聚合物基复合材料性能的精度也较高，也可以用安全因子为性能提供保证。但陶瓷、陶瓷基复合材料、金属基复合材料的性能数据就非常分散，而且到目前为止还没有积累到具有统计意义的足够的数据，因此这三类材料的性能数据只能作为参考，对其可靠性要画一个问号。

安全因子关系到材料性能的不确定性和使用条件下受力的不确定性两个因素。性能安全分量为公称强度 S 与容许强度 S_a 之比：

$$n_s = \frac{S}{S_a}$$

负荷安全分量则为一般工作条件下可出现的最大负荷 L 与容许负荷 L_a 之比：

$$n_l = \frac{L}{L_a}$$

总的安全因子为

$$n = n_s \times n_l$$

这样得到的仅是对于强度一项性能的安全因子。而对其他重要的性能参数，如韧性、蠕变等都要计算出各自的安全因子。在没有交变应力的情况下通用的安全因子为 1.5～10，而疲劳强度的安全因子可能高达 20。脆性材料在性能上的变化要大于韧性材料，因此安全因子要大于后者。通过对逐个性能设定安全因子，就可以保证材料(或部件)在预定的条件下安全运行。

9.3 材料选择的技术因素

技术因素包括价格、货源和环境三种因素，因为如果从某些角度考虑，它们确实都与技术有关。

1. 价格

价格是仅次于性能的材料选择因素，有时价格比性能还要重要。例如，如果要选择一种柔软、延展性好的材料，绝对不会有人选择黄金，因为价格太高。那就只能退而求其次，牺牲性能向价格让路。材料的价格因地区的不同而不同，因时间季节的不同而不同。进行价格比较每个人都会，但容易忽略的一点是，材料的标价都是按质(重)量计，而我们实际使用的是材料的体积。在估算价格时，必须将质(重)量价格换算成体积价格。

材料选择时要考虑产品的设计服务年限，因为服务年限的长短对材料选择有很大影响。有些产品的服务年限希望是无限长，如水电站的发电机、城市中的水电气供应系统，就应选择可靠性高的材料，尽可能地延长其服务时间。有些产品更新换代比较快，如小汽车中的配件。小汽车的型号两三年就会更新，因此用于生产小汽车配件的模具、工装等的服务期只有两三年。这些模具、工装无需使用太好的材料。

材料的加工成本也是价格的一部分，有时甚至要超过原料成本。如果一种产品的批量很大，其加工成本就会较低；而如果生产批量很小，其加工成本就会占相当的比重。有些材料的加工很困难，如陶瓷材料，尤其是金属陶瓷的加工会很难，甚至根本不能机械加工，只能用研磨、电火花或电化学方法加工；钛、镁的板或带只能用特殊的工具或热成型装置加工，成本自然很高。

综上所述，考虑材料的成本最准确的方法是具体计算一件制品的成本，而非单单考虑原材料的成本。

2. 货源

货源问题是与价格问题密切相关的。首先要注意的问题是否有现货？如果没有现货，就应当了解供货日期，例如供货需一两个星期，还是两个月？如果供货期可以接受，则下一个问题是最小供货量是多少？有些厂家的供货量没有限制，而有些厂家的最小供货量是吨级。如果最低供货量可以接受，下一个问题是材料的规格是否齐全？例如订购尼龙，就要了解是粒料、粉料、薄膜、片材、板材、管材等都能供应，还是只能供应其中几种？

了解以上情况后，最重要的一个问题是否独家供货？应尽量避免使用独家供货的材料，尤其是需要连续多年使用的材料。如果把供货的期望寄托在一家厂商上，价格和供货期只能是对方说了算。除非万不得已，资源尽量不要选用拥有专利权的独家材料。

关于货源最重要的原则只有一条，就是尽量选用现货。

3. 环境因素

在材料选择时应考虑到环境因素。考虑环境因素并不仅仅是对社会的责任感，而是社会对环境的关心要求生产者必须注意环境保护，不注意环境保护的企业将为政府法令所不容，在将来的社会中将无立足之地。

材料的可回收性是应首先考虑的。这个问题在聚合物材料中较为突出。在选择聚合物时，应尽量选择热塑性材料，避免热固性材料，因为前者可以回收。设计组合制品时，尽量采用同一种材料或同一系列材料，以便于回收。例如，小汽车的车门的门体使用聚丙烯，门中的齿轮、滑轮等机构也使用聚丙烯，里侧的衬垫使用高发泡聚丙烯，门内的蒙面采用丙纶织物。这一材料组合在回收时就不用拆卸分类，可以直接进行再加工。目前市场上出现的纸与塑料的复合物以及金属箔与塑料的复合物都是不利于回收的。

操作与使用过程中的健康因素也属于环境的范畴。目前使用的涂料大都是油基的，在房屋装修、家具涂饰过程中对人体有很大危害，也向环境排放了大量有机化合物(Volatile Organic Compound，VOC)，虽然油基涂料尚未被国家明令禁止，却已受到越来越多的抵制。因此涂料选用应首先考虑水基，哪怕是在室外应用或是工业应用。阻燃与防静电也是个值得考虑的问题，尤其是在交通工具中，不阻燃的材料被视为有潜在的隐患；在有明火的场所，织物的静电会成为一个危险的因素。

使用绿色材料是一级环境保护，进行材料回收是二级环境保护，对丢弃物的治理是三级环境保护。绿色材料是指对人或环境无害，且能在温和条件(微生物及普通的温度、湿度、光照)下处理而不成为垃圾的材料。很多情况下既不能使用绿色材料，也不能回收材料，就要考虑丢弃的问题。金属的边角料，加工留下的碎屑，塑料、橡胶的边角料与加工时的溢料均无回收价值而只能被丢弃。想出丢弃的路径，尽量减少被丢弃的数量，也是材料设计者的责任。

9.4 材料选用实例

Material Science

9.4.1 航天飞机热保护系统

航天飞机是 20 世纪的一项重大科技成就。航天飞机升空或重返大气层时与空气发生剧烈摩擦引起高温，尖锥与尾部喷管处最高温度可达 1400℃。其他部位也会经受不同程度的高温，从几百摄氏度到一千多摄氏度不等，如图 9-6 所示。因此航天飞机最大的材料问题是外壳的耐高温问题。虽然每次飞行温度处于 1000～1400℃范围的时间只有 15 min，但当时却没有一种工业化的金属材料能够经受这一高温。

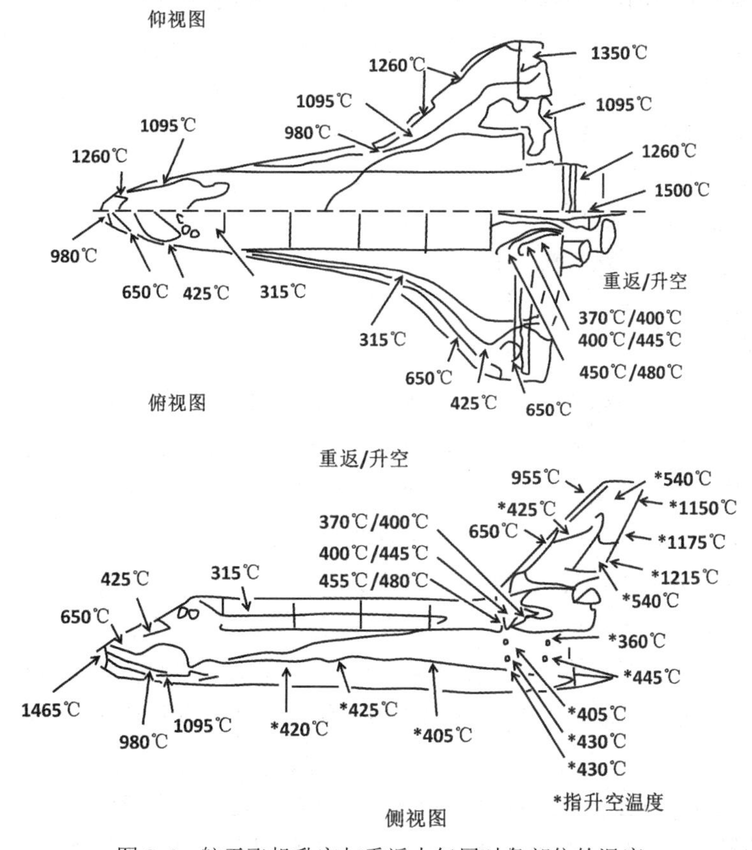

图 9-6　航天飞机升空与重返大气层时各部位的温度

在探索中，人们找到以铌为主的合金，表面涂覆硅化物，可以耐受1485℃的高温，但出于对涂料可靠性的担忧又不得不放弃这一选择，因为只要有一个斑点涂料的脱落就会造成整个铌基底被烧穿。人们也曾考虑过烧蚀材料，烧蚀材料是受热燃烧后脱落的材料。由于这种材料对飞行动力学不利，而且频繁更换材料也降低了飞机的安全可靠性，烧蚀材料也被弃用。最终人们选定了一套热保护系统，这一热保护系统由 4 种部件构成：陶瓷瓦、尼龙毡垫、填充条与黏合剂。尼龙毡垫用于将陶瓷瓦与机体结构相隔离；填充条也是尼龙毡，用于填充瓦与瓦之间的间隙；黏合剂是室温固化的橡胶，用于黏合陶瓷瓦与尼龙毡，以及尼龙毡与机体结构；陶瓷瓦是碳化硅涂覆的碳复合材料，其长期工作温度可达1650℃，瓦的表面涂有高辐射率的硼硅玻璃涂层。飞机下侧的硼硅玻璃涂层中加入了硼化硅，能够进一步提高辐射率。陶瓷瓦分为轻瓦和重瓦，大部分地方都用密度为 1.44 g/m^3 的轻瓦，在需要高强度的地方使用密度为 3.52 g/m^3 的重瓦，陶瓷瓦有很高的导热系数，为 0.017～0.052 W/m・K，其有很低的热胀系数及模量，保证了抗热冲击性能。

9.4.2 高尔夫球棒

除航天、航空、军事等领域外，人们为了取得好成绩，对运动器材往往也是不计成本的，因此运动器材成为军工材料向民用推广的第一站。高尔夫球棒、网球拍、滑雪橇、赛艇船体、钓鱼竿、比赛用自行车等都是高科技材料的用户。其中高尔夫球棒是个典型的例子。球棒杆的要求很简单：强度高，质量轻。可以考虑的材料有下列几种：

(1) 硼纤维/石墨复合材料；

(2) 金属钛；

(3) 单丝缠绕石墨纤维/环氧树脂复合材料；

(4) 带缠绕石墨纤维/环氧树脂复合材料；

(5) 不锈钢；

(6) 镀铬的钢。

目前大多数高尔夫球球杆都用环氧树脂与石墨纤维的复合材料制造。石墨强度高、质量轻，是各种材料中的佼佼者。近年来，球杆的端部被换成硼纤维/环氧材料，使球杆的质量比全石墨/环氧的轻了 6 g，而硼纤维的价格比石墨纤维的价格高，比石墨纤维重 10%～15%，但由于其强度更高，所用材料体积可以减小。石墨球杆质量为 70～85 g，钢球杆质量为 100～125 g。较轻的球杆更有利于端部的加速，因此击打距离可以更远。据一个高尔夫球实验室的测试，硼/环氧球杆的击打距离比石墨/环氧球杆远 10.7 m，比钢球杆远 9.9 m，比钛球杆远 12.2 m。此外，在运动员挥棒时，球棒会发生一定的扭曲。这种扭曲对击打的准确性造成影响。硼纤维的刚度高于其他材料，可将球杆的扭曲降低 2°，因此也提高了击打的准确性。

石墨/环氧球杆的加工方法有两种。一是卷制法，二是单丝缠绕法。卷制法是将石墨纤维/环氧树脂的预浸束一根一根地并排码好，然后卷在钢模具上，在加入硼纤维时，将硼纤维码在石墨纤维的下面，卷制后的硼纤维位于石墨纤维的外缘。采用卷制法制成的球杆中纤维都是沿长度方向取向的。单丝缠绕法是将预浸的纤维束往一个型芯上缠绕，该加工方法是目前普遍采用的方法，因为可以制成一根无缝的球杆。

钛比钢轻 50%，但其价格比钢高。钛虽然强度较高，但刚度不够，造成的球杆的扭曲要大于钢，质量也高于石墨/环氧复合材料。钛制球杆目前还保留有一定市场，20 世纪 60 年代初期曾一度出现过铝杆，但因其强度与刚度都不够，很快便销声匿迹了。

9.4.3　外科植入物

超过 50 岁的人的骨骼会因钙沉积而脆化，尤其是图 9-7(a)所示的大腿骨凸出部分。这部分的脆化不仅容易造成骨折，更多的是造成疼痛与行动不便，严重的就要进行外科手术，植入一个假骨。全世界每年大约有 30 万人接受这种手术。植入物的位置与形状如图 9-7(b)所示，它是大腿骨端部的替代物，插入骨腔中，并用黏合剂固定，与其相配合的是一个承窝，或称碗。这个植入物由若干部分组成，每部分的性能要求不同。其头部是用以替代骨头凸出部分的，要求具有超过 200 MPa 的疲劳强度，这个要求并不高，任何材料都能胜任。其他的要求包括耐磨性、与骨骼结构的弹力相容性及耐腐蚀性。符合这些要求的材料有钴合金、不锈钢、钛合金、环氧树脂基复合材料等。钴合金具有优异的耐腐蚀性与生物相容性，但韧性较差，在竞争性上不如钛合金。碗的材料必须具有润滑性与耐磨性，一般都选用非金属材料，超高分子量聚乙烯与聚甲醛是最常用的。氧化铝与聚合物之间的摩擦要远远低于聚合物之间的摩擦，所以目前都倾向于将一个氧化铝的头部与钛合金的茎部黏合在一起。但人们对陶瓷的脆性还是怀有恐惧感，半稳定氧化锆似乎可以解除这种恐惧。它以其超高的韧性、强度以及生物相容性，有望在不远的将来取代氧化铝。过去常将头部与茎部制成一体的，但由于对头部耐磨的要求，目前都已采用两体结构。黏合剂多采用双组分丙烯酸酯类，近来也有使用聚甲基丙烯酸甲酯的。

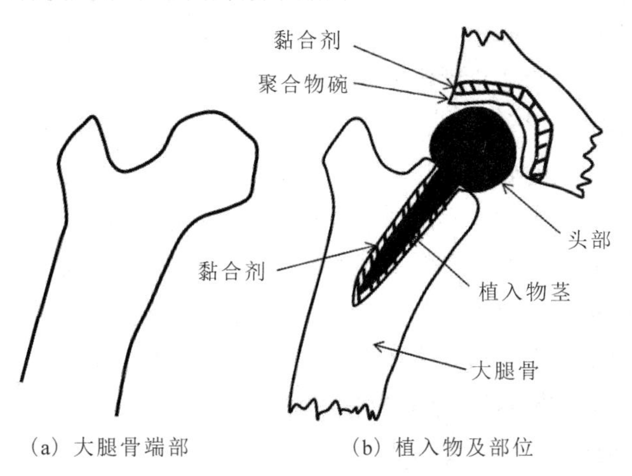

图 9-7　大腿骨植入物

在其他类型的植入物方面，钴铬合金有重新被使用的倾向，它的重新被启用是因为优异的耐磨性和改进的韧性。磷酸钙是新发现的生物相容陶瓷，这种材料有人造骨之称，骨质可以在其表面生长，但这种陶瓷的强度较差，比较可取的方案是进行表面涂覆，现在已有许多植入物表面用磷酸钙作为涂料。

9.5 材料的未来

在新的千年里，材料科学与工程会持续向前发展，新材料会不断涌现。如同20世纪最后10年中发现的铜系超导体和富勒烯那样在一夜之间就成为全世界研究的热点，而且对这两种新材料的研究目前仍在继续。

尽管我们不能准确预测在什么领域会出现什么样的突破，但根据目前的发展倾向，至少会在两个领域出现大的进展：一个是纳米材料领域，另一个是生物材料领域。

纳米材料包括两类不同而又互补的材料。第一类是纳米尺寸的材料，或者称为纳米粒子。凡是在一维或一维以上的尺度为几纳米或几十纳米的尺寸，就属于此类纳米材料。在这一范围的材料往往显示出具有尺寸依赖性的性能，其物理性质、化学性质、力学性质与组成、相行为均具有尺寸依赖性。物理性质包括电子性质、光学与磁学性质；组成与相行为包括晶格的变形、相转变、蒸气压、内压、熔点与溶解度等；力学性质包括硬度、延展性、蠕变与疲劳性质等；化学性质则与巨大的表面积与表面能相关，表现出超乎寻常的烧结速度与反应活性。上述性质在微米以上的尺度都不具有尺寸依赖性，而在几乎所有纳米材料上都有。以陶瓷粒子的烧结为例，纳米尺寸的粒子烧结速度快得可以在低温下进行。以纳米粒子构成的密实陶瓷在应力下可发生超塑性流动，可进行普通条件下不可能发生的超塑性成型。

第二类纳米材料是第一类的镜像，即具有纳米尺寸孔的材料，一般称为纳孔材料。此类材料应用在气体或离子的分离、多相催化等方面。由于纳孔仅能容纳具有特殊尺寸、特殊形状的特殊分子，在进行催化反应方面具有精确选择性。沸石作为此类材料的前身已在工业上广泛应用，但今后的纳孔材料要远比沸石更为高效。

全世界的物理学家、化学家与材料学家探索纳米技术的路线不外乎两条：一是从上到下的研究，一是自下而上的研究。从上到下的意思是不仅使材料的尺寸越来越小，而且要使元件甚至制品的尺寸越来越小；不仅要使材料的颗粒纳米化，而且要使元件微米化甚至纳米化。自下而上的研究指的是在越来越大的尺度上实现材料结构的精确控制，即能够随心所欲地安排材料中每一个原子或分子的位置与构型，从晶格或分子结构上控制材料的性能。在分子工程的交汇点上，可以生产出一种“量子点(quantum dot)”，定义为至少在一维尺寸上量子化的微粒，可以作为信息存取的元件。在这种元件中，每一个分子可能就是一个存取单元，其储存密度要远远大于目前最大的集成电路。其作用将类似人类大脑中的神经，只通过电磁波的手段就能够进行大量的信息存取。在模仿大脑这个意义上，纳米材料就与另一个材料发展的领域——生物材料接轨了。

生物材料的研究内容也非常广泛，主要包括三个方面。第一方面是对生物体或生物过程所产生的材料的化学本质进行研究。所谓生物过程产生的材料，包括木材、棉花、羊毛、皮革、骨齿等。这些材料的合成或产生的化学过程都需要深入了解，加以发展，并能有效利用这种过程所需的材料。第二方面是研究能够替代生物材料或器官并能保持其在有机体内的功能的材料。人造的骨骼、牙齿、肢体或某些器官目前已经得到初步应用，这方面的工作有待于提高到一个新的层次。今后的工作将不再是“发现”一种新的生物相容材料或替代材料，而是能够设计并剪裁生物材料去制造具有生物功能的元件或器官。第三方面是仿生材料的研究。人类自文明的开始就在努力向自然学习。例如一方面学习鸟类的身体设计飞机结构，一方面学习蜂窝结构，以得到适合飞行的先进复合材料。人们常举的例子是蜗牛的壳，这种坚固、耐久的材料是在常温、常压下“合成”的，且在纳米尺度上具有非常复杂的结构。蜗牛壳已成为陶瓷学家纷纷模仿的对象。另一个例子是蛤蜊的壳，它能够以极轻的质量得到极大的强度。受蛤蜊壳结构的启发，人们已在实验室制备出一种陶瓷与聚合物的叠层复合材料，该材料具有蛤蜊壳那样的比强度。人们还注意到蜘蛛织网时所用的丝不是粗细一致的，丝的直径是经过“精心”搭配的，利用这一原理制造出来的网球拍击球力更大，手感与控制更好。

怀着对自然界的巨大好奇心，人类一直在注视着周围的一切，并从新奇的现象中得到启示。蜜蜂怎样构筑它们的蜂巢？为什么一丛草被人畜踩踏时会立刻散开以承受最小的压强？树木是如何承受风力的？为什么藤壶会那样牢固地粘在船底？蝙蝠在黑暗中高速飞行时是如何捕捉昆虫的？向自然学习的每一步，都是文明进步的一步。人类终究会向大自然学会以最少的原材料，消耗最少的能量，在最温和的条件下制造所需的制品，且制造过程对自然界不产生任何不利影响。达到这一境界，是否就是“天人合一”？

9.6　国内外杰出人物

Material Science

➢ 闻立时

闻立时（1936 年 03 月 23 日—2010 年 04 月 06 日），复合材料专家，1960 年毕业于莫斯科钢铁学院，获冶金工程师称号；1981 年获西德马普金属所奖学金，去马普作博士后访问学者；长期从事表面工程和纳米技术研究工作。他成功研制出纳米多层膜和纳米膜/涂料复合层两系列电磁功能材料，并在国防建设中得到应用；20 世纪 60 年代初，建立了电弧等离子喷涂设备，成功研制出各种用途的耐高温涂层和复合涂层；20 世纪 90 年代末，研制出国际先进电磁脉冲偏压电弧离子镀膜机，并应用于航空发动机叶片防护涂层、纳米复合硬质耐磨涂层。他多次获得国家和省部级奖励，“尖兵一号返回地面人造卫星”获 1986

年国家科技进步奖特等奖，“中速率遥测热天线”获 1986 年国家科技进步三等奖，“纳米复合电磁功能材料原理开发”获 1991 年中国科学院科技进步奖一等奖。他发表论文 200 余篇，出版专著 5 本。

➢ 王迎军

王迎军院士，现任华南理工大学教授、校长，国家人体组织功能重建工程技术研究中心主任，兼任中国生物材料学会理事长。王院士长期从事生物材料基础研究与工程化工作，在骨、齿科材料；血液净化材料及眼科材料等研究方面取得多项原创性成果；提出骨再生修复材料类骨仿生构建创新理念，建立“生物应答”理论雏形；发明骨再生修复材料仿生构建系列技术，实现工程化；获国家技术发明二等奖 1 项、省部级科技一等奖 2 项、二等奖 2 项；出版专著 1 本，发表 SCI 论文 186 篇；获国家发明专利授权 28 项。

➢ 王玉忠

王玉忠院士，现任四川大学教授，长期从事高分子材料功能化与高性能化的研究和工程技术开发，在解决高分子材料的阻燃、可生物降解和可循环利用等方面取得了系统的基础和应用研究成果。他提出和发展了新的阻燃原理和技术，有效地解决了赋予材料高阻燃性与其高性能化相矛盾的难题；提出发展可高回收率回收其单体的完全生物降解高分子材料是解决一次性使用塑料制品废弃物造成环境污染和资源浪费的有效途径；发明了可反复循环利用并且可完全生物降解的高分子材料新技术等。发表 SCI 论文 500 余篇，出版专著、教材、手册共 6 部，获授权发明专利 110 余项；获 11 项国家和省部级科技成果奖。

➢ 雷伊·鲍曼

雷伊·鲍曼(RayH.Baughman)教授，美国材料学家，美国国家工程院院士、俄罗斯自然科学院外籍院士，德克萨斯大学达拉斯分校罗伯特·韦尔奇教授、纳米科技研究所主任，东华大学顾问教授。

1964 年，他在卡内基梅隆大学获物理学学士学位，1971 年在哈佛大学获材料科学博士学位，2001 年成为德克萨斯大学达拉斯分校罗伯特·韦尔奇教授、纳米科技研究所主任，2001 年至 2002 年期间分别受聘于中国吉林大学、南京大学和复旦大学，成为以上三所大学的名誉教授，2007 年当选俄罗斯自然科学院外籍院士。他共发表学术论文 330 余篇，总引用次数大于 18100 次；拥有 70 多个美国专利。

雷伊·鲍曼教授是德克萨斯州医学、工程与科学学会会员，皇家化学学会会员，美国物理学会会员。其团队于 2003 年合成了一种碳纳米管复合纤维，可与蜘蛛丝的强度相匹配。纳米管的构成是由碳原子键合到一个六角形网格的类似石墨的框架上，该框架被卷成的无缝圆筒，直径几乎比一个纳米还小。这种复合纤维比之前的天然或人工合成的有机纤维都强韧，并能够被织成纺织品，还可用于制作超级电容器。

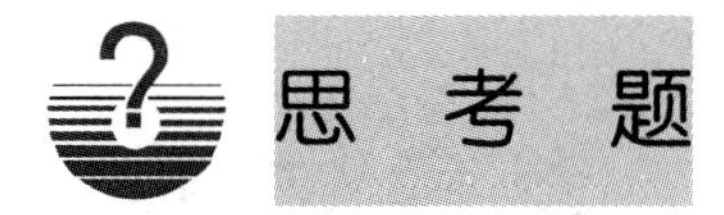

思考题

1. 材料性能控制与产品性能保证之间有何区别？
2. 除了性能以外，材料选择的主要依据是什么？
3. 若要设计一种高阻尼材料，请给出两种候选材料及选择的理由。
4. 考虑陶瓷制品价格时应注意哪些因素？
5. 比较使用不锈钢和镀镍的碳钢两种情况的优劣与价格。
6. 将来石油资源枯竭之后，聚合物材料将向何处发展？
7. 试设计一种你心中的智能材料。

参考文献

[1] 赵新兵，等. 材料的性能[M]. 北京：高等教育出版社，2006.
[2] 王犇. 复合材料的应用与展望[J]. 中国新技术新产品，2018，6.
[3] 黄培彦. 材料科学与工程导论[M]. 广州：华南理工大学出版社，2007.
[4] 励杭泉. 材料导论[M]. 北京：中国轻工业出版社，2006.
[5] 冯端等. 材料科学导论[M]. 北京：化学工业出版社，2004 年.
[6] 胡珊，李珍. 材料学概论[M]. 北京：化学工业出版社，2012 年.
[7] https://baike.baidu.com.
[8] 2012 年普通高等学校本科专业目录.
[9] 普通高等学校本科专业类教学质量国家标准(上).
[10] 中国工程教育专业认证协会工程教育认证标准(2015 版).
[11] 张训鹏. 冶金工程概论[M]. 长沙：中南大学出版社，2005.
[12] 朱兴元，刘忆. 金属学与热处理[M]. 北京：北京大学出版社，2006.
[13] 潘金生，田民波，仝健民. 材料科学基础(修订版)[M]. 北京：清华大学出版社，2011.
[14] 沈其文. 材料成型工艺基础[M]. 武汉：华中科技大学出版社，2003.
[15] 胡城立. 材料成型基础[M]. 武汉：武汉理工大学出版社，2001.
[16] 罗伯特 W 康. 走进材料科学[M]. 杨柯，徐坚，冼爱平，等译. 北京：化学工业出版社，2008.
[17] http://blog.sciencenet.cn/u/jianxu.
[18] http://www.cailiaoniu.com/133382.html.
[19] http://news.cnpowder.com.cn/49334.html.
[20] 励杭泉. 材料导论[M]. 北京：轻工业出版社，2010.
[21] 程晓敏，史初例. 高分子材料导论[M]. 安徽：安徽大学出版社，2006.
[22] 韩冬冰，王慧敏. 高分子材料概论[M]. 北京：中国石化出版社，2003.
[23] 董炎明，张海良. 高分子科学教程[M]. 北京：科学出版社，2005.
[24] 周达飞，等. 高分子成型加工[M]. 北京：中国轻工出版社，2000.
[25] 金日光，华幼卿. 高分子物理[M]. 北京：化学工业出版社，2000.
[26] 潘祖仁. 高分子化学[M]. 北京：化学工业出版社，1997.
[27] 王荣国，武卫莉，谷万里. 复合材料概论[M]. 哈尔滨：哈尔滨工业大学出版社，2015.
[28] 冯小明，张崇才. 复合材料[M]. 重庆：重庆大学出版社，2007.
[29] 倪礼忠，周权. 高性能树脂基复合材料[M]. 上海：华东理工大学出版社，2010.

[30] 哈里斯. 工程复合材料[M]. 陈祥宝，张宝艳，译. 北京：化学工业出版社，2004.
[31] 梁基照. 聚合物基复合材料设计与加工[M]. 北京：机械工业出版社，2011.
[32] 鲁博，张林文，曾竟成. 天然纤维复合材料[M]. 北京：化学工业出版社，2005.
[33] 张国定，赵昌正. 金属基复合材料[M]. 上海：上海交通大学出版社，1966.
[34] 赫尔 D.复合材料导论[M] . 张双寅，郑维平，蔡良武，译. 北京：中国建筑工业出版社，1998.
[35] 内田盛也. 高物性新型复合材料[M]. 石行，米立群，等译. 北京：航空工业出版社，1992.
[36] 张长瑞，郝元恺. 陶瓷基复合材料：原理、工艺、性能与设计[M]. 长沙：国防科技大学出版社，2001.
[37] 曹茂盛，曹传宝，徐甲强. 纳米材料学[M]. 哈尔滨：哈尔滨工业大学出版社，2002.
[38] 张立德. 纳米材料和纳米结构[M]. 北京：科学出版社，2001.
[39] 张佐光. 功能复合材料[M]. 北京：化学工业出版社，2004.
[40] 贡长生，张克力. 新型功能材料[M]. 北京：化学工业出版社，2001.
[41] 宋家树. 高技术新材料要览[M]. 北京：中国科学技术出版社，1993.
[42] 施所朗. 材料科学技术百科全书[M]. 北京：中国大百科全书出版社，1995.
[43] 郝嘉琨. 材料科学技术百科全书[M]. 北京：中国大百科全书出版社，1995.
[44] 徐世江. 材料大辞典[M]. 北京：化学工业出版社，1994.
[45] 张平祥. 材料科学技术百科全书[M]. 北京：中国大百科全书出版社，1995.
[46] 李恒德. 现代材料科学与工程辞典[M]. 济南：山东科学技术出版社，2001.
[47] 张云河. 燃料电池及应用[J]. 材料导报，2004，18(7):41.
[48] 钱振业. 航天技术概论[M]. 北京：宇航出版社，1991.
[49] 张传历. 中国工业材料的需求与发展文集[J]. 北京：中国材料研究学会，1995：205.
[50] 黄金，张海燕，毛凌波. 新材料技术现状与应用前景[M]. 广州：广东经济出版社，2015.
[51] 齐宝森. 新型材料及其应用[M]. 哈尔滨：哈尔滨工业大学出版社，2007.
[52] 张骥华. 功能材料及其应用[M]. 北京：机械工业出版社， 2007.
[53] 周瑞发，韩雅芳. 高技术新材料使用性能导论[M]. 北京：国防工业出版社，2009.
[54] 张剑波. 环境材料导论[M]. 北京：北京大学出版社，2008
[55] 孙胜龙. 环境材料[M]. 北京：化学工业出版社，2002
[56] 山本良一. 环境材料[M]. 北京：化学工业出版社，1997.
[57] 钱易，唐孝炎. 环境保护与可持续发展[M]. 北京：高等教育出版社，2000.
[58] 翁端，余晓军. 关于环境材料的一些研究进展. 材料导报，2000，14(11:)19-21.
[59] 励杭泉. 材料导论[M]. 北京：中国轻工业出版社，2000.
[60] 张联盟，黄学辉. 材料科学基础[M]. 武汉：武汉理工大学出版社，2008.

[61] 张会，李海娃. 材料导论[M]. 北京：科学出版社，2019.

[62] 申淑荣，李颖颖，张培. 建筑材料选择与应用[M]. 北京：北京大学出版社，2013.

[63] 张文华. 机械材料选择与应用手册[M]. 北京：化学工业出版社出版，2020.